21 世纪数学教育信息化精品教材

大学数学立体化教材

微积分（下册）

（经管类·第五版）

⊙ 吴赣昌 主编

中国人民大学出版社
·北京·

内容简介

本书根据高等院校普通本科经管类专业微积分课程的最新教学大纲及考研大纲编写而成，并在第四版的基础上进行了重大修订和完善（详见本书前言）。本书包含多元函数微积分、无穷级数、微分方程等内容模块，并特别加强了数学建模与数学实验教学环节。

本“书”远非传统意义上的书，作为立体化教材，它包含线下的“书”和线上的“服务”两部分。其中线上的“服务”用以下两种形式提供：一是书中各处的二维码，用户通过手机或平板电脑等移动端扫码即可使用；二是在本书的封面上提供的网络账号，用户通过它即可登录与本书配套建设的网络学习空间。

网络学习空间中包含与本书配套的在线学习系统，该系统在内容结构上包含教材中每节的教学内容及相关知识扩展、教学例题及综合进阶典型题详解、数学实验及其详解、习题及其详解等，并为每章增加了综合训练，其中包含每章的总结、题型分析及其详解、历届考研真题及其详解等。该系统采用交互式多媒体化建设，并支持用户间在线求助与答疑，为用户自主式高效率地学习奠定基础。

本书可作为高等院校经济、管理等非数学本科专业的基础数学教材，并可作为上述各专业领域读者的教学参考书。

前　言

大学数学是自然科学的基本语言，是应用模式探索现实世界物质运动机理的主要手段. 对于大学非数学专业的学生而言，大学数学的教育，其意义则远不仅仅是学习一种专业的工具而已. 中外大量的教育实践事实充分显示了: 优秀的数学教育，乃是一种人的理性的思维品格和思辨能力的培育，是聪明智慧的启迪，是潜在的能动性与创造力的开发，其价值是远非一般的专业技术教育所能相提并论的.

随着我国高等教育自1999年开始迅速扩大招生规模，至2009年的短短十年间，我国高等教育实现了从精英教育到大众化教育的过渡，走完了其他国家需要三五十年甚至更长时间才能走完的道路. 教育规模的迅速扩张，给我国的高等教育带来了一系列的变化、问题与挑战. 大学数学的教育问题首当其冲受到影响. 大学数学教育过去是面向少数精英的教育，由于学科的特点，数学教育呈现几十年甚至上百年一贯制，仍处于经典状态. 当前大学数学课程的教学效果不尽如人意，概括起来主要表现在以下两方面：一是教材建设仍然停留在传统模式上，未能适应新的社会需求. 传统的大学数学教材过分追求逻辑的严密性和理论体系的完整性，重理论而轻实践，剥离了概念、原理和范例的几何背景与现实意义，导致教学内容过于抽象，也不利于与后续课程教学的衔接，进而造成了学生“学不会，用不了”的尴尬局面. 二是在信息技术及其终端产品迅猛发展的今天，在大学数学教育领域，信息技术的应用远没有在其他领域活跃，其主要原因是: 在教材和教学建设中没能把信息技术及其终端产品与大学数学教学的内容特点有效地整合起来.

作者主编的“大学数学立体化教材”，最初脱胎于作者在2000—2004年研发的“大学数学多媒体教学系统”. 2006年，作者与中国人民大学出版社达成合作，出版了该系列教材的第一版，合作期间，该系列教材经历多次改版，并于2011年出版了第四版，具体包括: 面向普通本科理工类、经管类与纯文科类的完整版系列教材；面向普通本科部分专业和三本院校理工类与经管类的简明版系列教材；面向高职高专院校理工类与经管类的高职高专版系列教材. 在上述第四版及相关系列教材中，作者加强了对大学数学相关教学内容中重要概念的引入、重要数学方法的应用、典型数学模型的建立、著名数学家及其贡献等方面的介绍，丰富了教材内涵，初步形成了该系列教材的特色. 令人感到欣慰的是，自2006年以来，“大学数学立体化教材”已先后被国内数百所高等院校广泛采用，并对大学数学的教育改革起到了积极的推动作用.

2017年，距2011年的改版又过去了6年. 而在这6年时间里，随着移动无线通信技术 (如3G、4G等)、宽带无线接入技术(如Wi-Fi等)和移动终端设备(如智能手机、平板电脑等)的飞速发展，那些以往必须在电脑上安装运行的计算软件，如今在普通的智能手机和平板电脑上通过移动互联网接入即可流畅运行，这为各类教育信息化产品的服务向前延伸奠定了基础.

作者本次启动的“大学数学立体化教材”(第五版) 的改版工作，旨在充分利用移动互联网、移动终端设备与相关信息技术软件为教材用户提供更优质的学习内容、实验案例与交互环境. 顺利实现这一宗旨，还得益于作者主持的数苑团队的另一项工作成果: 公式图形可视化在线编辑计算软件. 该软件于 2010 年研发成功时，仅支持在 Win 系统电脑中通过 IE 类浏览器运行. 2014 年 10 月底，万维网联盟 (W3C) 组织正式发布并推荐了跨系统与跨浏览器的 HTML5.0 标准. 为此，数苑团队通过最近几年的努力，也实现了相关技术突破. 如今，数苑团队研发的公式图形可视化在线编辑计算软件已支持在各类操作系统的电脑和移动终端 (包括智能手机、平板电脑等) 上运行于不同的浏览器中，这为我们接下来的教材改版工作奠定了基础.

作者本次“大学数学立体化教材”(第五版) 的改版具体包括: 面向普通本科院校的“理工类 • 第五版”“经管类 • 第五版”与“纯文科类 • 第四版”; 面向普通本科少学时或三本院校的“理工类 • 简明版 • 第五版”“经管类 • 简明版 • 第五版”与“综合类 • 应用型本科版”合订本; 面向高职高专院校的“理工类 • 高职高专版 • 第四版”“经管类 • 高职高专版 • 第四版”与“综合类 • 高职高专版 • 第三版”.

本次改版的指导思想是: 为帮助教材用户更好地理解教材中的重要概念、定理、方法及其应用，设计了大量相应的数学实验. 实验内容包括: 数值计算实验、函数计算实验、符号计算实验、2D 函数图形实验、3D 函数图形实验、矩阵运算实验、随机数生成实验、统计分布实验、线性回归实验、数学建模实验等. 相比教材正文所举示例，这些实验设计的复杂程度更高、数据规模更大、实用意义也更大. 本系列教材于 2017 年改版修订的各个版本均包含了针对相应课程内容的数学实验，其中的大部分都在教材内容页面上提供了对应的二维码，用户通过微信扫码功能扫描指定的二维码，即可进行相应的数学实验，而完整的数学实验内容则呈现在教材配套的网络学习空间中.

大学数学按课程模块分为高等数学(微积分)、线性代数、概率论与数理统计三大模块，各课程的改版情况简介如下:

高等数学课程: 函数是高等数学的主要研究对象，函数的表示法包括解析法、图像法与表格法. 以往受计算分析工具的限制，人们对函数的解析表示、图像表示与数表表示之间的关系往往难以把握，大大影响了学习者对函数概念的理解. 为了弥补这方面的缺失，欧美发达国家的大学数学教材一般都补充了大量流程分析式的图像说明，因而其教材的厚度与内涵也远较国内的厚重. 有鉴于此，在高等数学课程的数学实验中，我们首先就函数计算与函数图形计算方面设计了一系列的数学实验，包括函数值计算实验、不同坐标系下 2D 函数的图形计算实验和 3D 函数的图形计算实验等，实验中的函数模型较教材正文中的示例更复杂，但借助微信扫码功能可即时实现重复实验与修改实验. 其次，针对定积分、重积分与级数的教学内容设计了一系列求和、多重求和、级数展开与逼近的数学实验．此外，还根据相应教学内容的需求，设计了一系列数值计算实验、符号计算实验与数学建模实验．这些数学实验有助于用户加深对高等数学中基本概念、定理与思想方法的理解，让他们通过对量变到质变过程的观察，更深刻地理解数学中近似与精确、量变与质变之间的辩证关系．

线性代数课程：矩阵实质上就是一张长方形数表，它是研究线性变换、向量组线性相关性、线性方程组的解、二次型以及线性空间的不可替代的工具．因此，在线性代数课程的数学实验设计中，首先就矩阵基于行 (列) 向量组的初等变换运算设计了一系列数学实验，其中矩阵的规模大多为6~10阶的，有助于帮助用户更好地理解矩阵与其行阶梯形、行最简形和标准形矩阵间的关系．进而为矩阵的秩、向量组线性相关性、线性方程组及其应用、矩阵的特征值及其应用、二次型等教学内容分别设计了一系列相应的数学实验．此外，还根据教学的需要设计了部分数值计算实验和符号计算实验，加强用户对线性代数核心内容的理解，拓展用户解决相关实际应用问题的能力．

概率论与数理统计课程：本课程是从数量化的角度来研究现实世界中的随机现象及其统计规律性的一门学科．因此，在概率论与数理统计课程的数学实验中，我们首先设计了一系列服从均匀分布、正态分布、0−1 分布与二项分布的随机试验，让用户通过软件的仿真模拟试验更好地理解随机现象及其统计规律性．其次，基于计算软件设计了常用统计分布表查表实验，包括泊松分布查表、标准正态分布函数查表、标准正态分布查表、t 分布查表、F 分布查表与卡方分布查表等．再次，还设计了针对数组的排序、分组、直方图与经验分布图的一系列数学实验．最后，针对经验数据的散点图与线性回归设计了一系列数学实验．这些数学实验将会在帮助用户加深对概率论与数理统计课程核心内容的理解、拓展解决相关实际应用问题的能力上起到积极作用．

致用户

作者主编的“大学数学立体化教材”(第五版)及2017年改版的每本教材，均包含了与相应教材配套的网络学习空间服务．用户通过教材封面下方提供的网络学习空间的网址、账号和密码，即可登录相应的网络学习空间．网络学习空间提供了远较纸质教材更为丰富的教学内容、教学动画以及教学内容间的交互链接，提供了教材中所有习题的解答过程．在所有内容与习题页面的下方，均提供了用户间的在线交互讨论功能，作者主持的数苑团队也将在该网络学习空间中为你服务．使用微信扫码功能扫描教材封面提供的二维码，绑定微信号，你即可通过扫描教材内容页面提供的二维码进行相关的数学实验．

在你进入高校后即将学习的所有大学课程中，就提高你的学习基础、提升你的学习能力、培养你的科学素质和创新能力而言，大学数学是最有用且最值得你努力的课程．事实上，像微积分、线性代数、概率论与数理统计这些大学数学基础课程，你无论怎样评价其重要性都不为过，而学好这些大学数学基础课程，你将终生受益.

主动把握好从“学数学”到“做数学”的转变，这一点在大学数学的学习中尤为重要，不要以为你在课堂教学过程中听懂了就等于学到了，事实上，你需要在课后花更多的时间去主动学习、训练与实验，才能真正掌握所学知识.

致教师

使用本系列教材的教师，请登录数苑网“大学数学立体化教材”栏目：

http://www.sciyard.com/dxsx

作者主持的数苑团队在那里为你免费提供与本系列教材配套的教学课件系统及相关的备课资源，它们是作者团队十余年积累与提升的成果. 与本系列教材配套建设的信息化系统平台包括在线学习平台、试题库系统、在线考试及其预约管理系统等，感兴趣和有需要的用户可进一步通过数苑网的在线客服联系咨询.

正如美国《托马斯微积分》的作者G.B.Thomas 教授指出的，“一套教材不能构成一门课；教师和学生在一起才能构成一门课”，教材只是支持这门课程的信息资源. 教材是死的，课程是活的. 课程是教师和学生共同组成的一个相互作用的整体，只有真正做到以学生为中心，处处为学生着想，并充分发挥教师的核心指导作用，才能使之成为富有成效的课程．而本系列教材及其配套的信息化建设将为教学双方在教、学、考各方面提供充分的支持，帮助教师在教学过程中发挥其才华，帮助学生富有成效地学习.

作 者

2017 年 3 月 28 日

目　　录

习题答案

第 6 章　多元函数微积分

在前面几章中，我们讨论的函数都只有一个自变量，这种函数称为一元函数. 但在许多实际问题中，我们往往要考虑多个变量之间的关系，反映到数学上，就是要考虑一个变量 (因变量) 与另外多个变量 (自变量) 的相互依赖关系，由此引入了多元函数以及多元函数的微积分问题. 本章将在一元函数微积分学的基础上，进一步讨论多元函数的微积分学. 讨论中将以二元函数为主要对象，这不仅因为与二元函数有关的概念和方法大多有比较直观的解释，便于理解，而且因为这些概念和方法大多能自然推广到二元以上的多元函数.

§6.1　空间解析几何简介

空间解析几何的产生是数学史上一个划时代的成就. 它通过点和坐标的对应关系，把数学研究的两个基本对象"数"和"形"统一起来，使得人们既可以用代数方法解决几何问题 (这是解析几何的基本内容)，也可以用几何方法解决代数问题.

本节我们仅简单介绍空间解析几何的一些基本概念，它们包括空间直角坐标系、空间两点间的距离、空间曲面及其方程等概念. 这些内容对我们学习多元函数的微分学和积分学将起到重要的作用.

一、空间直角坐标系

在平面解析几何中，我们建立了平面直角坐标系，并通过平面直角坐标系，把平面上的点与有序数组 (即点的坐标 (x, y)) 对应起来. 同样，为了把空间的任一点与有序数组对应起来，我们建立了**空间直角坐标系**.

过空间一定点 O，作三条相互垂直的数轴，依次记为 $\boldsymbol{x}$ **轴** (**横轴**)、$\boldsymbol{y}$ **轴** (**纵轴**)、$\boldsymbol{z}$ **轴** (**竖轴**)，统称为**坐标轴**. 它们构成了一个空间直角坐标系 $Oxyz$ (见图6–1–1).

空间直角坐标系有右手系和左手系两种. 我们通常采用右手系 (见图 6–1–2)，其坐标轴的正向按如下方式规定：以右手握住 z 轴，当右手的 4 个手指从 x 轴正向以 $\pi/2$ 角度转向 y 轴正向时，大拇指的指向就是 z 轴的正向.

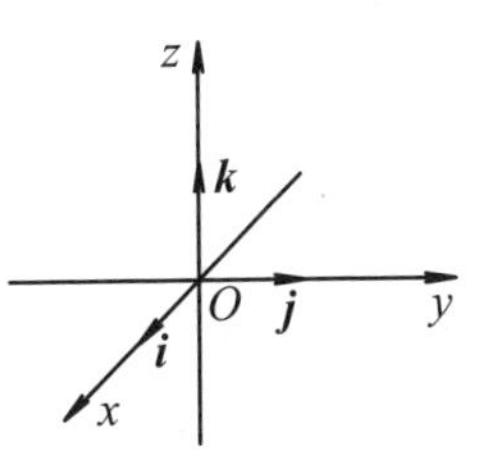

图 6–1–1

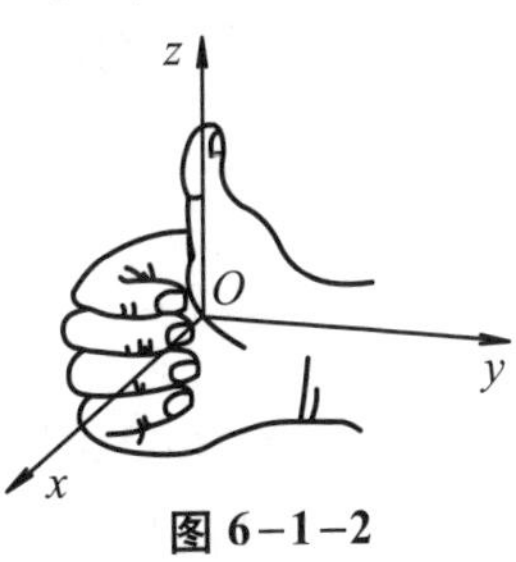

图 6–1–2

三条坐标轴中每两条坐标轴所在的平面 xOy、yOz、zOx 称为**坐标面**. 三个坐标面把空间分成八个部分，每个部分称为一个**卦限**，共八个卦限. 其中，$x>0$，$y>0$，$z>0$ 部分为第 Ⅰ 卦限，第 Ⅱ、Ⅲ、Ⅳ 卦限在 xOy 面的上方，按逆时针方向确定. 第 Ⅴ、Ⅵ、Ⅶ、Ⅷ 卦限在 xOy 面的下方，由第 Ⅰ 卦限正下方的第 Ⅴ 卦限按逆时针方向确定(见图6–1–3).

定义了空间直角坐标系后，就可以用一组有序实数组来确定空间点的位置. 设 M 为空间中任意一点(见图6–1–4)，过点 M 分别作垂直于 x 轴、y 轴、z 轴的平面，它们与 x 轴、y 轴、z 轴分别交于 P、Q、R 三点，这三个点在 x 轴、y 轴、z 轴上的坐标分别为 x, y, z. 这样空间的一点 M 就唯一地确定了一个有序数组 x, y, z. 反之，若给定一有序数组 x, y, z，就可以分别在 x 轴、y 轴、z 轴找到坐标分别为 x，y，z 的三点 P、Q、R，过这三点分别作垂直于 x 轴、y 轴、z 轴的平面，这三个平面的交点就是由有序数组 x, y, z 所确定的唯一的点 M. 这样就建立了空间的点 M 和有序数组 x, y, z 之间的一一对应关系. 这组数 x, y, z 称为**点 M 的坐标**，并依次称 x，y 和 z 为点 M 的**横坐标**、**纵坐标**和**竖坐标**，坐标为 x, y, z 的点 M 通常记为 $M(x, y, z)$.

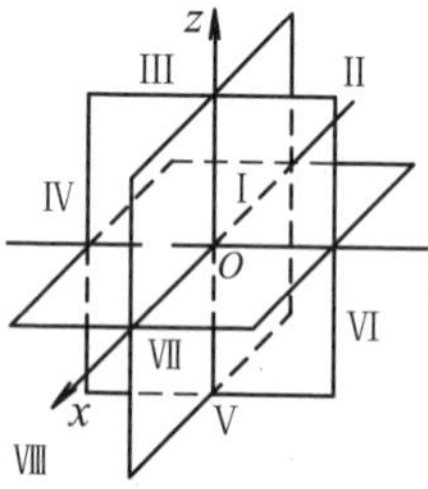

图 6–1–3

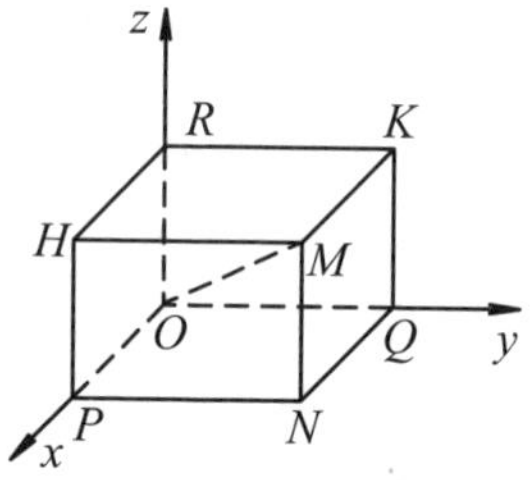

图 6–1–4

空间图形演示

坐标面和坐标轴上的点，其坐标各有一定的特征. 例如，x 轴上的点，其纵坐标 $y=0$，竖坐标 $z=0$，于是，其坐标为 $(x,0,0)$. 同理，y 轴上的点的坐标为 $(0,y,0)$；z 轴上的点的坐标为 $(0,0,z)$. xOy 面上的点的坐标为 $(x,y,0)$；yOz 面上的点的坐标为 $(0,y,z)$；zOx 面上的点的坐标为 $(x,0,z)$.

设点 $M(x,y,z)$ 为空间一点，则点 M 关于坐标面 xOy 的对称点为 $A(x,y,-z)$；关于 x 轴的对称点为 $B(x,-y,-z)$；关于原点的对称点为 $C(-x,-y,-z)$.

二、空间两点间的距离

我们知道，在平面直角坐标系中，任意两点 $M_1(x_1, y_1)$，$M_2(x_2, y_2)$ 之间的距离公式为

$$|M_1M_2| = \sqrt{(x_2-x_1)^2+(y_2-y_1)^2}.$$

现在我们来给出空间直角坐标系中任意两点间的距离公式.

设空间直角坐标系中有两点 $M_1(x_1, y_1, z_1)$，$M_2(x_2, y_2, z_2)$，过这两点各作

三个分别垂直于坐标轴的平面，这 6 个平面围成一个以 M_1M_2 为对角线的长方体(见图6–1–5).

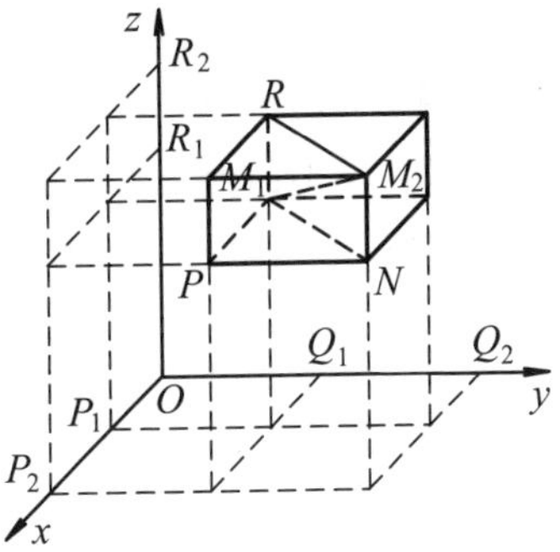

图 6–1–5

由于△M_1NM_2、△M_1PN 为直角三角形，所以

$$|M_1M_2|^2=|M_1N|^2+|NM_2|^2$$
$$=|M_1P|^2+|PN|^2+|NM_2|^2,$$

因为

$$|M_1P|=|P_1P_2|=|x_2-x_1|,$$
$$|PN|=|Q_1Q_2|=|y_2-y_1|,$$
$$|NM_2|=|R_1R_2|=|z_2-z_1|,$$

所以，便得到空间两点间的距离公式：

$$|M_1M_2|=\sqrt{(x_2-x_1)^2+(y_2-y_1)^2+(z_2-z_1)^2}. \tag{1.1}$$

特别地，点 $M(x, y, z)$ 到坐标原点 $O(0, 0, 0)$ 的距离为

$$|OM|=\sqrt{x^2+y^2+z^2}. \tag{1.2}$$

例 1 设 P 在 x 轴上，它到 $P_1(0,\sqrt{2},3)$ 的距离为到点 $P_2(0,1,-1)$ 的距离的两倍，求点 P 的坐标.

解 因为 P 在 x 轴上，故可设 P 点坐标为 $(x, 0, 0)$，由于

$$|PP_1|=\sqrt{x^2+(\sqrt{2})^2+3^2}=\sqrt{x^2+11},\quad |PP_2|=\sqrt{x^2+(-1)^2+1^2}=\sqrt{x^2+2},$$
$$|PP_1|=2|PP_2|,$$

即

$$\sqrt{x^2+11}=2\sqrt{x^2+2},$$

从而解得 $x=\pm1$，所求点为 $(1, 0, 0)$, $(-1, 0, 0)$. ■

三、曲面及其方程

1. 曲面方程的概念

在日常生活中，我们常常会看到各种曲面，例如，反光镜面、一些建筑物的表面、球面等. 与在平面解析几何中把平面曲线看作是动点的轨迹类似，在空间解析几何中，曲面也可被看作是具有某种性质的动点的轨迹.

定义1 在空间直角坐标系中，如果曲面 S 上任一点坐标都满足方程 $F(x,y,z)=0$，而不在曲面 S 上的任何点的坐标都不满足该方程，则方程 $F(x, y, z)=0$ 称为**曲面 S 的方程**，而曲面 S 就称为方程 $F(x, y, z)=0$ 的图形(见图6–1–6).

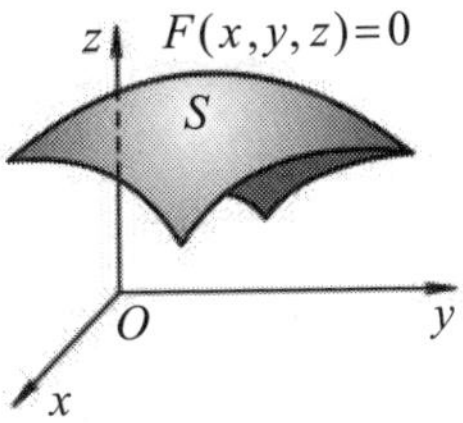

图 6–1–6

建立了空间曲面与其方程的联系后，我们就可以通过研究方程的解析性质来研究曲面的几何性质.

空间曲面研究的两个基本问题是：

(1) 已知曲面上的点所满足的几何条件，建立曲面的方程；

(2) 已知曲面方程，研究曲面的几何形状.

例 2　建立球心在点 $M_0(x_0, y_0, z_0)$、半径为 R 的球面的方程.

解　设 $M(x, y, z)$ 是球面上任一点 (见图 6–1–7). 根据题意有

$$|MM_0| = R,$$

由于

$$\sqrt{(x-x_0)^2+(y-y_0)^2+(z-z_0)^2} = R,$$

所以　$(x-x_0)^2+(y-y_0)^2+(z-z_0)^2 = R^2.$

特别地，球心在原点时，球面的方程为

$$x^2+y^2+z^2 = R^2.$$

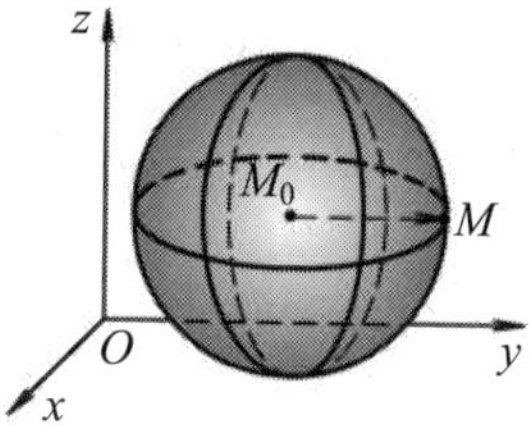

图 6–1–7

■

例 3　方程 $x^2+y^2+z^2-2x+4y=0$ 表示怎样的曲面？

解　对原方程配方，得

$$(x-1)^2+(y+2)^2+z^2 = 5,$$

所以，原方程表示球心在点 $M_0(1, -2, 0)$，半径为 $R=\sqrt{5}$ 的球面方程.　■

*数学实验

实验 6.1　试用计算软件绘制下列方程所表示的曲面：

(1) $z(1+x^2+y^2)=4$；

(2) $xy(x^2-y^2)-z(x^2+y^2)=0$；

(3) $z=\sin\sqrt{x^2+y^2+2\pi}$；

(4) $xyz\ln(1+x^2+y^2+z^2)-1=0$.

详见教材配套的网络学习空间.

空间曲面图形

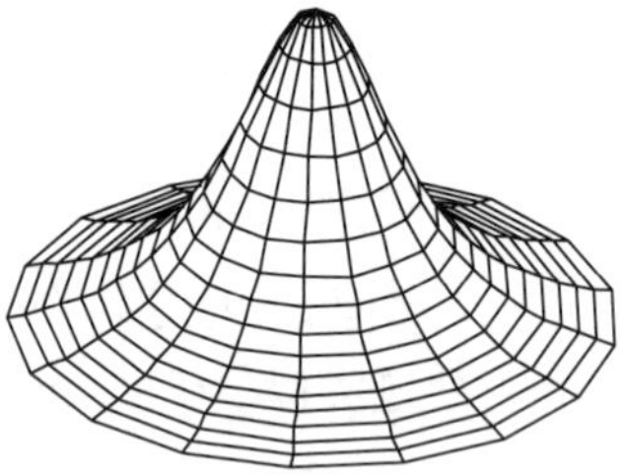

(1) 参考图

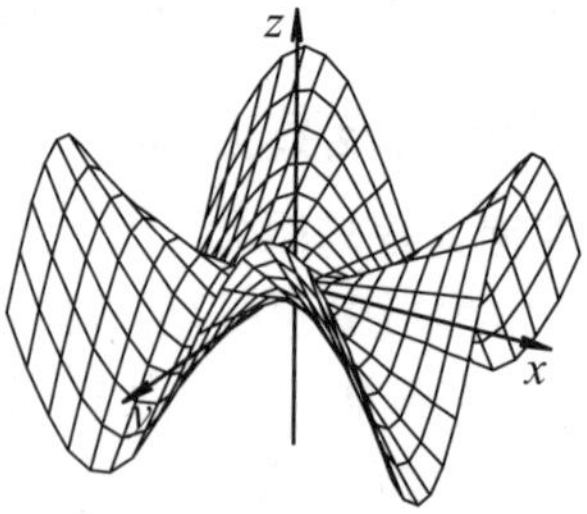

(2) 参考图

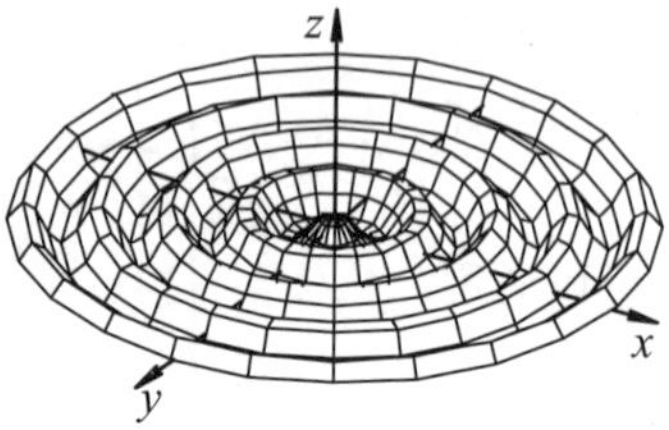

(3) 参考图

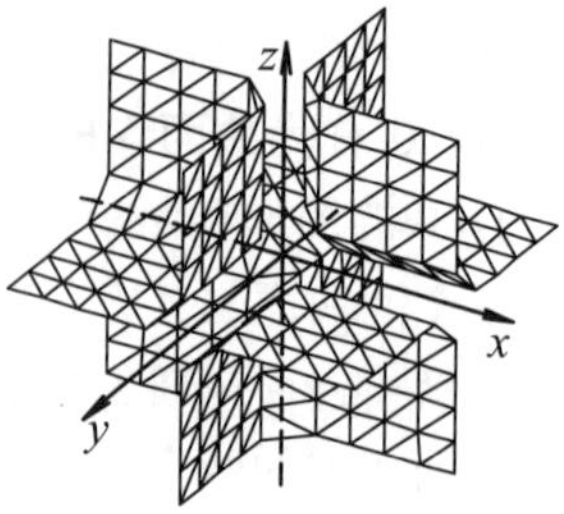

(4) 参考图

■

下面我们再介绍一些常见的曲面及其方程，它们包括平面、柱面和二次曲面等.

2. 平面

平面是空间中最简单而且最重要的曲面. 可以证明空间中任一平面都可以用三元一次方程

$$Ax + By + Cz + D = 0 \tag{1.3}$$

来表示，反之亦然. 其中 A, B, C 是不全为零的常数. 方程 (1.3) 称为**平面的一般方程**.

具有特殊位置的平面方程:

(1) 平面通过坐标原点: $Ax + By + Cz = 0$.

(2) 平面平行于 z 轴: $Ax + By + D = 0$;

平面平行于 y 轴: $Ax + Cz + D = 0$;

平面平行于 x 轴: $By + Cz + D = 0$.

(3) 平面平行于 xOy 面: $Cz + D = 0$, 特别地, xOy 面: $z = 0$;

平面平行于 yOz 面: $Cx + D = 0$, 特别地, yOz 面: $x = 0$;

平面平行于 zOx 面: $Cy + D = 0$, 特别地, zOx 面: $y = 0$.

例如, $x+y+z=1$, $y=3$, $x+y=0$ 等均表示空间中的平面(见图6−1−8(a)、(b)、(c)).

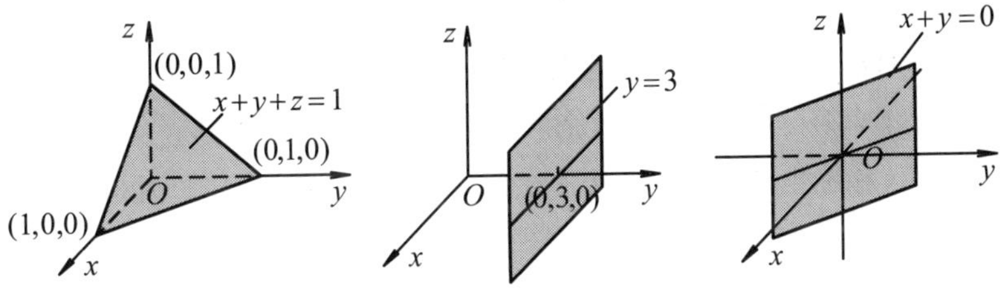

(a) (b) (c)

图 6−1−8

注: 在平面解析几何中, 一次方程表示一条直线; 在空间解析几何中, 一次方程表示一个平面. 例如, $x+y=0$ 在平面解析几何中表示一条直线, 而在空间解析几何中则表示一个平面 (见图6−1−8(c)).

例 4 求通过 x 轴和点 $(4, -3, -1)$ 的平面方程.

解 依题意, 这个平面通过 x 轴, 即平面平行于 x 轴且通过坐标原点, 从而可设该平面方程为

$$By + Cz = 0,$$

又因平面过点 $(4, -3, -1)$, 因此有

$$-3B - C = 0, \text{ 即 } C = -3B.$$

以此代入所设方程, 再除以 $B\,(B \neq 0)$, 便得到所求方程为

$$y - 3z = 0.$$

空间平面图形

下面我们再引入一种平面方程.

设一平面的一般方程为

$$Ax+By+Cz+D=0,$$

若此平面与 x 轴、y 轴、z 轴分别交于 $P(a,0,0)$, $Q(0,b,0)$, $R(0,0,c)$ 三点 (见图 6–1–9), 其中 $a\neq0$, $b\neq0$, $c\neq0$, 则这三点均满足平面方程, 即有

$$aA+D=0,\quad bB+D=0,\quad cC+D=0,$$

解得 .

$$A=-\frac{D}{a},\quad B=-\frac{D}{b},\quad C=-\frac{D}{c}.$$

代入所设平面方程中, 得

$$\frac{x}{a}+\frac{y}{b}+\frac{z}{c}=1.$$

这个方程称为**平面的截距式方程**, 其中 a, b, c 分别称为平面在 x 轴、y 轴、z 轴上的**截距**.

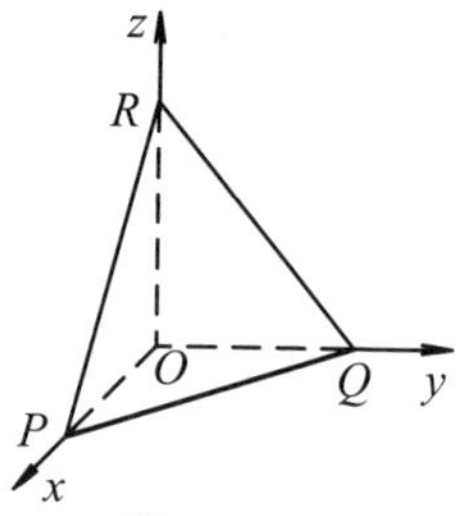

图 6–1–9

3. 柱面

定义 2　平行于某定直线并沿定曲线 C 移动的直线 L 所形成的轨迹称为**柱面**. 这条定曲线 C 称为柱面的**准线**, 直线 L 称为柱面的**母线**.

例 5　方程 $x^2+y^2=R^2$ 在空间中表示怎样的曲面?

解　在 xOy 面上, 它表示圆心在原点 O, 半径为 R 的圆; 在空间直角坐标系中, 注意到方程不含竖坐标 z, 因此对空间一点 (x, y, z), 不论其竖坐标 z 是什么, 只要它的横坐标 x 和纵坐标 y 能满足方程, 这一点就落在曲面上, 即凡是通过 xOy 面内圆 $x^2+y^2=R^2$ 上一点 $M(x,y,0)$, 且平行于 z 轴的直线 L 都在此曲面上. 因此, 此曲面可以看作是平行于 z 轴的直线 L (母线) 沿着 xOy 面上的圆 $x^2+y^2=R^2$ (准线) 移动而形成的, 称此曲面为**圆柱面** (见图 6–1–10). ■

一般地, 在空间解析几何中, 不含 z 而仅含 x、y 的方程 $F(x,y)=0$ 表示母线平行于 z 轴的一个柱面, xOy 面上的曲线 $F(x,y)=0$ 是这个柱面的一条准线 (见图 6–1–11).

例如, 方程 $y^2=2x$ 表示母线平行于 z 轴、准线为 xOy 面上的抛物线 $y^2=2x$ 的柱面, 这个柱面称为**抛物柱面** (见图 6–1–12).

方程 $-\dfrac{x^2}{a^2}+\dfrac{y^2}{b^2}=1$ 表示母线平行于 z 轴、准线为 xOy 面上的双曲线 $-\dfrac{x^2}{a^2}+\dfrac{y^2}{b^2}=1$ 的柱面, 这个柱面称为**双曲柱面** (见图 6–1–13).

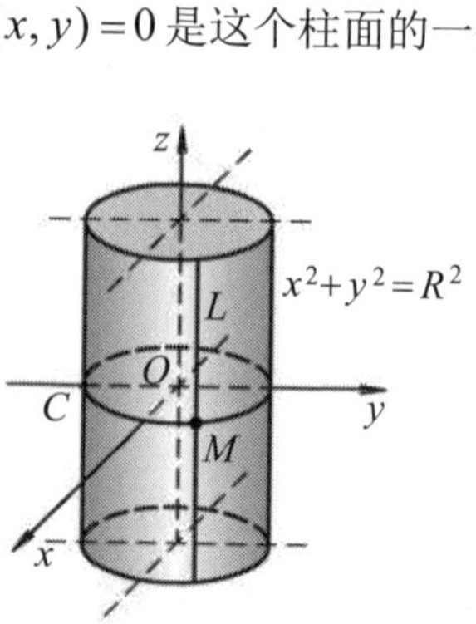

图 6–1–10

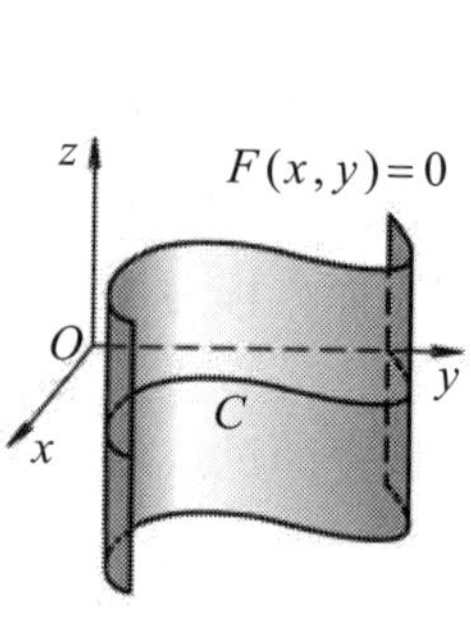

图 6–1–11

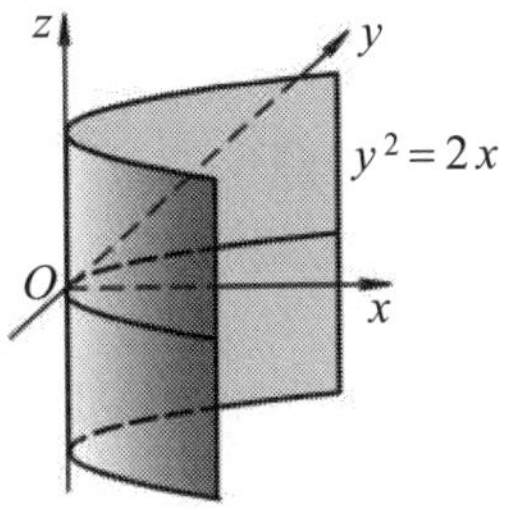

图 6－1－12

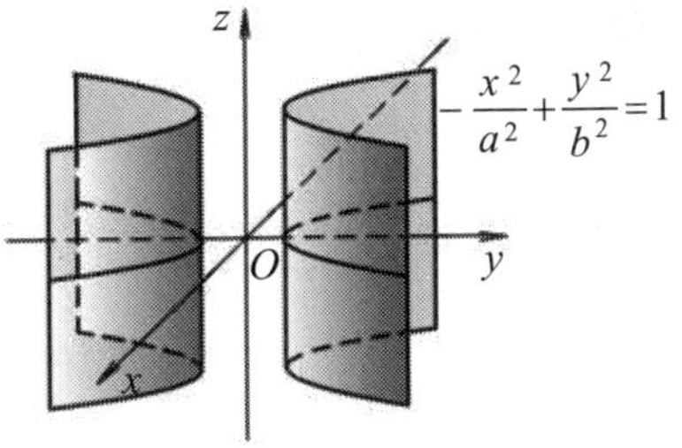

图 6－1－13

***数学实验**

实验 6.2　试用计算软件绘制下列方程所表示的柱面：

(1) $y^2-2ax=0$；

(2) $ax^3+bx^2+cx-z=0$；

(3) $a\cos y\sin z+byz=0$.

详见教材配套的网络学习空间.

空间柱面图形

4. 二次曲面

关于二次曲面，我们不做深入的讨论，仅介绍几种常见的二次曲面及其方程.

(1) **椭球面**.

由方程

$$\frac{x^2}{a^2}+\frac{y^2}{b^2}+\frac{z^2}{c^2}=1 \quad (a>0,\ b>0,\ c>0) \tag{1.4}$$

确定的曲面称为**椭球面**(见图6－1－14).

特别地，当 $a=b=c$ 时，方程(1.4)变成

$$x^2+y^2+z^2=a^2,$$

此即为我们熟知的以原点为圆心、a 为半径的球面方程(图形动画演示参见教材配套的网络学习空间).

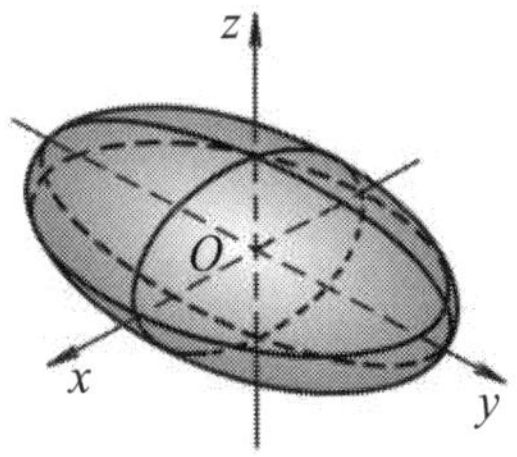

图 6－1－14

(2) **椭圆抛物面**.

$$z=\frac{x^2}{2p}+\frac{y^2}{2q} \quad (p\text{与}q\text{同号}).$$

以 $p>0,\ q>0$ 的情形为例，椭圆抛物面的典型图形如图6－1－15所示.

(3) **双曲抛物面(马鞍面)**.

$$-\frac{x^2}{2p}+\frac{y^2}{2q}=z \quad (p\text{与}q\text{同号}).$$

以 $p>0,\ q>0$ 的情形为例，双曲抛物面的典型图形如图6－1－16所示(图形动画演示参见教材配套的网络学习空间).

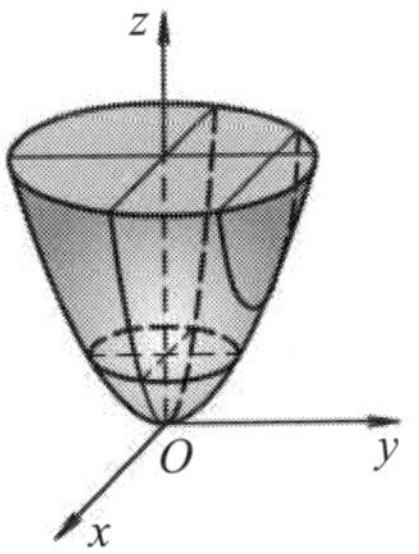

图 6－1－15

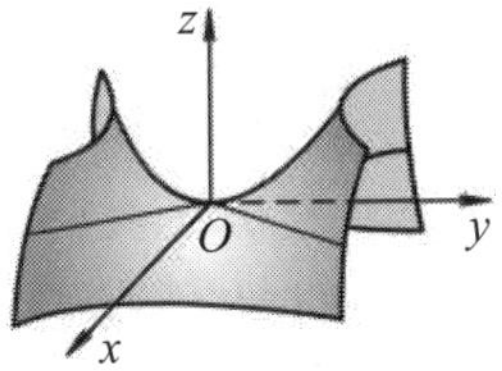

图 6－1－16

(4) **单叶双曲面**.

$$\frac{x^2}{a^2}+\frac{y^2}{b^2}-\frac{z^2}{c^2}=1\quad (a>0,\ b>0,\ c>0)\ (见图6-1-17).$$

(5) **双叶双曲面**.

$$\frac{x^2}{a^2}+\frac{y^2}{b^2}-\frac{z^2}{c^2}=-1\quad (a>0,\ b>0,\ c>0)\ (见图6-1-18).$$

(图形动画演示参见教材配套的网络学习空间).

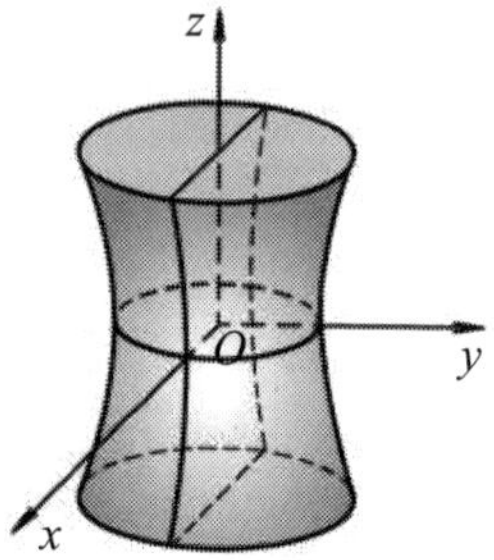

图 6-1-17

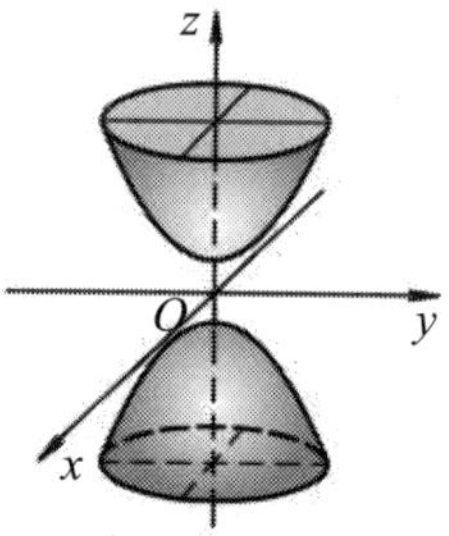

图 6-1-18

(6) **二次锥面**.

$$\frac{x^2}{a^2}+\frac{y^2}{b^2}-\frac{z^2}{c^2}=0\ (a>0,\ b>0,\ c>0)\ (见图6-1-19).$$

二次锥面的一种常见形式是

$$x^2+y^2-z^2=0,$$

若用平面 $z=h$ 去截它，所得截痕均为圆，此方程表示的曲面称为**圆锥面**(图形动画演示参见教材配套的网络学习空间).

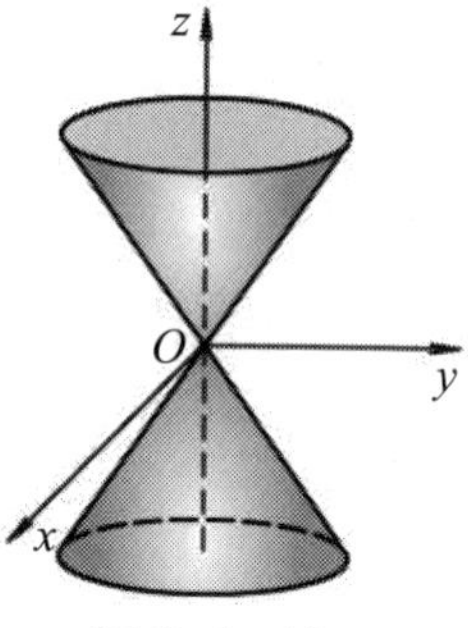

图 6-1-19

习题 6-1

1. 在空间直角坐标系中，指出下列各点在哪个卦限：

   $A(1,-2,3)$;　$B(2,3,-4)$;　$C(2,-3,-4)$;　$D(-2,-3,1)$.

2. 在坐标面和坐标轴上的点的坐标各有什么特征? 并指出下列各点的位置:

   $A(3, 4, 0)$;　$B(0, 4, 3)$;　$C(3, 0, 0)$;　$D(0, -1, 0)$.

3. 求点 (a, b, c) 关于 (1) 各坐标面，(2) 各坐标轴，(3) 坐标原点的对称点的坐标.

4. 自点 $P_0(x_0, y_0, z_0)$ 分别作各坐标面和各坐标轴的垂线，求出各垂足的坐标.

5. 求点 $M(4, -3, 5)$ 到各坐标轴的距离.

6. 一动点与两定点 $(2, 3, 1)$ 和 $(4, 5, 6)$ 等距离，求该动点的轨迹方程.

7. 求以点 $O(1, 3, -2)$ 为球心，且通过坐标原点的球面方程.

8. 指出下列方程在平面解析几何中和空间解析几何中分别表示什么图形:

(1) $x=2$;　(2) $y=x+1$;　(3) $x^2+y^2=4$;　(4) $x^2-y^2=1$.

9. 指出下列各方程表示哪种曲面:

(1) $x^2+y^2+z^2=1$; (2) $x^2+y^2-2z=0$; (3) $x^2-y^2=0$;

(4) $x^2+y^2=0$; (5) $xyz=0$; (6) $y-\sqrt{3}z=0$;

(7) $y^2-4y+3=0$; (8) $\frac{x^2}{9}+\frac{y^2}{16}=1$; (9) $x^2-\frac{y^2}{9}=1$;

(10) $x^2=4y$; (11) $z^2-x^2-y^2=0$.

10. 方程组 $\begin{cases}\frac{x^2}{4}+\frac{y^2}{9}=1\\ y=3\end{cases}$ 在平面解析几何与空间解析几何中各表示什么?

11. 求曲面 $x^2+9y^2=10z$ 与 yOz 平面的交线.

12. 指出下列各方程组表示什么曲线:

(1) $\begin{cases}x+2=0\\ y-3=0\end{cases}$; (2) $\begin{cases}x^2+y^2+z^2=20\\ z-2=0\end{cases}$;

(3) $\begin{cases}x^2-4y^2+9z^2=36\\ y=1\end{cases}$; (4) $\begin{cases}x^2-4y^2=4z\\ y=-2\end{cases}$.

13. 指出下列各平面的特殊位置:

(1) $x=0$; (2) $3y-1=0$; (3) $2x-3y-6=0$; (4) $x-\sqrt{3}y=0$;

(5) $y+z=1$; (6) $x-2z=0$; (7) $6x+5y-z=0$.

14. 分别按下列条件求平面方程:

(1) 平行于 xOy 面且经过点 $(2,-5,3)$; (2) 通过 z 轴和点 $(-3,1,-2)$ 的平面方程;

(3) 平行于 x 轴且经过两点 $(4,0,-2)$ 和 $(5,1,7)$.

15. 确定 k 的值, 使平面 $x+ky-2z=9$ 满足下列条件之一:

(1) 经过点 $(5,-4,-6)$; (2) 在 y 轴上的截距为 -3.

§6.2 多元函数的基本概念

一、平面区域的概念

与数轴上邻域的概念类似, 我们引入平面上点的邻域的概念.

设 $P(x_0,y_0)$ 为直角坐标平面上一点, δ 为一正数, 称点集

$$\{(x,y)\mid \sqrt{(x-x_0)^2+(y-y_0)^2}<\delta\}$$

为点 P 的 δ **邻域**, 记为 $U_\delta(P)$, 或简称为邻域, 记为 $U(P)$. 而点集 $U_\delta(P)-\{P\}$ 称为点 P 的去心邻域, 记为 $\mathring{U}_\delta(P)$.

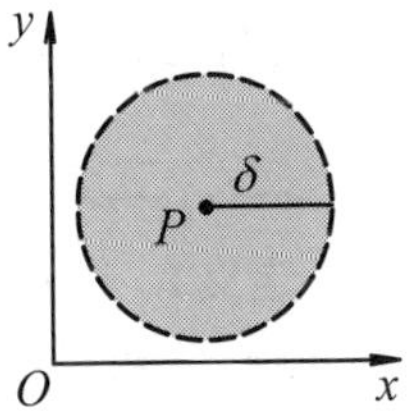

图 6-2-1

根据这一定义, 点 P 的 δ 邻域实际上是以点 P 为圆心、δ 为半径的圆的内部 (见图6-2-1).

设 E 是平面上的一个点集, P 是平面上的一个点, 则点 P 与点集 E 之间必存在以下三种关系之一.

(1) 如果存在点P的某一邻域$U(P)$，使得$U(P)\subset E$，则称P为E的**内点**(见图6-2-2中的点P_1).

(2) 如果存在点P的某一邻域$U(P)$，使得$U(P)\cap E=\varnothing$，则称P为E的**外点**(见图6-2-2中的点P_2).

(3) 如果点P的任意一个邻域内既有属于E的点也有不属于E的点，则称P为E的**边界点**(见图6-2-2中的点P_3).

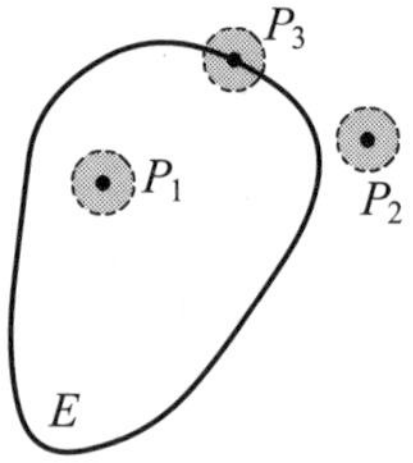

图 6-2-2

点集E的边界点的全体称为E的**边界**.

根据上述定义可知，点集E的内点必属于E，而E的边界点则可能属于E也可能不属于E.

如果点集E内任意一点均为E的内点，则称E为**开集**.

例如，点集$E=\{(x,y)\mid 1<x^2+y^2<4\}$是一个开集，圆周$x^2+y^2=1$和$x^2+y^2=4$均为$E$的边界.

设E为一点集，如果点集E内的任意两点都可用折线连接起来，且该折线上的点都属于E，则称点集E是**连通的**.

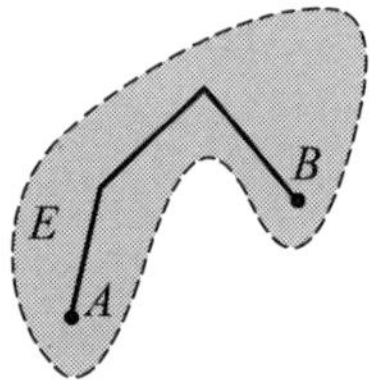

图 6-2-3

连通的开集称为**区域**或**开区域**(见图6-2-3). 开区域连同它的边界一起称为**闭区域**.

例如，$E_1=\{(x,y)\mid 1\le x^2+y^2\le 4\}$为一闭区域(见图6-2-4)，而$E_2=\{(x,y)\mid x+y>0\}$为一开区域(见图6-2-5).

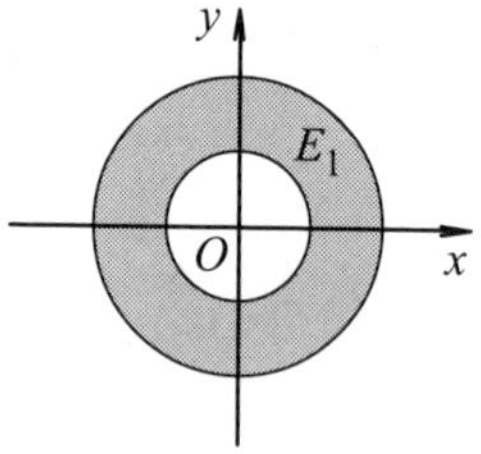

图 6-2-4

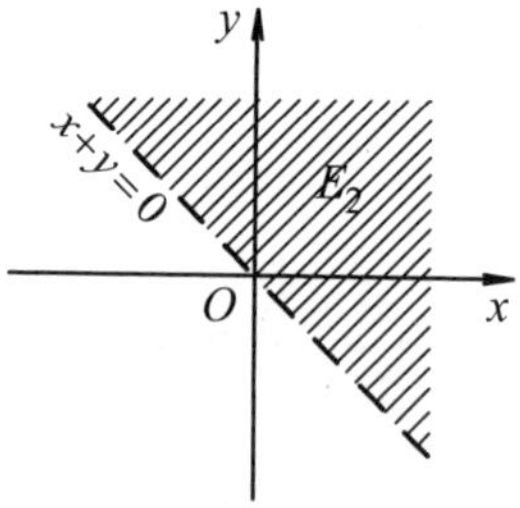

图 6-2-5

对于点集E，如果存在某一正数K，使得$E\subset U_K(O)$，则称E为**有界集**(见图6-2-4的区域E_1)，其中O为坐标原点. 否则称为**无界集**(见图6-2-5的区域E_2).

二、二元函数的概念

定义1　设D是平面上的一个非空点集，如果对于D内的任一点(x,y)，按照某种法则f，都有唯一确定的实数z与之对应，则称f是D上的**二元函数**，它在(x,y)处的函数值记为$f(x,y)$，即

$$z=f(x,y),$$

其中x,y称为**自变量**，z称为**因变量**. 点集D称为该函数的**定义域**，数集

$$\{z \mid z = f(x, y),\ (x, y) \in D\}$$

称为该函数的**值域**.

类似地，可定义三元及三元以上的函数. 当 $n \geq 2$ 时，n 元函数统称为**多元函数**.

例 1 某公司的总成本(以千元计)为

$$C(x, y, z, w) = 5x^2 + 4y + 2z - \ln(w+1),$$

其中 x 是员工工资，y 是原料的开销，z 是广告宣传的开销，w 是机器的开销，求 $C(2, 3, 0, 10)$.

解 用 2 替换 x, 3 替换 y, 0 替换 z, 10 替换 w, 则

$$C(2,3,0,10) = 5 \cdot 2^2 + 4 \cdot 3 + 0 - \ln(10+1) \approx 29.6(\text{千元}).$$ ■

例 2 求二元函数

$$f(x, y) = \frac{\arcsin(3 - x^2 - y^2)}{\sqrt{x - y^2}}$$

的定义域.

解 要使表达式有意义，必须

$$\begin{cases} |3 - x^2 - y^2| \leq 1 \\ x - y^2 > 0 \end{cases},$$

即

$$\begin{cases} 2 \leq x^2 + y^2 \leq 4 \\ x > y^2 \end{cases}.$$

故所求定义域为(见图6-2-6)

$$D = \{(x, y) \mid 2 \leq x^2 + y^2 \leq 4,\ x > y^2\}.$$ ■

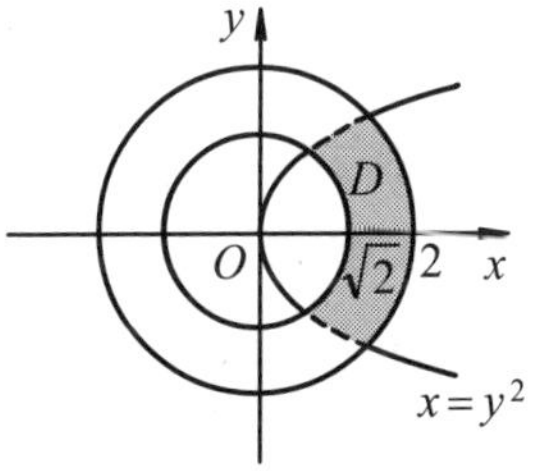

图 6-2-6

例 3 已知函数 $f(x+y, x-y) = \dfrac{x^2 - y^2}{x^2 + y^2}$, 求 $f(x, y)$.

解 设 $u = x + y$, $v = x - y$, 则 $x = \dfrac{u+v}{2}$, $y = \dfrac{u-v}{2}$, 所以

$$f(u, v) = \frac{\left(\dfrac{u+v}{2}\right)^2 - \left(\dfrac{u-v}{2}\right)^2}{\left(\dfrac{u+v}{2}\right)^2 + \left(\dfrac{u-v}{2}\right)^2} = \frac{2uv}{u^2 + v^2},$$

即

$$f(x, y) = \frac{2xy}{x^2 + y^2}.$$ ■

二元函数的几何意义

设 $z = f(x, y)$ 是定义在区域 D 上的一个二元函数，点集

$$S = \{(x, y, z) \mid z = f(x, y),\ (x, y) \in D\}$$

称为二元函数 $z = f(x, y)$ 的图形. 易见，属于 S 的点 $P(x_0, y_0, z_0)$ 满足三元方程

$$F(x, y, z) = z - f(x, y) = 0,$$

故二元函数 $z=f(x,y)$ 的图形就是空间中区域 D 上的一张曲面(见图 6–2–7)，定义域 D 就是该曲面在 xOy 面上的投影.

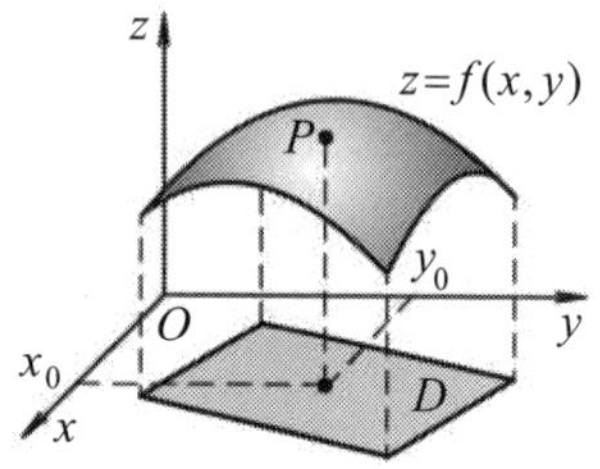

图 6–2–7

例如，二元函数 $z=\sqrt{1-x^2-y^2}$ 表示以原点为中心、1 为半径的上半球面(见图 6–2–8)，它的定义域 D 是 xOy 面上以原点为圆心的单位圆.

又如，二元函数 $z=\sqrt{x^2+y^2}$ 表示顶点在原点的圆锥面(见图 6–2–9)，它的定义域 D 是整个 xOy 面.

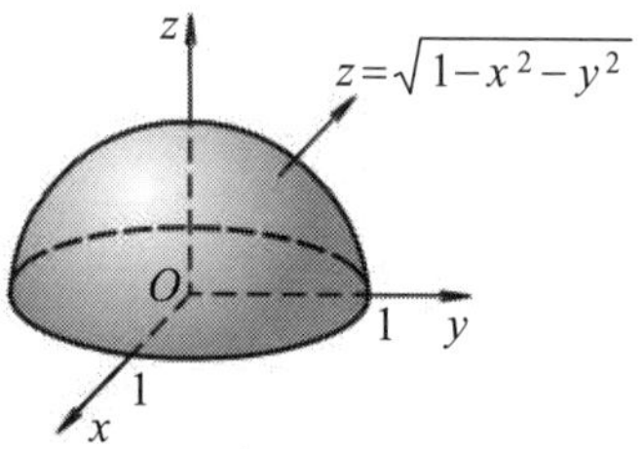

图 6–2–8

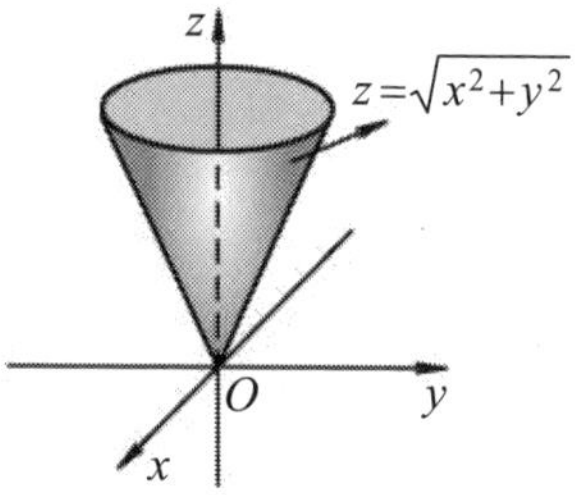

图 6–2–9

*数学实验

实验 6.3　试用计算软件作下列二元函数的图形:

(1) $z=\dfrac{x^4+2x^2y^2+y^4}{1-x^2-y^2}$；　　(2) $z=\cos(x)\sin(y)$；

(3) $z=\cos(4x^2+9y^2)$；　　(4) $z=\cos(x)\sin(y)\mathrm{e}^{-\frac{1}{4}\sqrt{x^2+y^2}}$；

(5) $z=-xy\mathrm{e}^{-x^2-y^2}$；　　(6) $z=\ln(8-x^2-y^2)+\sqrt{x^2+y^2-1}$.

二元函数图形

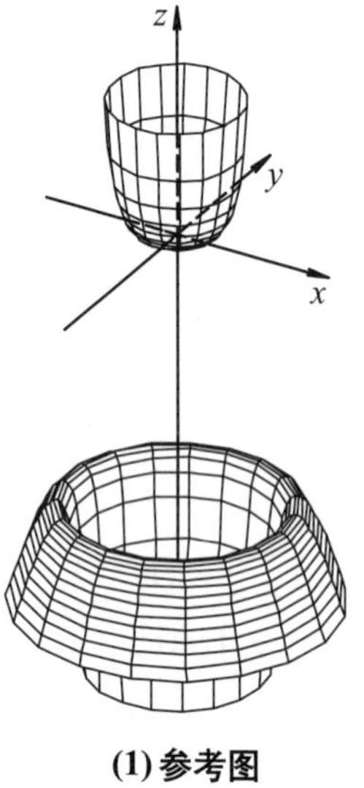

(1) 参考图

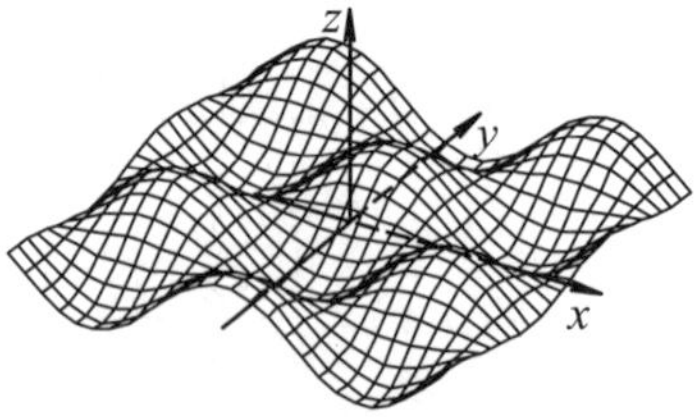

(2) 参考图

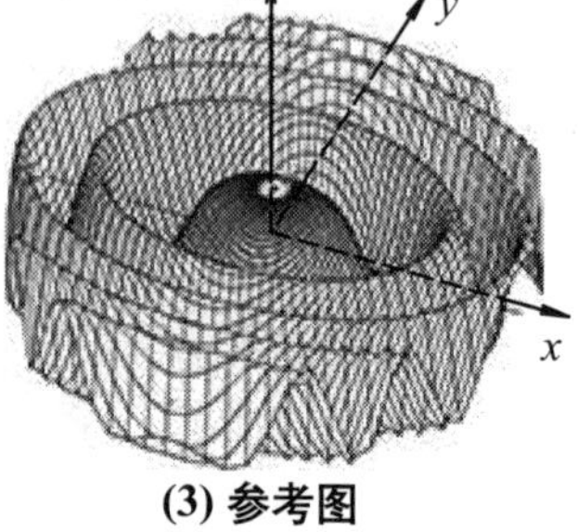

(3) 参考图

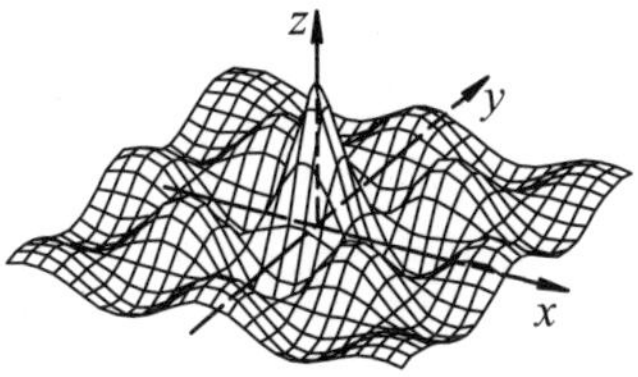

(4) 参考图

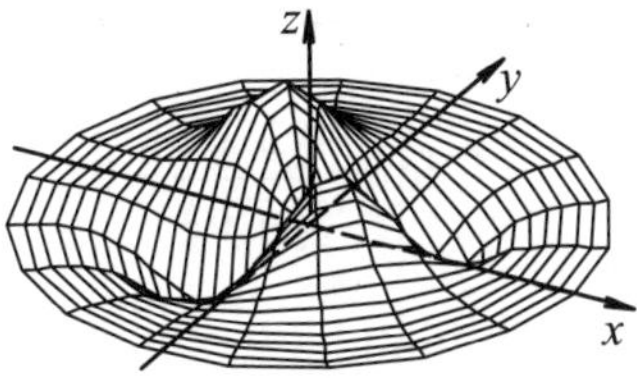

(5) 参考图

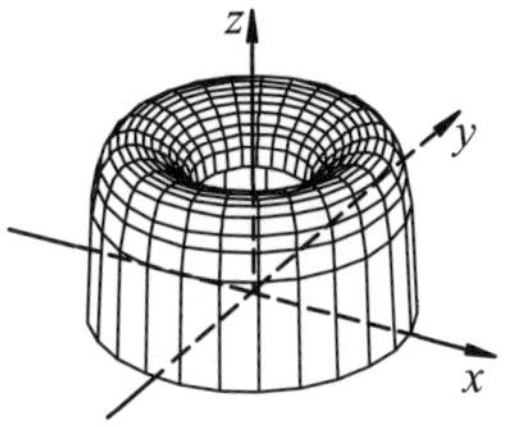

(6) 参考图

三、二元函数的极限

与一元函数的极限概念类似，二元函数的极限也是反映函数值随自变量变化而变化的趋势.

定义 2　设函数 $z=f(x,y)$ 在点 $P_0(x_0,y_0)$ 的某一去心邻域内有定义，如果当点 $P(x,y)$ 无限趋于点 $P_0(x_0,y_0)$ 时，函数 $f(x,y)$ 无限趋于一个常数 A，则称 A 为**函数 $z=f(x,y)$ 在 $(x,y)\to(x_0,y_0)$ 时的极限**，记为

$$\lim_{\substack{x\to x_0\\ y\to y_0}} f(x,y)=A \quad 或 \quad f(x,y)\to A((x,y)\to(x_0,y_0)),$$

也记作

$$\lim_{P\to P_0} f(P)=A \ \ 或\ \ f(P)\to A(P\to P_0).$$

二元函数的极限与一元函数的极限具有相同的性质和运算法则，在此不再详述. 为了区别于一元函数的极限，我们称二元函数的极限为**二重极限**.

值得注意的是，在定义 2 中，动点 P 趋向点 P_0 的方式是任意的 (见图 6–2–10). 即若 $\lim\limits_{P\to P_0} f(P)=A$，则无论动点 P 以何种方式趋于点 P_0，都有 $f(P)\to A$. 这个命题的逆否命题常常用来证明一个二元函数的二重极限不存在.

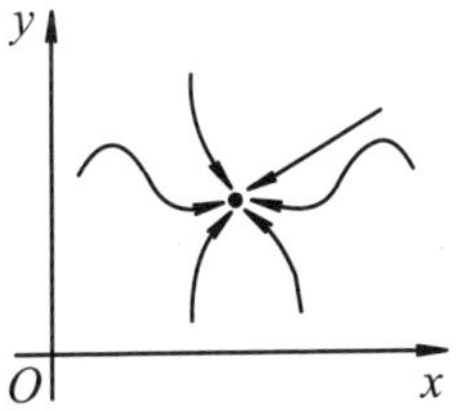

图 6–2–10

二元函数图形

例 4　求极限 $\lim\limits_{\substack{x\to 0\\ y\to 0}}(x^2+y^2)\sin\dfrac{1}{x^2+y^2}$.

解　令 $u=x^2+y^2$，则

$$\lim_{\substack{x\to 0\\ y\to 0}}(x^2+y^2)\sin\frac{1}{x^2+y^2}=\lim_{u\to 0}u\sin\frac{1}{u}=0.$$

如图 6–2–11 所示.

例 5　求极限 $\lim\limits_{\substack{x\to\infty\\ y\to\infty}}\dfrac{x+y}{x^2+y^2}$.

解　因为当 $xy\neq 0$ 时，有

$$0\leq\left|\frac{x+y}{x^2+y^2}\right|\leq\frac{|x|+|y|}{x^2+y^2}\leq\frac{|x|+|y|}{2|xy|}$$

二元函数图形

$$=\frac{1}{2|y|}+\frac{1}{2|x|}\to 0\ (x\to\infty, y\to\infty),$$

所以
$$\lim_{\substack{x\to\infty\\ y\to\infty}}\frac{x+y}{x^2+y^2}=0.$$

如图 6–2–12 所示. ■

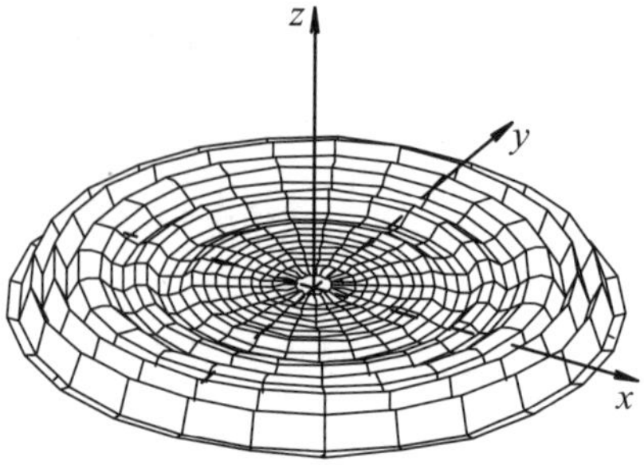

图 6–2–11

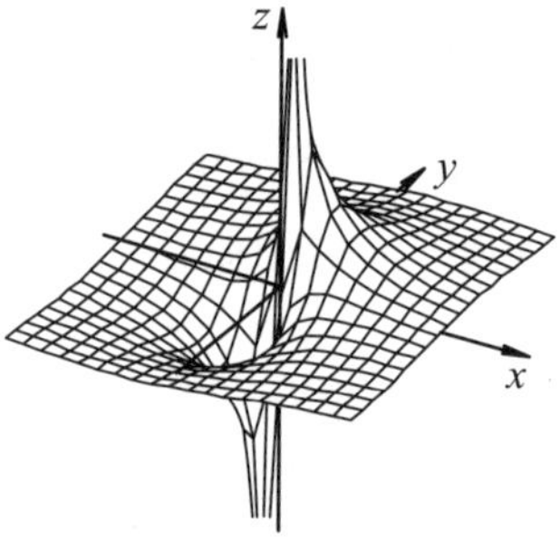

图 6–2–12

例 6　证明 $\lim\limits_{\substack{x\to 0\\ y\to 0}}\dfrac{xy}{x^2+y^2}$ 不存在.

证明　取 $y=kx$ (k 为常数), 则

$$\lim_{\substack{x\to 0\\ y\to 0}}\frac{xy}{x^2+y^2}=\lim_{\substack{x\to 0\\ y=kx}}\frac{x\cdot kx}{x^2+k^2x^2}=\frac{k}{1+k^2},$$

易见题设极限的值随 k 的变化而变化, 故题设极限不存在. 如图 6–2–13 所示. ■

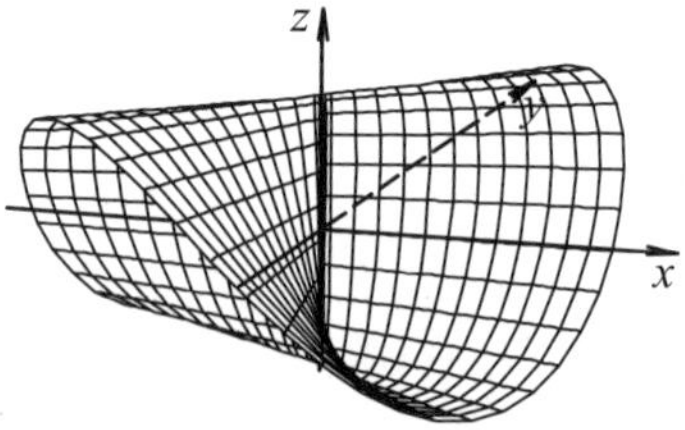

图 6–2–13

*数学实验

实验 6.4　试用计算软件求出下列二元函数的极限:

(1) 求极限 $\lim\limits_{\substack{x\to 0\\ y\to 0}}\dfrac{xye^x}{4-\sqrt{16+xy}}$;

(2) 求极限 $\lim\limits_{\substack{x\to \infty\\ y\to a}}\left(1+\dfrac{1}{x}\right)^{\frac{x^2}{x+y}}$;

(3) 求极限 $\lim\limits_{\substack{x\to 0\\ y\to 0}}\dfrac{\sqrt{x^2+y^2}-\sin\sqrt{x^2+y^2}}{\sqrt{(x^2+y^2)^3}}$;

(4) 求极限 $\lim\limits_{\substack{x\to 0\\ y\to 0}}\dfrac{(x^2+y^2)x^2y^2}{1-\cos(x^2+y^2)}$.

详见教材配套的网络学习空间.

计算实验

四、二元函数的连续性

定义 3　设二元函数 $z=f(x,y)$ 在点 (x_0, y_0) 的某一邻域内有定义, 如果

$$\lim_{\substack{x \to x_0 \\ y \to y_0}} f(x, y) = f(x_0, y_0),$$

则称函数 $z=f(x,y)$ 在点 (x_0,y_0) 处**连续**. 如果函数 $z=f(x,y)$ 在点 (x_0,y_0) 处不连续，则称函数 $z=f(x,y)$ 在点 (x_0,y_0) 处**间断**.

例如, 从例6可知, 极限 $\lim\limits_{\substack{x \to 0 \\ y \to 0}} \dfrac{xy}{x^2+y^2}$ 不存在, 所以, 无论怎样定义函数 $f(x,y)=\dfrac{xy}{x^2+y^2}$ 在点 (0, 0) 处的值, $f(x,y)$ 在点 (0, 0) 处都不连续, 即在点 (0, 0) 处间断.

二元函数图形实验

例7　讨论二元函数

$$f(x,y)=\begin{cases} \dfrac{x^3+y^3}{x^2+y^2}, & (x,y)\neq(0,0) \\ 0, & (x,y)=(0,0) \end{cases}$$

在点(0,0)处的连续性.

解　由 $f(x,y)$ 表达式的特征，利用极坐标变换.

令 $x=\rho\cos\theta$, $y=\rho\sin\theta$, 则

$$\lim_{(x,y)\to(0,0)} f(x,y) = \lim_{\rho\to 0}\rho(\sin^3\theta+\cos^3\theta)$$
$$=0=f(0,0),$$

所以函数在点 (0, 0) 处连续. 如图 6–2–14 所示. ■

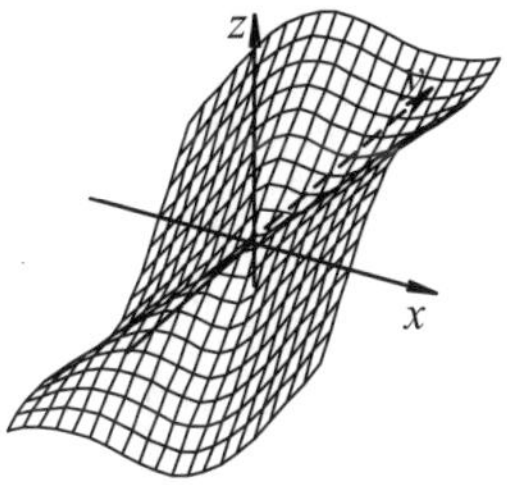

图 6–2–14

如果函数 $z=f(x,y)$ 在区域 D 上每一点都连续，则称该函数在区域 D 上连续. 在区域 D 上连续的二元函数的图形是区域 D 上的一张连续曲面.

与一元函数类似, 二元连续函数经过四则运算和复合运算后仍为二元连续函数. 由 x 和 y 的基本初等函数经过有限次的四则运算和复合运算构成的一个可用式子表示的二元函数称为**二元初等函数**. 一切二元初等函数在其定义区域内是连续的. 这里所说的定义区域是指包含在定义域内的区域或闭区域. 利用这个结论, 当要求某个二元初等函数在其定义区域内一点的极限时, 只要计算出函数在该点的函数值即可.

例 8　求极限 $\lim\limits_{\substack{x \to 0 \\ y \to 1}}\left[\ln(y-x)+\dfrac{y}{\sqrt{1-x^2}}\right]$.

解　$$\lim_{\substack{x \to 0 \\ y \to 1}}\left[\ln(y-x)+\frac{y}{\sqrt{1-x^2}}\right]=\left[\ln(1-0)+\frac{1}{\sqrt{1-0^2}}\right]=1.$$ ■

特别地，在有界闭区域 D 上连续的二元函数也有类似于一元连续函数在闭区间上所满足的定理. 下面我们不加证明地列出这些定理.

定理 1 (最大值和最小值定理)　在有界闭区域 D 上的二元连续函数，在 D 上至少取得它的最大值和最小值各一次.

定理 2(有界性定理)　在有界闭区域 D 上的二元连续函数在 D 上一定有界.

定理 3(介值定理)　在有界闭区域 D 上的二元连续函数，若在 D 上取得两个不同的函数值，则它在 D 上必取得介于这两个值之间的任何值至少一次.

习题 6-2

1. 设 $f(x, y)=\dfrac{2xy}{x^2+y^2}$，求 $f\left(1, \dfrac{y}{x}\right)$.

2. 设 $z=x+y+f(x-y)$，且当 $y=0$ 时，$z=x^2$，求 $f(x)$.

3. 求下列各函数的定义域：

(1) $z=\ln(y^2-2x+1)$；　(2) $z=\sqrt{x-\sqrt{y}}$；　(3) $z=\arcsin\dfrac{y}{x}$；

(4) $z=\dfrac{\sqrt{4x-y^2}}{\ln(1-x^2-y^2)}$；　(5) $z=\ln(y-x)+\dfrac{\sqrt{x}}{\sqrt{1-x^2-y^2}}$.

4. 求下列各极限：

(1) $\lim\limits_{\substack{x\to 1\\ y\to 0}}\dfrac{\ln(x+e^y)}{\sqrt{x^2+y^2}}$；　(2) $\lim\limits_{(x,y)\to(0,0)}\dfrac{2-\sqrt{xy+4}}{xy}$；　(3) $\lim\limits_{\substack{x\to 0\\ y\to 0}}\dfrac{xy}{\sqrt{x^2+y^2}}$；

(4) $\lim\limits_{\substack{x\to +\infty\\ y\to +\infty}}(x^2+y^2)e^{-(x+y)}$；　(5) $\lim\limits_{\substack{x\to 0\\ y\to 0}}\dfrac{\sqrt{x^2+y^2}-\sin\sqrt{x^2+y^2}}{\sqrt{(x^2+y^2)^3}}$.

5. 证明下列极限不存在：

(1) $\lim\limits_{(x,y)\to(0,0)}\dfrac{x+y}{x-y}$；　(2) $\lim\limits_{\substack{x\to 0\\ y\to 0}}\dfrac{\sqrt{xy+1}-1}{x+y}$.

6. 研究下列函数的连续性：

(1) $f(x,y)=\dfrac{y^2+2x}{y^2-2x}$；　(2) $f(x,y)=xy\ln(x^2+y^2)$.

7. 设 $f(x, y)=\begin{cases}\dfrac{ye^{\frac{1}{x^2}}}{y^2e^{\frac{2}{x^2}}+1}, & x\neq 0,\ y \text{ 任意}\\ 0, & x=0,\ y \text{ 任意}\end{cases}$，讨论 $f(x, y)$ 在 $(0, 0)$ 处是否连续.

§6.3　偏 导 数

一、偏导数的定义及其计算方法

在研究一元函数时，我们从研究函数的变化率引入了导数的概念. 实际问题中，我们常常需要了解一个受到多种因素制约的变量，在其他因素固定不变的情况下，只随一种因素变化的变化率问题，反映在数学上就是多元函数在其他自变量固定不变时，函数随一个自变量变化的变化率问题，这就是偏导数.

以二元函数 $z=f(x,y)$ 为例，如果固定自变量 $y=y_0$，则函数 $z=f(x,y_0)$ 就是 x 的一元函数，该函数对 x 的导数就称为二元函数 $z=f(x,y)$ 对 x 的偏导数．一般地，我们有如下定义.

定义 1 设函数 $z=f(x,y)$ 在点 (x_0, y_0) 的某一邻域内有定义，当 y 固定在 y_0 而 x 在 x_0 处有增量 Δx 时，相应地，函数有增量

$$f(x_0+\Delta x, y_0)-f(x_0,y_0),$$

如果 $\lim\limits_{\Delta x\to 0}\dfrac{f(x_0+\Delta x, y_0)-f(x_0,y_0)}{\Delta x}$ 存在，则称此极限为函数 $z=f(x,y)$ 在点 (x_0, y_0) 处**对 x 的偏导数**，记为

$$\left.\frac{\partial z}{\partial x}\right|_{\substack{x=x_0\\ y=y_0}},\quad \left.\frac{\partial f}{\partial x}\right|_{\substack{x=x_0\\ y=y_0}},\quad \left.z_x\right|_{\substack{x=x_0\\ y=y_0}} \quad 或 \quad f_x(x_0,y_0).$$

例如，有

$$f_x(x_0,y_0)=\lim_{\Delta x\to 0}\frac{f(x_0+\Delta x, y_0)-f(x_0,y_0)}{\Delta x}.$$

类似地，函数 $z=f(x,y)$ 在点 (x_0, y_0) 处**对 y 的偏导数**为

$$\lim_{\Delta y\to 0}\frac{f(x_0, y_0+\Delta y)-f(x_0,y_0)}{\Delta y},$$

记为

$$\left.\frac{\partial z}{\partial y}\right|_{\substack{x=x_0\\ y=y_0}},\quad \left.\frac{\partial f}{\partial y}\right|_{\substack{x=x_0\\ y=y_0}},\quad \left.z_y\right|_{\substack{x=x_0\\ y=y_0}} \quad 或 \quad f_y(x_0,y_0).$$

如果函数 $z=f(x,y)$ 在区域 D 内任一点 (x,y) 处对 x 的偏导数都存在，那么这个偏导数就是 x, y 的函数，并称为函数 $z=f(x,y)$ **对自变量 x 的偏导函数**（简称为**偏导数**），记作

$$\frac{\partial z}{\partial x},\ \frac{\partial f}{\partial x},\ z_x \quad 或 \quad f_x(x,y).$$

同理可以定义函数 $z=f(x,y)$ **对自变量 y 的偏导数**，记作

$$\frac{\partial z}{\partial y},\ \frac{\partial f}{\partial y},\ z_y \quad 或 \quad f_y(x,y).$$

注：偏导数的记号 z_x，f_x 也记成 z'_x，f'_x，对后面的高阶偏导数也有类似的情形.

偏导数的概念可以推广到二元以上的函数.

例如，三元函数 $u=f(x,y,z)$ 在点 (x,y,z) 处的偏导数：

$$f_x(x,y,z)=\lim_{\Delta x\to 0}\frac{f(x+\Delta x,y,z)-f(x,y,z)}{\Delta x},$$

$$f_y(x,y,z)=\lim_{\Delta y\to 0}\frac{f(x,y+\Delta y,z)-f(x,y,z)}{\Delta y},$$

$$f_z(x,y,z)=\lim_{\Delta z\to 0}\frac{f(x,y,z+\Delta z)-f(x,y,z)}{\Delta z}.$$

上述定义表明，在求多元函数对某个自变量的偏导数时，只需把其余自变量看作常数，然后直接利用一元函数的求导公式及复合函数求导法则来计算.

例 1　求 $z=f(x,y)=x^2+3xy+y^2$ 在点 $(1,2)$ 处的偏导数.

解　把 y 看作常数，对 x 求导，得

$$f_x(x,y)=2x+3y.$$

把 x 看作常数，对 y 求导，得

$$f_y(x,y)=3x+2y.$$

故所求偏导数为

$$f_x(1,2)=2\times 1+3\times 2=8,\ f_y(1,2)=3\times 1+2\times 2=7.$$ ■

例 2　求 $z=x^y$ 的偏导数.

解　$\dfrac{\partial z}{\partial x}=yx^{y-1}$，$\dfrac{\partial z}{\partial y}=x^y\ln x$. ■

例 3　求 $r=\sqrt{x^2+y^2+z^2}$ 的偏导数.

解　把 y 和 z 看作常数，对 x 求导，得

$$\frac{\partial r}{\partial x}=\frac{x}{\sqrt{x^2+y^2+z^2}}=\frac{x}{r},$$

利用函数关于自变量的对称性，得

$$\frac{\partial r}{\partial y}=\frac{y}{r},\quad \frac{\partial r}{\partial z}=\frac{z}{r}.$$ ■

关于多元函数的偏导数，我们补充以下几点说明:

(1) 对一元函数而言，导数 $\dfrac{\mathrm{d}y}{\mathrm{d}x}$ 可看作函数的微分 $\mathrm{d}y$ 与自变量的微分 $\mathrm{d}x$ 的商，但偏导数的记号 $\dfrac{\partial u}{\partial x}$ 是一个整体.

(2) 与一元函数类似，对分段函数在分段点的偏导数要利用偏导数的定义来求.

(3) 在一元函数微分学中，我们知道，如果函数在某点存在导数，则它在该点必定连续. 但对多元函数而言，即使函数的各个偏导数存在，也不能保证函数在该点连续.

例如，二元函数

$$f(x,y)=\begin{cases}\dfrac{xy}{x^2+y^2}, & (x,y)\neq(0,0)\\ 0, & (x,y)=(0,0)\end{cases}$$

在点 $(0,0)$ 处的偏导数为

$$f_x(0,0)=\lim_{\Delta x\to 0}\frac{f(0+\Delta x,0)-f(0,0)}{\Delta x}=\lim_{\Delta x\to 0}\frac{0}{\Delta x}=0,$$

$$f_y(0,0)=\lim_{\Delta y\to 0}\frac{f(0,0+\Delta y)-f(0,0)}{\Delta y}=\lim_{\Delta y\to 0}\frac{0}{\Delta y}=0.$$

但从 § 6.2 中已经知道此函数在点 $(0,0)$ 处不连续.

偏导数的几何意义

设曲面的方程为 $z=f(x,y)$, $M_0(x_0,y_0,f(x_0,y_0))$ 是该曲面上一点, 过点 M_0 作平面 $y=y_0$, 截此曲面得一条曲线, 其方程为

$$\begin{cases} z=f(x,y_0), \\ y=y_0 \end{cases}$$

则偏导数 $f_x(x_0,y_0)$ 表示上述曲线在点 M_0 处的切线 M_0T_x 对 x 轴正向的斜率(见图6-3-1). 同理, 偏导数 $f_y(x_0,y_0)$ 就是曲面被平面 $x=x_0$ 所截得的曲线在点 M_0 处的切线 M_0T_y 对 y 轴正向的斜率.

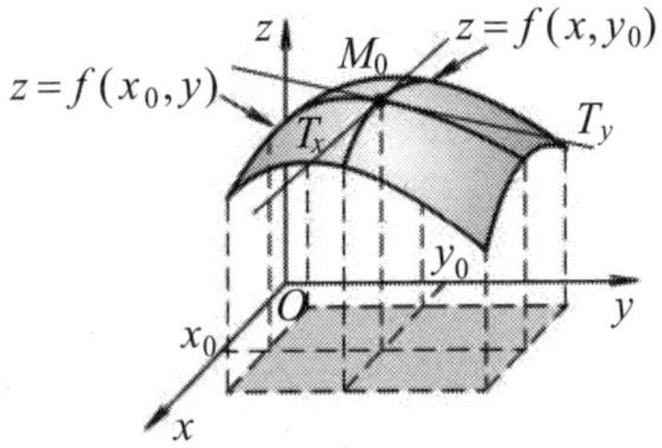

图 6-3-1

偏导数的经济意义

与一元经济函数的导数类似, 多元经济函数的偏导数也有其经济意义.

设某产品的需求量为

$$Q=Q(P,y),$$

其中 P 为该产品的价格, y 为消费者收入.

记需求量 Q 对于价格 P、消费者收入 y 的偏改变量分别为

$$\Delta_P Q=Q(P+\Delta P,y)-Q(P,y) \quad 和 \quad \Delta_y Q=Q(P,y+\Delta y)-Q(P,y).$$

易见, $\dfrac{\Delta_P Q}{\Delta P}$ 表示 Q 当价格由 P 变到 $P+\Delta P$ 时的平均变化率. 而

$$\frac{\partial Q}{\partial P}=\lim_{\Delta P\to 0}\frac{\Delta_P Q}{\Delta P}$$

表示当价格为 P、消费者收入为 y 时, Q 对于 P 的变化率, 称

$$E_P=-\lim_{\Delta P\to 0}\frac{\Delta_P Q/Q}{\Delta P/P}=-\frac{\partial Q}{\partial P}\cdot\frac{P}{Q}$$

为**需求 Q 对价格 P 的偏弹性**.

同理, $\dfrac{\Delta_y Q}{\Delta y}$ 表示 Q 当收入由 y 变到 $y+\Delta y$ 时的平均变化率. 而

$$\frac{\partial Q}{\partial y}=\lim_{\Delta y\to 0}\frac{\Delta_y Q}{\Delta y}$$

表示当价格为 P、消费者收入为 y 时, Q 对于 y 的变化率, 称

$$E_y=\lim_{\Delta y\to 0}\frac{\Delta_y Q/Q}{\Delta y/y}=\frac{\partial Q}{\partial y}\cdot\frac{y}{Q}$$

为**需求 Q 对收入 y 的偏弹性**.

柯布–道格拉斯生产函数

在商业与经济中经常考虑的一个生产模型是**柯布–道格拉斯生产函数**

$$p(x,y)=cx^a y^{1-a},\ c>0 \text{ 且 } 0<a<1,$$

其中p是由x个人力单位和y个资本单位生产出的产品数量(资本是机器、场地、生产工具和其他用品的成本). 偏导数

$$\frac{\partial p}{\partial x} \text{ 和 } \frac{\partial p}{\partial y}$$

分别称为**人力的边际生产力**和**资本的边际生产力**.

例 4　某体育用品公司的某种产品有下列生产函数

$$p(x,y)=240x^{0.4}y^{0.6},$$

其中p是由x个人力单位和y个资本单位生产出的产品数量.

(1) 求由 32 个人力单位和 1 024 个资本单位生产出的产品数量;

(2) 求边际生产力;

(3) 计算当 $x=32$ 和 $y=1\ 024$ 时的边际生产力.

解　(1) $p(32,1\ 024)=240\cdot 32^{0.4}\cdot 1\ 024^{0.6}=61\ 440$.

(2) $\dfrac{\partial p}{\partial x}=240\cdot 0.4x^{-0.6}y^{0.6}=96x^{-0.6}y^{0.6}$,

$\dfrac{\partial p}{\partial y}=240\cdot 0.6x^{0.4}y^{-0.4}=144x^{0.4}y^{-0.4}$.

(3) $\left.\dfrac{\partial p}{\partial x}\right|_{(32,1\ 024)}=96\cdot 32^{-0.6}\cdot 1\ 024^{0.6}=768$,

$\left.\dfrac{\partial p}{\partial y}\right|_{(32,1\ 024)}=144\cdot 32^{0.4}\cdot 1\ 024^{-0.4}=36$. ■

如何理解这些边际生产力? 假设所花费的资本总数固定为1 024, 则如果人力的总数由32 改变了一个单位, 那么产量将会改变768个单位. 假设人力的总数固定为32, 则如果花费的资本总数由1 024 改变一个单位, 那么产量将会改变 36 个单位.

柯布–道格拉斯生产函数与规模报酬递减规律是一致的. 即, 如果固定一个输入(人力或资本)而另一个无限增加, 则产量最终将以一个递减率增加. 借助于这些函数可以证明, 如果某个最大生产量是可能的, 那么, 为了这个可以达到的最大输出, 更多的花费(人力或资本)将是不可避免的.

二、高阶偏导数

设函数 $z=f(x,y)$ 在区域 D 内具有偏导数

$$\frac{\partial z}{\partial x}=f_x(x,y),\quad \frac{\partial z}{\partial y}=f_y(x,y),$$

则在D内$f_x(x,y)$和$f_y(x,y)$都是x, y的函数. 如果这两个函数的偏导数存在, 则称它们是函数$z=f(x,y)$的**二阶偏导数**. 按照对变量求导次序的不同, 共有下列四个二阶偏导数:

$$\frac{\partial}{\partial x}\left(\frac{\partial z}{\partial x}\right)=\frac{\partial^2 z}{\partial x^2}=f_{xx}(x,y),\quad \frac{\partial}{\partial y}\left(\frac{\partial z}{\partial x}\right)=\frac{\partial^2 z}{\partial x\partial y}=f_{xy}(x,y),$$

$$\frac{\partial}{\partial x}\left(\frac{\partial z}{\partial y}\right)=\frac{\partial^2 z}{\partial y\partial x}=f_{yx}(x,y),\quad \frac{\partial}{\partial y}\left(\frac{\partial z}{\partial y}\right)=\frac{\partial^2 z}{\partial y^2}=f_{yy}(x,y),$$

其中第二个、第三个偏导数称为**混合偏导数**.

类似地, 可以定义三阶、四阶、…… 以及n阶偏导数. 我们把二阶及二阶以上的偏导数统称为**高阶偏导数**.

例5 设$z=4x^3+3x^2y-3xy^2-x+y$, 求$\frac{\partial^2 z}{\partial x^2}$, $\frac{\partial^2 z}{\partial y\partial x}$, $\frac{\partial^2 z}{\partial x\partial y}$, $\frac{\partial^2 z}{\partial y^2}$.

解 $\frac{\partial z}{\partial x}=12x^2+6xy-3y^2-1,\quad \frac{\partial z}{\partial y}=3x^2-6xy+1,$

$$\frac{\partial^2 z}{\partial x^2}=24x+6y,\quad \frac{\partial^2 z}{\partial y^2}=-6x,\quad \frac{\partial^2 z}{\partial x\partial y}=6x-6y,\quad \frac{\partial^2 z}{\partial y\partial x}=6x-6y.$$ ■

例6 求$z=x\ln(x+y)$的二阶偏导数.

解 $\frac{\partial z}{\partial x}=\ln(x+y)+\frac{x}{x+y},\quad \frac{\partial z}{\partial y}=\frac{x}{x+y},$

$$\frac{\partial^2 z}{\partial x^2}=\frac{1}{x+y}+\frac{x+y-x}{(x+y)^2}=\frac{x+2y}{(x+y)^2},\quad \frac{\partial^2 z}{\partial y^2}=\frac{-x}{(x+y)^2},$$

$$\frac{\partial^2 z}{\partial x\partial y}=\frac{1}{x+y}+\frac{-x}{(x+y)^2}=\frac{y}{(x+y)^2},\quad \frac{\partial^2 z}{\partial y\partial x}=\frac{(x+y)-x}{(x+y)^2}=\frac{y}{(x+y)^2}.$$ ■

我们看到例5和例6中两个二阶混合偏导数均相等, 即

$$\frac{\partial^2 z}{\partial y\partial x}=\frac{\partial^2 z}{\partial x\partial y}.$$

这个现象并不是偶然的, 实际上我们可以通过证明得出下述定理.

定理1 如果函数$z=f(x,y)$的两个二阶混合偏导数$\frac{\partial^2 z}{\partial y\partial x}$及$\frac{\partial^2 z}{\partial x\partial y}$在区域$D$内连续, 则在该区域内有$\frac{\partial^2 z}{\partial y\partial x}=\frac{\partial^2 z}{\partial x\partial y}$.

定理1表明: 二阶混合偏导数在连续的条件下与求偏导的次序无关, 这给混合偏导数的计算带来了方便.

对于二元以上的多元函数, 我们也可类似地定义高阶偏导数, 而且高阶混合偏

导数在偏导数连续的条件下也与求偏导的次序无关.

*数学实验

实验 6.5 试用计算软件求出下列函数的偏导数:

(1) 设 $z=x^3y+\sin^2(xy)$, 求 $\dfrac{\partial z}{\partial x},\dfrac{\partial z}{\partial y}$;

(2) 设 $u=xyz+\dfrac{xy}{z}+\dfrac{zx}{y}+\dfrac{yz}{x}$, 求 $\dfrac{\partial u}{\partial x}$;

(3) 设 $z=x-2y+\ln\sqrt{x^2+y^2}+3e^{xy}$, 求 z_x, z_y;

(4) 设 $z=xye^{x+y^2}+\sin\dfrac{x}{y^2}$, 求 $\dfrac{\partial z}{\partial x},\dfrac{\partial z}{\partial y}$;

(5) 设 $z=x^4+y^4-4x^2y^2$, 求 $\dfrac{\partial^2 z}{\partial x^2},\dfrac{\partial^2 z}{\partial y^2},\dfrac{\partial^2 z}{\partial x\partial y}$;

(6) 设 $z=\sin(xy)+\cos^2(xy)$, 求 $\dfrac{\partial z}{\partial x},\dfrac{\partial z}{\partial y},\dfrac{\partial^2 z}{\partial x^2},\dfrac{\partial^2 z}{\partial x\partial y}$;

(7) 设 $z=x^3\sin y-ye^x$, 求 $\dfrac{\partial^3 z}{\partial x\partial y^2}$;

(8) 设 $z=e^{-(x^2+y^2)/8}(\cos^2 x+\sin^2 y)$, 求 $\dfrac{\partial^2 z}{\partial x^2},\dfrac{\partial^2 z}{\partial y^2},\dfrac{\partial^2 z}{\partial y\partial x}$.

详见教材配套的网络学习空间.

计算实验

习题 6-3

1. 求下列函数的偏导数:

(1) $z=x^2-2xy+y^3$; (2) $z=x^{\sin y}$; (3) $z=\arctan\dfrac{y}{x}$;

(4) $z=\dfrac{x^2+y^2}{xy}$; (5) $z=\sqrt{\ln(xy)}$; (6) $z=\sin(xy)+\cos^2(xy)$;

(7) $z=\ln\tan\dfrac{x}{y}$; (8) $u=\left(\dfrac{x}{y}\right)^z$; (9) $z=\dfrac{x}{\sqrt{x^2+y^2}}$.

2. 设 $z=e^{-\left(\frac{1}{x}+\frac{1}{y}\right)}$, 证明 $x^2\dfrac{\partial z}{\partial x}+y^2\dfrac{\partial z}{\partial y}=2z$.

3. 设 $f(x,y)=x+(y-1)\arcsin\sqrt{\dfrac{x}{y}}$, 求 $f_x(x,1)$.

4. 设 $f(x,y)=\begin{cases}(x^2+y)\sin\dfrac{1}{\sqrt{x^2+y^2}}, & x^2+y^2\neq 0\\ 0, & x^2+y^2=0\end{cases}$, 求 $f_x'(0,0), f_y'(0,0)$.

5. 某移动电话公司的某种产品有下面的生产函数

$$p(x,y)=50x^{2/3}y^{1/3},$$

(1) 求由125个人力单位和64个资本单位生产的产品数量；

(2) 求边际生产力；

(3) 计算当 $x=125$ 和 $y=64$ 时的边际生产力.

6. 求下列函数的 $\dfrac{\partial^2 z}{\partial x^2}$，$\dfrac{\partial^2 z}{\partial y^2}$ 和 $\dfrac{\partial^2 z}{\partial x\partial y}$：

(1) $z=x^2ye^y$；　　(2) $z=\arctan\dfrac{y}{x}$；　　(3) $z=\dfrac{\cos x^2}{y}$.

7. 设 $f(x,y,z)=xy^2+yz^2+zx^2$，求 $f_{xx}(0,0,1)$，$f_{xz}(1,0,2)$，$f_{yz}(0,-1,0)$ 及 $f_{zzx}(2,0,1)$.

8. 设 $z=x\ln(xy)$，求 $\dfrac{\partial^3 z}{\partial x^2\partial y}$ 及 $\dfrac{\partial^3 z}{\partial x\partial y^2}$.

§6.4 全 微 分

我们已经知道，二元函数对某个自变量的偏导数表示当其中一个自变量固定时，因变量对另一个自变量的变化率. 根据一元函数微分学中增量与微分的关系，可得

$$f(x+\Delta x,y)-f(x,y)\approx f_x(x,y)\Delta x,\ f(x,y+\Delta y)-f(x,y)\approx f_y(x,y)\Delta y,$$

上面两式左端分别称为二元函数对 x 和对 y 的**偏增量**，而右端分别称为二元函数对 x 和对 y 的**偏微分**.

在实际问题中，有时需要研究多元函数中各个自变量都取得增量时因变量所获得的增量，即所谓全增量的问题. 下面以二元函数为例进行讨论.

如果函数 $z=f(x,y)$ 在点 $P(x,y)$ 的某邻域内有定义，并设 $P'(x+\Delta x,\ y+\Delta y)$ 为该邻域内的任意一点，则称

$$f(x+\Delta x,\ y+\Delta y)-f(x,\ y)$$

为函数在点 P 处对应于自变量增量 Δx，Δy 的**全增量**，记为 Δz，即

$$\Delta z=f(x+\Delta x,\ y+\Delta y)-f(x,\ y). \tag{4.1}$$

一般来说，计算全增量比较复杂. 与一元函数的情形类似，我们也希望利用关于自变量增量 Δx，Δy 的线性函数来近似地代替函数的全增量 Δz，由此引入二元函数全微分的定义.

定义1 如果函数 $z=f(x,y)$ 在点 (x,y) 处的全增量

$$\Delta z=f(x+\Delta x,\ y+\Delta y)-f(x,\ y)$$

可以表示为

$$\Delta z=A\Delta x+B\Delta y+o(\rho), \tag{4.2}$$

其中 A,B 不依赖于 Δx，Δy，而仅与 x，y 有关，

$$\rho=\sqrt{(\Delta x)^2+(\Delta y)^2},$$

则称函数 $z=f(x,y)$ 在点 (x,y) 处**可微分**, $A\Delta x+B\Delta y$ 称为函数 $z=f(x,y)$ 在点 (x,y) 处的**全微分**, 记为dz, 即

$$\mathrm{d}z = A\Delta x + B\Delta y. \tag{4.3}$$

若函数在区域 D 内各点处可微分, 则称该函数**在 D 内可微分**.

从§6.3可知, 多元函数在某点的偏导数存在并不能保证函数在该点连续. 但是, 由上述定义可知, 如果函数 $z=f(x,y)$ 在点 (x,y) 处可微分, 则函数在该点必定连续. 事实上, 此时有 $\lim\limits_{\rho\to 0}\Delta z=0$, 从而

$$\lim_{(\Delta x,\Delta y)\to(0,0)} f(x+\Delta x,\ y+\Delta y) = \lim_{\rho\to 0}[f(x,y)+\Delta z] = f(x,y),$$

所以函数 $z=f(x,y)$ 在点 (x,y) 处连续.

下面我们根据全微分与偏导数的定义来讨论函数在一点可微分的条件.

定理 1 (必要条件) 如果函数 $z=f(x,y)$ 在点 (x,y) 处可微分, 则该函数在点 (x,y) 处的偏导数 $\dfrac{\partial z}{\partial x}, \dfrac{\partial z}{\partial y}$ 必存在, 且 $z=f(x,y)$ 在点 (x,y) 处的全微分为

$$\mathrm{d}z = \frac{\partial z}{\partial x}\Delta x + \frac{\partial z}{\partial y}\Delta y. \tag{4.4}$$

证明 设函数 $z=f(x,y)$ 在点 $P(x,y)$ 处可微分, 则对于点 P 的某个邻域内的任意一点 $P'(x+\Delta x,\ y+\Delta y)$, 恒有

$$\Delta z = A\Delta x + B\Delta y + o(\rho)$$

成立. 特别地, 当 $\Delta y=0$ 时上式仍成立 (此时 $\rho=|\Delta x|$), 从而有

$$f(x+\Delta x,\ y) - f(x,y) = A\cdot\Delta x + o(|\Delta x|).$$

上式两端除以 Δx, 令 $\Delta x\to 0$ 并取极限, 即得

$$\lim_{\Delta x\to 0}\frac{f(x+\Delta x,y)-f(x,y)}{\Delta x} = A, \quad 即 \quad \frac{\partial z}{\partial x} = A.$$

同理 $B=\dfrac{\partial z}{\partial y}$. 故定理1得证. ■

我们知道, 一元函数在某点可导是在该点可微的充分必要条件. 但对于多元函数则不然. 定理 1 的结论表明, 二元函数的各偏导数存在只是全微分存在的必要条件而不是充分条件.

例如, 对二元函数

$$f(x,y) = \begin{cases} \dfrac{xy}{\sqrt{x^2+y^2}}, & x^2+y^2\neq 0 \\ 0, & x^2+y^2=0 \end{cases},$$

我们可用定义求出

$$f_x(0,0) = f_y(0,0) = 0,$$

即 $f(x,y)$ 在点 $(0,0)$ 处的两个偏导数存在且相等. 而

$$\Delta z-[f_x(0,0)\cdot\Delta x+f_y(0,0)\cdot\Delta y]=\frac{\Delta x\cdot\Delta y}{\sqrt{(\Delta x)^2+(\Delta y)^2}},$$

若令点 $P'(\Delta x, \Delta y)$ 沿着直线 $y=x$ 趋于 $(0, 0)$, 则有

$$\frac{\dfrac{\Delta x\cdot\Delta y}{\sqrt{(\Delta x)^2+(\Delta y)^2}}}{\rho}=\frac{\Delta x\cdot\Delta y}{(\Delta x)^2+(\Delta y)^2}=\frac{1}{2},$$

它不随着 $\rho\to 0$ 而趋于 0, 即

$$\Delta z-[f_x(0,0)\cdot\Delta x+f_y(0,0)\cdot\Delta y]$$

不是关于 ρ 的高阶无穷小. 故函数 $f(x,y)$ 在点 $(0,0)$ 处是不可微的.

由此可见, 对于多元函数而言, 偏导数存在并不一定可微. 因为函数的偏导数仅描述了函数在一点处沿坐标轴的变化率, 而全微分描述了函数沿各个方向的变化情况. 但如果对偏导数再加些条件, 就可以保证函数的可微性. 一般地, 我们有:

定理 2 (充分条件) 如果函数 $z=f(x,y)$ 的偏导数 $\dfrac{\partial z}{\partial x}, \dfrac{\partial z}{\partial y}$ 在点 (x,y) 处连续, 则函数在该点处可微分.

证明 略. ■

习惯上, 常将自变量的增量 Δx, Δy 分别记为 $\mathrm{d}x$, $\mathrm{d}y$, 并分别称为自变量的微分. 这样, 函数 $z=f(x,y)$ 的全微分就表示为

$$\mathrm{d}z=\frac{\partial z}{\partial x}\mathrm{d}x+\frac{\partial z}{\partial y}\mathrm{d}y. \tag{4.5}$$

上述关于二元函数全微分的必要条件和充分条件, 可以完全类似地推广到三元及三元以上的多元函数. 例如, 三元函数 $u=f(x,y,z)$ 的全微分可表示为

$$\mathrm{d}u=\frac{\partial u}{\partial x}\mathrm{d}x+\frac{\partial u}{\partial y}\mathrm{d}y+\frac{\partial u}{\partial z}\mathrm{d}z. \tag{4.6}$$

例 1 求函数 $z=4xy^3+5x^2y^6$ 的全微分.

解 因为

$$\frac{\partial z}{\partial x}=4y^3+10xy^6,\quad \frac{\partial z}{\partial y}=12xy^2+30x^2y^5,$$

且这两个偏导数连续, 所以

$$\mathrm{d}z=(4y^3+10xy^6)\,\mathrm{d}x+(12xy^2+30x^2y^5)\,\mathrm{d}y.$$ ■

例 2 计算函数 $z=x^y$ 在点 $(2, 1)$ 处的全微分.

解 因为 $f_x(x,y)=yx^{y-1}$, $f_y(x,y)=x^y\ln x$, 所以

$$f_x(2,1)=1,\quad f_y(2,1)=2\ln 2,$$

从而所求全微分为

$$\mathrm{d}z=\mathrm{d}x+2\ln 2\mathrm{d}y.$$ ■

例 3　求函数 $u=x+\sin\dfrac{y}{2}+\mathrm{e}^{yz}$ 的全微分.

解　因为

$$\frac{\partial u}{\partial x}=1,\quad \frac{\partial u}{\partial y}=\frac{1}{2}\cos\frac{y}{2}+z\mathrm{e}^{yz},\quad \frac{\partial u}{\partial z}=y\mathrm{e}^{yz},$$

故所求全微分为

$$\mathrm{d}u=\mathrm{d}x+\left(\frac{1}{2}\cos\frac{y}{2}+z\mathrm{e}^{yz}\right)\mathrm{d}y+y\mathrm{e}^{yz}\mathrm{d}z. \quad ■$$

*数学实验

实验 6.6　试用计算软件求下列各题:

(1) 设 $z=(a+xy)^y$, 求 $\mathrm{d}z$;

(2) 设 $u(x,y)=\ln(x-\sqrt{x^2+y^2})$, 求 $\mathrm{d}u$;

(3) 求函数 $z=\mathrm{e}^{ax^2+by^2}$ $(a,b$ 为常数$)$ 的全微分;

(4) 求函数 $u=z^4-3xz+x^2+y^2$ 在点 $(1,1,1)$ 处的全微分.

全微分计算实验

详见教材配套的网络学习空间.

与一元函数的线性化类似，我们也可以研究二元函数的线性化近似问题.

从前面的讨论已知，当函数 $z=f(x,y)$ 在点 (x_0,y_0) 处可微，且 $|\Delta x|,|\Delta y|$ 都较小时，由全微分的定义，有

$$\Delta z\approx \mathrm{d}z,$$

即

$$\Delta z\approx f_x(x_0,y_0)\Delta x+f_y(x_0,y_0)\Delta y,$$

如果从点 (x_0,y_0) 移动到其邻近点 (x,y) 所产生的增量为 $\Delta x=x-x_0$, $\Delta y=y-y_0$ (见图 6-4-1), 则有

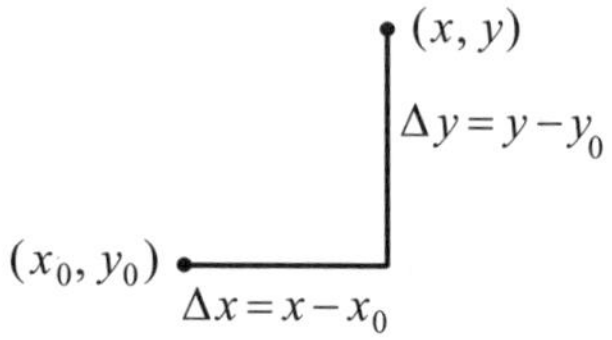

图 6-4-1

$$f(x,y)-f(x_0,y_0)\approx f_x(x_0,y_0)(x-x_0)+f_y(x_0,y_0)(y-y_0),$$

即

$$f(x,y)\approx f(x_0,y_0)+f_x(x_0,y_0)(x-x_0)+f_y(x_0,y_0)(y-y_0).$$

若记上式右端的线性函数为

$$L(x,y)=f(x_0,y_0)+f_x(x_0,y_0)(x-x_0)+f_y(x_0,y_0)(y-y_0),$$

其图形为通过点 (x_0,y_0) 处的一个平面，此即所谓的曲面 $z=f(x,y)$ 在点 (x_0,y_0) 处的切平面.

定义 2　如果函数 $z=f(x,y)$ 在点 (x_0,y_0) 处可微，那么函数

$$L(x,y)=f(x_0,y_0)+f_x(x_0,y_0)(x-x_0)+f_y(x_0,y_0)(y-y_0)$$

就称为函数 $z=f(x,y)$ 在点 (x_0,y_0) 处的**线性化**. 近似式

$$f(x,y)\approx L(x,y)$$

称为函数 $z=f(x,y)$ 在点 (x_0,y_0) 处的**标准线性近似**.

从几何上看，二元函数线性化的实质就是曲面上某点邻近的一小块曲面被相应的一小块切平面近似代替(见图6-4-2).

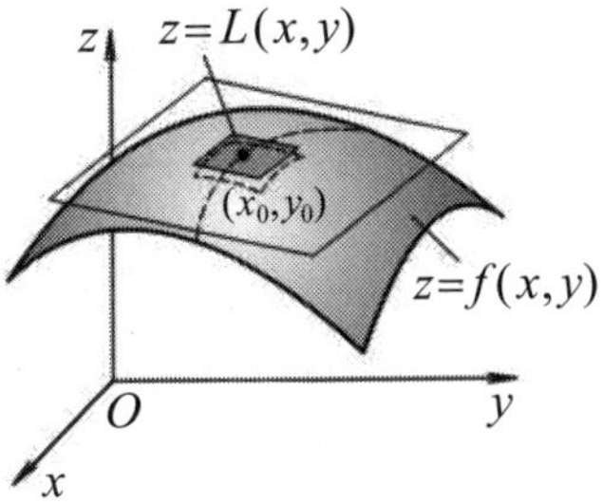

图 6-4-2

例4 求函数 $f(x,y)=x^2-xy+\frac{1}{2}y^2+6$ 在点(3, 2)处的线性化.

解 首先求 f, f_x 和 f_y 在点(3, 2)处的值:

$$f(3,2)=3^2-3\cdot 2+\frac{1}{2}\cdot 2^2+6=11,$$

$$f_x(3,2)=\frac{\partial}{\partial x}\left(x^2-xy+\frac{1}{2}y^2+6\right)\bigg|_{(3,2)}=(2x-y)\big|_{(3,2)}=4,$$

$$f_y(3,2)=\frac{\partial}{\partial y}\left(x^2-xy+\frac{1}{2}y^2+6\right)\bigg|_{(3,2)}=(-x+y)\big|_{(3,2)}=-1,$$

于是 f 在点(3, 2)处的线性化为

$$\begin{aligned}L(x,y)&=f(x_0,y_0)+f_x(x_0,y_0)(x-x_0)+f_y(x_0,y_0)(y-y_0)\\&=11+4(x-3)-(y-2)=4x-y+1.\end{aligned}$$

■

例5 计算 $(1.04)^{2.02}$ 的近似值.

解 设函数 $f(x,y)=x^y$，则要计算的近似值就是该函数在 $x=1.04$，$y=2.02$ 时的函数值的近似值. 令 $x_0=1$，$y_0=2$，由

$$f_x(x,y)=yx^{y-1},\quad f_y(x,y)=x^y\ln x,$$

$$f(1,2)=1,\quad f_x(1,2)=2,\quad f_y(1,2)=0,$$

可得到函数 x^y 在点(1, 2)处的线性化为

$$L(x,y)=1+2(x-1),$$

所以

$$(1.04)^{2.02}=(1+0.04)^{2+0.02}\approx 1+2\times 0.04=1.08.$$

■

习题 6-4

1. 求下列函数的全微分:

(1) $z=3x^2y+\frac{x}{y}$;　　(2) $z=\sin(x\cos y)$;　　(3) $u=x^{yz}$.

2. 求函数 $z=\ln(2+x^2+y^2)$ 在 $x=2, y=1$ 时的全微分.

3. 设 $f(x,y,z)=\sqrt[z]{\frac{x}{y}}$，求 $\mathrm{d}f(1,1,1)$.

4. 求函数 $z=\frac{y}{x}$ 在 $x=2, y=1, \Delta x=0.1, \Delta y=-0.2$ 时的全增量 Δz 和全微分 $\mathrm{d}z$.

5. 求下列函数在各点的线性化.

(1) $f(x, y)=x^2+y^2+1$, $(1, 1)$; (2) $f(x, y)=e^x\cos y$, $(0, \pi/2)$.

6. 计算 $\sqrt{(1.02)^3+(1.97)^3}$ 的近似值.

7. 计算 $(1.007)^{2.98}$ 的近似值.

8. 已知边长为 $x=6\text{m}$ 与 $y=8\text{m}$ 的矩形, 如果 x 边增加 2cm, 而 y 边减少 5cm, 问这个矩形的对角线的近似值怎样变化?

9. 用某种材料做一个开口长方体容器, 其外形长 5m, 宽 4m, 高 3m, 厚 20cm, 求所需材料的近似值与精确值.

§6.5 复合函数微分法与隐函数微分法

在一元函数的复合求导中, 有所谓的"链式法则", 这一法则可以推广到多元复合函数的情形. 下面分几种情况来讨论.

一、多元复合函数微分法

1. 复合函数的中间变量为一元函数的情形

设函数 $z=f(u,v)$, $u=u(t)$, $v=v(t)$ 构成复合函数

$$z=f[u(t), v(t)],$$

其变量间的相互依赖关系可用图 6－5－1 来表达. 这种函数关系图以后还会经常用到.

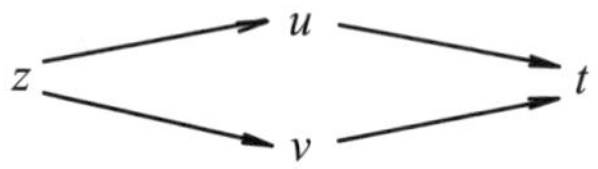

图 6－5－1

定理 1 如果函数 $u=u(t)$ 及 $v=v(t)$ 都在点 t 处可导, 函数 $z=f(u,v)$ 在对应点 (u, v) 处具有连续偏导数, 则复合函数 $z=f[u(t), v(t)]$ 在对应点 t 处可导, 且其导数可用下列公式计算:

$$\frac{dz}{dt}=\frac{\partial z}{\partial u}\frac{du}{dt}+\frac{\partial z}{\partial v}\frac{dv}{dt}. \tag{5.1}$$

证明 设给 t 以增量 Δt, 则函数 u, v 相应地得到增量

$$\Delta u=u(t+\Delta t)-u(t),\quad \Delta v=v(t+\Delta t)-v(t).$$

由于函数 $z=f(u, v)$ 在点 (u, v) 处有连续的偏导数, 因此 $f(u, v)$ 在点 (u, v) 处可微, 于是有

$$\Delta z=\frac{\partial z}{\partial u}\Delta u+\frac{\partial z}{\partial v}\Delta v+\varepsilon_1\Delta u+\varepsilon_2\Delta v,$$

这里, 当 $\Delta u\to 0$, $\Delta v\to 0$ 时, $\varepsilon_1\to 0$, $\varepsilon_2\to 0$.

在上式两端除以 Δt, 得

$$\frac{\Delta z}{\Delta t}=\frac{\partial z}{\partial u}\cdot\frac{\Delta u}{\Delta t}+\frac{\partial z}{\partial v}\cdot\frac{\Delta v}{\Delta t}+\varepsilon_1\frac{\Delta u}{\Delta t}+\varepsilon_2\frac{\Delta v}{\Delta t}.$$

因为当 $\Delta t \to 0$ 时，$\Delta u \to 0$，$\Delta v \to 0$，且

$$\frac{\Delta u}{\Delta t} \to \frac{\mathrm{d}u}{\mathrm{d}t}, \quad \frac{\Delta v}{\Delta t} \to \frac{\mathrm{d}v}{\mathrm{d}t},$$

所以

$$\frac{\mathrm{d}z}{\mathrm{d}t} = \lim_{\Delta t \to 0} \frac{\Delta z}{\Delta t} = \frac{\partial z}{\partial u} \cdot \frac{\mathrm{d}u}{\mathrm{d}t} + \frac{\partial z}{\partial v} \cdot \frac{\mathrm{d}v}{\mathrm{d}t}. \qquad \blacksquare$$

定理 1 的结论可推广到中间变量多于两个的情形．例如，设

$$z = f(u, v, w),\ u = u(t),\ v = v(t),\ w = w(t)$$

构成复合函数 $z = f[u(t), v(t), w(t)]$，其变量间的相互依赖关系可用图 6－5－2 来表达，则在满足与定理 1 类似的条件下，有

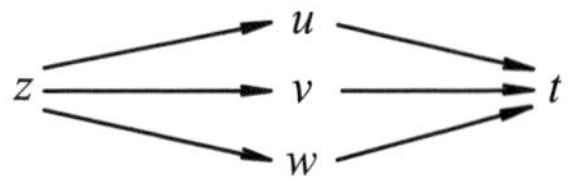

图 6－5－2

$$\frac{\mathrm{d}z}{\mathrm{d}t} = \frac{\partial z}{\partial u}\frac{\mathrm{d}u}{\mathrm{d}t} + \frac{\partial z}{\partial v}\frac{\mathrm{d}v}{\mathrm{d}t} + \frac{\partial z}{\partial w}\frac{\mathrm{d}w}{\mathrm{d}t}, \tag{5.2}$$

公式 (5.1) 和公式 (5.2) 中的导数 $\frac{\mathrm{d}z}{\mathrm{d}t}$ 称为**全导数**．

2. 复合函数的中间变量为多元函数的情形

定理 1 可推广到中间变量不是一元函数的情形，例如，对于中间变量为二元函数的情形，设函数

$$z = f(u, v),\ u = u(x, y),\ v = v(x, y)$$

构成复合函数 $z = f[u(x, y), v(x, y)]$，其变量间的相互依赖关系可用图 6－5－3 来表达．此时，我们有：

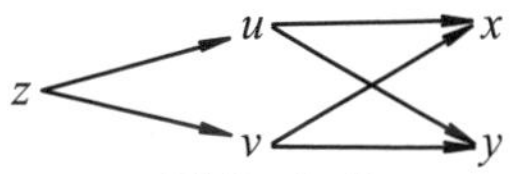

图 6－5－3

定理 2　如果函数 $u = u(x, y)$ 及 $v = v(x, y)$ 都在点 (x, y) 处具有对 x 及对 y 的偏导数，函数 $z = f(u, v)$ 在对应点 (u, v) 处具有连续偏导数，则复合函数 $z = f[u(x, y), v(x, y)]$ 在对应点 (x, y) 处可导，且其导数可用下列公式计算：

$$\frac{\partial z}{\partial x} = \frac{\partial z}{\partial u}\frac{\partial u}{\partial x} + \frac{\partial z}{\partial v}\frac{\partial v}{\partial x}, \tag{5.3}$$

$$\frac{\partial z}{\partial y} = \frac{\partial z}{\partial u}\frac{\partial u}{\partial y} + \frac{\partial z}{\partial v}\frac{\partial v}{\partial y}. \tag{5.4}$$

定理 2 的结论可推广到中间变量多于两个的情形．例如，设

$$z = f(u, v, w),\ u = u(x, y),\ v = v(x, y),\ w = w(x, y)$$

构成复合函数

$$z = f[u(x, y), v(x, y), w(x, y)],$$

其变量间的相互依赖关系如图 6－5－4 所示，则在满足与定理 2 类似的条件下，有

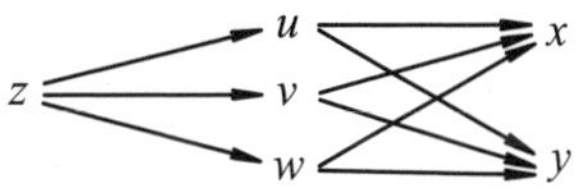

图 6－5－4

$$\frac{\partial z}{\partial x} = \frac{\partial z}{\partial u}\frac{\partial u}{\partial x} + \frac{\partial z}{\partial v}\frac{\partial v}{\partial x} + \frac{\partial z}{\partial w}\frac{\partial w}{\partial x}, \tag{5.5}$$

$$\frac{\partial z}{\partial y} = \frac{\partial z}{\partial u}\frac{\partial u}{\partial y} + \frac{\partial z}{\partial v}\frac{\partial v}{\partial y} + \frac{\partial z}{\partial w}\frac{\partial w}{\partial y}. \tag{5.6}$$

3. 复合函数的中间变量既有一元函数也有多元函数的情形

定理 3　如果函数 $u=u(x,y)$ 在点 (x,y) 处具有对 x 及对 y 的偏导数，函数 $v=v(y)$ 在点 y 处可导，函数 $z=f(u,v)$ 在对应点 (u,v) 处具有连续偏导数，则复合函数 $z=f[u(x,y),v(y)]$ 在对应点 (x,y) 处的两个偏导数都存在，且有

$$\frac{\partial z}{\partial x}=\frac{\partial z}{\partial u}\frac{\partial u}{\partial x}, \tag{5.7}$$

$$\frac{\partial z}{\partial y}=\frac{\partial z}{\partial u}\frac{\partial u}{\partial y}+\frac{\partial z}{\partial v}\frac{\mathrm{d}v}{\mathrm{d}y}. \tag{5.8}$$

这类情形实际上是第二种情形的一种特例，即变量 v 与 x 无关，从而 $\frac{\partial v}{\partial x}=0$，这样，因 v 是 y 的一元函数，所以 $\frac{\partial v}{\partial y}$ 换成 $\frac{\mathrm{d}v}{\mathrm{d}y}$，从而有上述结果.

在第三种情形中，一种常见的情况是：复合函数的某些中间变量本身又是复合函数的自变量.

例如，设函数

$$z=f(u,x,y),\ u=u(x,y)$$

构成复合函数 $z=f[u(x,y),x,y]$，其变量间的相互依赖关系如图 6－5－5 所示，则此类情形可视为第二种情形的式 (5.5) 和式 (5.6) 中 $v=x$，$w=y$ 的情况．从而有

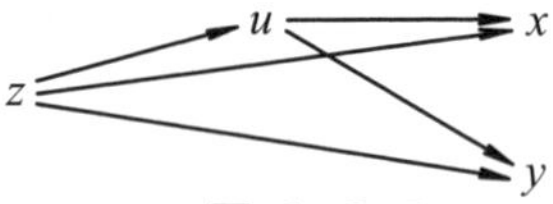

图 6－5－5

$$\frac{\partial z}{\partial x}=\frac{\partial f}{\partial u}\cdot\frac{\partial u}{\partial x}+\frac{\partial f}{\partial x}, \tag{5.9}$$

$$\frac{\partial z}{\partial y}=\frac{\partial f}{\partial u}\cdot\frac{\partial u}{\partial y}+\frac{\partial f}{\partial y}. \tag{5.10}$$

注：这里 $\frac{\partial z}{\partial x}$ 与 $\frac{\partial f}{\partial x}$ 是不同的，$\frac{\partial z}{\partial x}$ 是把复合函数

$$z=f[u(x,y),x,y]$$

中的 y 看作不变时对 x 的偏导数，$\frac{\partial f}{\partial x}$ 是把函数 $z=f(u,x,y)$ 中的 u 及 y 看作不变时对 x 的偏导数. $\frac{\partial z}{\partial y}$ 与 $\frac{\partial f}{\partial y}$ 也有类似的区别.

例 1　设 $z=uv+\sin t$，而 $u=\mathrm{e}^t$，$v=\cos t$，求导数 $\frac{\mathrm{d}z}{\mathrm{d}t}$.

解　$$\frac{\mathrm{d}z}{\mathrm{d}t}=\frac{\partial z}{\partial u}\cdot\frac{\mathrm{d}u}{\mathrm{d}t}+\frac{\partial z}{\partial v}\cdot\frac{\mathrm{d}v}{\mathrm{d}t}+\frac{\partial z}{\partial t}=v\mathrm{e}^t-u\sin t+\cos t=\mathrm{e}^t\cos t-\mathrm{e}^t\sin t+\cos t$$
$$=\mathrm{e}^t(\cos t-\sin t)+\cos t.$$ ■

例 2　设 $z=\mathrm{e}^u\sin v$，而 $u=xy$，$v=x+y$，求 $\frac{\partial z}{\partial x}$ 和 $\frac{\partial z}{\partial y}$.

解 $\dfrac{\partial z}{\partial x}=\dfrac{\partial z}{\partial u}\cdot\dfrac{\partial u}{\partial x}+\dfrac{\partial z}{\partial v}\cdot\dfrac{\partial v}{\partial x}=\mathrm{e}^{u}\sin v\cdot y+\mathrm{e}^{u}\cos v\cdot 1$

$$=\mathrm{e}^{xy}[y\sin(x+y)+\cos(x+y)],$$

$$\frac{\partial z}{\partial y}=\frac{\partial z}{\partial u}\cdot\frac{\partial u}{\partial y}+\frac{\partial z}{\partial v}\cdot\frac{\partial v}{\partial y}=\mathrm{e}^{u}\sin v\cdot x+\mathrm{e}^{u}\cos v\cdot 1$$

$$=\mathrm{e}^{xy}[x\sin(x+y)+\cos(x+y)].$$ ■

计算实验

例 3 设 $z=xy+u$, $u=\varphi(x,y)$, 求 $\dfrac{\partial z}{\partial x}$, $\dfrac{\partial^2 z}{\partial x^2}$, $\dfrac{\partial^2 z}{\partial x\partial y}$.

解 $\dfrac{\partial z}{\partial x}=y+\dfrac{\partial u}{\partial x}=y+\varphi_x(x,y)$,

$$\frac{\partial^2 z}{\partial x^2}=\frac{\partial}{\partial x}\left(\frac{\partial z}{\partial x}\right)=\frac{\partial}{\partial x}\left(y+\frac{\partial u}{\partial x}\right)=\frac{\partial^2 u}{\partial x^2}=\varphi_{xx}(x,y),$$

$$\frac{\partial^2 z}{\partial x\partial y}=\frac{\partial}{\partial y}\left(\frac{\partial z}{\partial x}\right)=\frac{\partial}{\partial y}\left(y+\frac{\partial u}{\partial x}\right)=1+\frac{\partial^2 u}{\partial x\partial y}=1+\varphi_{xy}(x,y).$$ ■

计算实验

注: 微信扫描右侧二维码, 即可进行计算实验(详见教材配套的网络学习空间).

在多元函数的复合求导中, 为了简便起见, 常采用以下记号:

$$f_1'=\frac{\partial f(u,v)}{\partial u},\quad f_2'=\frac{\partial f(u,v)}{\partial v},\ f_{12}''=\frac{\partial^2 f(u,v)}{\partial u\partial v},\ \cdots$$

这里下标 1 表示对第一个变量 u 求偏导数, 下标 2 表示对第二个变量 v 求偏导数, 同理有 f_{11}'', f_{22}'', 等等.

例 4 设 $w=f(x+y+z,\ xyz)$, 其中函数 f 有二阶连续偏导数, 求 $\dfrac{\partial w}{\partial x}$ 和 $\dfrac{\partial^2 w}{\partial x\partial z}$.

解 令 $u=x+y+z$, $v=xyz$, 则根据复合求导法则, 有

$$\frac{\partial w}{\partial x}=\frac{\partial f}{\partial u}\cdot\frac{\partial u}{\partial x}+\frac{\partial f}{\partial v}\cdot\frac{\partial v}{\partial x}=f_1'+yzf_2';$$

$$\frac{\partial^2 w}{\partial x\partial z}=\frac{\partial}{\partial z}(f_1'+yzf_2')=\frac{\partial f_1'}{\partial z}+yf_2'+yz\frac{\partial f_2'}{\partial z}.$$

求 $\dfrac{\partial f_1'}{\partial z}$ 和 $\dfrac{\partial f_2'}{\partial z}$ 时, 应注意 f_1' 和 f_2' 仍旧是复合函数, 故有

$$\frac{\partial f_1'}{\partial z}=\frac{\partial f_1'}{\partial u}\cdot\frac{\partial u}{\partial z}+\frac{\partial f_1'}{\partial v}\cdot\frac{\partial v}{\partial z}=f_{11}''+xyf_{12}'';$$

计算实验

$$\frac{\partial f_2'}{\partial z}=\frac{\partial f_2'}{\partial u}\cdot\frac{\partial u}{\partial z}+\frac{\partial f_2'}{\partial v}\cdot\frac{\partial v}{\partial z}=f_{21}''+xyf_{22}''.$$

所以

$$\frac{\partial^2 w}{\partial x\partial z}=f_{11}''+xyf_{12}''+yf_2'+yz(f_{21}''+xyf_{22}'')=f_{11}''+y(x+z)f_{12}''+xy^2zf_{22}''+yf_2'.$$ ■

二、全微分形式的不变性

根据复合函数求导的链式法则，可得到重要的**全微分形式不变性**．以二元函数为例，设

$$z=f(u,v),\ \ u=u(x,y),\ \ v=v(x,y)$$

是可微函数，则由全微分定义和链式法则，有

$$\begin{aligned}\mathrm{d}z&=\frac{\partial z}{\partial x}\mathrm{d}x+\frac{\partial z}{\partial y}\mathrm{d}y=\left(\frac{\partial z}{\partial u}\cdot\frac{\partial u}{\partial x}+\frac{\partial z}{\partial v}\cdot\frac{\partial v}{\partial x}\right)\mathrm{d}x+\left(\frac{\partial z}{\partial u}\cdot\frac{\partial u}{\partial y}+\frac{\partial z}{\partial v}\cdot\frac{\partial v}{\partial y}\right)\mathrm{d}y\\&=\frac{\partial z}{\partial u}\left(\frac{\partial u}{\partial x}\mathrm{d}x+\frac{\partial u}{\partial y}\mathrm{d}y\right)+\frac{\partial z}{\partial v}\left(\frac{\partial v}{\partial x}\mathrm{d}x+\frac{\partial v}{\partial y}\mathrm{d}y\right)=\frac{\partial z}{\partial u}\mathrm{d}u+\frac{\partial z}{\partial v}\mathrm{d}v.\end{aligned}$$

由此可见，尽管现在的 u, v 是中间变量，但全微分 $\mathrm{d}z$ 与 x, y 是自变量时的表达式在形式上完全一致．此性质称为**全微分形式不变性**．在解题时适当应用此性质会收到很好的效果．

例 5　利用全微分形式的不变性求解本节的例 2.

解　$\mathrm{d}z=\mathrm{d}(\mathrm{e}^u\sin v)=\mathrm{e}^u\sin v\mathrm{d}u+\mathrm{e}^u\cos v\mathrm{d}v$，因

$$\mathrm{d}u=\mathrm{d}(xy)=y\mathrm{d}x+x\mathrm{d}y,\ \mathrm{d}v=\mathrm{d}(x+y)=\mathrm{d}x+\mathrm{d}y,$$

代入并合并含 $\mathrm{d}x$ 和 $\mathrm{d}y$ 的项，得

$$\mathrm{d}z=\mathrm{e}^u(y\sin v+\cos v)\mathrm{d}x+\mathrm{e}^u(x\sin v+\cos v)\mathrm{d}y,$$

即　$$\frac{\partial z}{\partial x}\mathrm{d}x+\frac{\partial z}{\partial y}\mathrm{d}y=\mathrm{e}^{xy}[y\sin(x+y)+\cos(x+y)]\mathrm{d}x+\mathrm{e}^{xy}[x\sin(x+y)+\cos(x+y)]\mathrm{d}y,$$

所以

$$\frac{\partial z}{\partial x}=\mathrm{e}^{xy}[y\sin(x+y)+\cos(x+y)],\ \frac{\partial z}{\partial y}=\mathrm{e}^{xy}[x\sin(x+y)+\cos(x+y)],$$

上述结果与例 2 的结果完全一致． ■

例 6　利用一阶全微分形式的不变性求函数 $u=\dfrac{x}{x^2+y^2+z^2}$ 的偏导数.

解　$$\begin{aligned}\mathrm{d}u&=\frac{(x^2+y^2+z^2)\mathrm{d}x-x\mathrm{d}(x^2+y^2+z^2)}{(x^2+y^2+z^2)^2}\\&=\frac{(x^2+y^2+z^2)\mathrm{d}x-x(2x\mathrm{d}x+2y\mathrm{d}y+2z\mathrm{d}z)}{(x^2+y^2+z^2)^2}\\&=\frac{(y^2+z^2-x^2)\mathrm{d}x-2xy\mathrm{d}y-2xz\mathrm{d}z}{(x^2+y^2+z^2)^2}.\end{aligned}$$

所以　$$\frac{\partial u}{\partial x}=\frac{y^2+z^2-x^2}{(x^2+y^2+z^2)^2},\quad \frac{\partial u}{\partial y}=\frac{-2xy}{(x^2+y^2+z^2)^2},\quad \frac{\partial u}{\partial z}=\frac{-2xz}{(x^2+y^2+z^2)^2}.$$ ■

三、隐函数微分法

在一元微分学中，我们曾引入了隐函数的概念，并介绍了不经过显化而直接由

方程

$$F(x,y)=0 \tag{5.11}$$

来求它所确定的隐函数的导数的方法. 这里将进一步从理论上阐明隐函数的存在性, 并通过多元复合函数求导的链式法则建立隐函数的求导公式, 给出一套所谓的“隐式”求导法.

定理 4 设函数 $F(x,y)$ 在点 $P(x_0,y_0)$ 的某一邻域内具有连续的偏导数, 且

$$F_y(x_0,y_0)\neq 0,\ F(x_0,y_0)=0,$$

则方程 $F(x,y)=0$ 在点 $P(x_0,y_0)$ 的某一邻域内恒能唯一确定连续且具有连续导数的函数 $y=f(x)$, 它满足 $y_0=f(x_0)$, 并有

$$\frac{\mathrm{d}y}{\mathrm{d}x}=-\frac{F_x}{F_y}. \tag{5.12}$$

式(5.12) 就是隐函数的求导公式.

这个定理我们不做严格证明, 下面仅对式(5.12) 给出推导.

将方程 $F(x,y)=0$ 所确定的函数 $y=f(x)$ 代入该方程, 得

$$F(x,f(x))=0,$$

利用复合求导法则在上述方程两端对 x 求导, 得

$$\frac{\partial F}{\partial x}+\frac{\partial F}{\partial y}\cdot\frac{\mathrm{d}y}{\mathrm{d}x}=0,$$

由于 F_y 连续, 且 $F_y(x_0,y_0)\neq 0$, 故存在 (x_0,y_0) 的一个邻域, 在这个邻域内 $F_y\neq 0$, 所以

$$\frac{\mathrm{d}y}{\mathrm{d}x}=-\frac{F_x}{F_y}.$$

将上式两端视为 x 的函数, 继续利用复合求导法则对上式两端求导, 可求得隐函数的二阶导数

$$\begin{aligned}\frac{\mathrm{d}^2y}{\mathrm{d}x^2}&=\frac{\partial}{\partial x}\left(-\frac{F_x}{F_y}\right)+\frac{\partial}{\partial y}\left(-\frac{F_x}{F_y}\right)\frac{\mathrm{d}y}{\mathrm{d}x}=-\frac{F_{xx}F_y-F_{yx}F_x}{F_y^2}-\frac{F_{xy}F_y-F_{yy}F_x}{F_y^2}\left(-\frac{F_x}{F_y}\right)\\&=-\frac{F_{xx}F_y^2-2F_{xy}F_xF_y+F_{yy}F_x^2}{F_y^3}.\end{aligned}$$

例 7 验证方程 $x^2+y^2-1=0$ 在点(0,1)的某邻域内能唯一确定有连续导数且当 $x=0$ 时 $y=1$ 的隐函数 $y=f(x)$, 求该函数的一阶和二阶导数在 $x=0$ 处的值.

解 令 $F(x,y)=x^2+y^2-1$, 则

$$F_x=2x,\ F_y=2y,\ F_x(0,1)=0,\ F_y(0,1)=2\neq 0.$$

故根据定理 4 知, 方程 $x^2+y^2-1=0$ 在点 (0, 1) 的某邻域内能唯一确定有连续导数且当 $x=0$ 时 $y=1$ 的隐函数 $y=f(x)$.

下面再求该函数的一阶和二阶导数.

$$\frac{\mathrm{d}y}{\mathrm{d}x}=-\frac{F_x}{F_y}=-\frac{x}{y},\quad \left.\frac{\mathrm{d}y}{\mathrm{d}x}\right|_{x=0}=0,$$

$$\frac{\mathrm{d}^2y}{\mathrm{d}x^2}=-\frac{y-xy'}{y^2}=-\frac{y-x\left(-\frac{x}{y}\right)}{y^2}=-\frac{1}{y^3},\quad \left.\frac{\mathrm{d}^2y}{\mathrm{d}x^2}\right|_{x=0}=-1.$$ ■

既然一个二元方程 (5.11) 可以确定一个一元隐函数，那么一个三元方程

$$F(x,y,z)=0 \tag{5.13}$$

就有可能确定一个二元隐函数. 此时我们有下面的定理.

定理 5　设函数 $F(x,y,z)$ 在点 $P(x_0,y_0,z_0)$ 的某一邻域内有连续的偏导数，且

$$F(x_0,y_0,z_0)=0,\quad F_z(x_0,y_0,z_0)\neq 0,$$

则方程 $F(x,y,z)=0$ 在点 $P(x_0,y_0,z_0)$ 的某一邻域内恒能唯一确定连续且具有连续偏导数的函数 $z=f(x,y)$，它满足条件 $z_0=f(x_0,y_0)$，并有

$$\frac{\partial z}{\partial x}=-\frac{F_x}{F_z},\quad \frac{\partial z}{\partial y}=-\frac{F_y}{F_z}. \tag{5.14}$$

证明　略. ■

下面仅给出隐函数求导公式 (5.14) 的推导.

将方程 (5.13) 所确定的函数 $z=f(x,y)$ 代入，得

$$F(x,y,f(x,y))=0.$$

利用复合求导法则在方程两边分别对 x,y 求导，得

$$F_x+F_z\cdot\frac{\partial z}{\partial x}=0,\quad F_y+F_z\cdot\frac{\partial z}{\partial y}=0.$$

由于 F_z 连续，且 $F_z(x_0,y_0,z_0)\neq 0$，故存在点 (x_0,y_0,z_0) 的一个邻域，在这个邻域内 $F_z\neq 0$，所以

$$\frac{\partial z}{\partial x}=-\frac{F_x}{F_z},\quad \frac{\partial z}{\partial y}=-\frac{F_y}{F_z}. \tag{5.15}$$

例 8　求由方程 $\frac{x}{z}=\ln\frac{z}{y}$ 确定的隐函数 $z=f(x,y)$ 的偏导数 $\frac{\partial z}{\partial x}$, $\frac{\partial z}{\partial y}$.

解　设 $F(x,y,z)=\frac{x}{z}-\ln\frac{z}{y}$，则 $F(x,y,z)=0$ 且

$$\frac{\partial F}{\partial x}=\frac{1}{z},\quad \frac{\partial F}{\partial y}=-\frac{y}{z}\left(-\frac{z}{y^2}\right)=\frac{1}{y},\quad \frac{\partial F}{\partial z}=-\frac{x}{z^2}-\frac{y}{z}\cdot\frac{1}{y}=-\frac{x+z}{z^2}.$$

利用公式 (5.15)，得

$$\frac{\partial z}{\partial x}=-\frac{F_x}{F_z}=\frac{z}{x+z},\quad \frac{\partial z}{\partial y}=-\frac{F_y}{F_z}=\frac{z^2}{y(x+z)}.$$ ■

例 9　设 $x^2+y^2+z^2-4z=0$，求 $\frac{\partial^2 z}{\partial x^2}$.

解 令$F(x,y,z)=x^2+y^2+z^2-4z$，则

$$F_x=2x,\ F_z=2z-4.$$

利用公式(5.15)，得

$$\frac{\partial z}{\partial x}=-\frac{F_x}{F_z}=\frac{x}{2-z},$$

$$\frac{\partial^2 z}{\partial x^2}=\frac{(2-z)+x\dfrac{\partial z}{\partial x}}{(2-z)^2}=\frac{(2-z)+x\cdot\dfrac{x}{2-z}}{(2-z)^2}=\frac{(2-z)^2+x^2}{(2-z)^3}.$$ ■

计算实验

注：微信扫描右侧二维码，即可进行计算实验(详见教材配套的网络学习空间).

*数学实验

实验 6.7 试用计算软件完成下列各题：

(1) 函数 $z=z(x,y)$ 由方程 $e^x+e^y+e^z=3xyz$ 确定，试求 $\dfrac{\partial z}{\partial x},\dfrac{\partial z}{\partial y}$；

(2) 设 $z=f(x,y)$ 是由方程 $z-y-x+xe^{z-y-x}=0$ 确定的二元函数，求 dz；

(3) 设函数 $z=z(x,y)$ 由方程 $z^3-2x\cos z+y=0$ 确定，求 $\dfrac{\partial^2 z}{\partial x\partial y}$；

(4) 设 $x=x(r,s)$，$y=y(r,s)$ 由方程组 $\begin{cases}x^2+y^2+r^2-2s=0\\x^3-y^3-r^3+3s=1\end{cases}$ 确定，求 $\dfrac{\partial x}{\partial r},\dfrac{\partial x}{\partial s},\dfrac{\partial y}{\partial r},\dfrac{\partial y}{\partial s}$；

(5) 函数 $y=y(x)$, $z=(x)$ 由方程组 $\begin{cases}x+y+e^z=1\\x+y^2+z=1\end{cases}$ 确定，求 $\dfrac{dy}{dx},\dfrac{dz}{dx}$.

计算实验

详见教材配套的网络学习空间.

习题 6-5

1. 设 $z=\dfrac{y}{x}$，而 $x=e^t$，$y=1-e^{2t}$，求 $\dfrac{dz}{dt}$.

2. 设 $z=e^{x-2y}$，而 $x=\sin t$，$y=t^3$，求 $\dfrac{dz}{dt}$.

3. 设 $z=\arctan(xy)$，$y=e^x$，求 $\dfrac{dz}{dx}$.

4. 设 $z=u^2\ln v$，而 $u=\dfrac{x}{y}$，$v=3x-2y$，求 $\dfrac{\partial z}{\partial x},\dfrac{\partial z}{\partial y}$.

5. 设 $z=(2x+y)^{2x+y}$，求 $\dfrac{\partial z}{\partial x},\dfrac{\partial z}{\partial y}$.

6. 设 $z=\arctan\dfrac{x}{y}$，$x=u+v$，$y=u-v$，验证 $\dfrac{\partial z}{\partial u}+\dfrac{\partial z}{\partial v}=\dfrac{u-v}{u^2+v^2}$.

7. 求下列函数的一阶偏导数（其中 f 可微）：

(1) $u=f(x^2-y^2, xy)$;　　(2) $u=f\left(\frac{x}{y}, \frac{y}{z}\right)$;　　(3) $u=f(x, xy, xyz)$.

8. 设 $u=f(x+y+z, x^2+y^2+z^2)$，其中 f 有二阶连续偏导数，求

$$\Delta u=\frac{\partial^2 u}{\partial x^2}+\frac{\partial^2 u}{\partial y^2}+\frac{\partial^2 u}{\partial z^2}.$$

9. 求下列函数的 $\frac{\partial^2 z}{\partial x^2}, \frac{\partial^2 z}{\partial x\partial y}, \frac{\partial^2 z}{\partial y^2}$ (其中 f 具有二阶连续偏导数).

(1) $z=f(xy, y)$;　　(2) $z=f\left(\frac{y}{x}, x^2y\right)$.

10. 设 $u=x\varphi(x+y)+y\phi(x+y)$，其中函数 φ，ϕ 具有二阶连续导数，验证：

$$\frac{\partial^2 u}{\partial x^2}-2\frac{\partial^2 u}{\partial x\partial y}+\frac{\partial^2 u}{\partial y^2}=0.$$

11. 已知 $\ln\sqrt{x^2+y^2}=\arctan\frac{y}{x}$，求 $\frac{\mathrm{d}y}{\mathrm{d}x}$.

12. 设 $x+2y+z-2\sqrt{xyz}=0$，求 $\frac{\partial z}{\partial x}, \frac{\partial z}{\partial y}$.

13. 设 $2\sin(x+2y-3z)=x+2y-3z$，证明：$\frac{\partial z}{\partial x}+\frac{\partial z}{\partial y}=1$.

14. 设 $x^2+y^2+z^2=yf\left(\frac{z}{y}\right)$，其中 f 可导，求 $\frac{\partial z}{\partial x}, \frac{\partial z}{\partial y}$.

15. 设 $\Phi(u, v)$ 具有连续偏导数，证明由方程 $\Phi(cx-az, cy-bz)=0$ 确定的隐函数 $z=f(x, y)$ 满足 $a\frac{\partial z}{\partial x}+b\frac{\partial z}{\partial y}=c$.

16. 方程 $F(x+y+z, x^2+y^2+z^2)=0$ 所确定的函数为 $z=f(x, y)$，求 $\frac{\partial z}{\partial x}, \frac{\partial z}{\partial y}$.

17. 设 $\mathrm{e}^z-xyz=0$，求 $\frac{\partial^2 z}{\partial x^2}$.

18. 设 $z^3-2xz+y=0$，求 $\frac{\partial^2 z}{\partial x^2}, \frac{\partial^2 z}{\partial y^2}$.

§6.6　多元函数的极值及其求法

在实际问题中，我们会遇到大量求多元函数的最大值、最小值的问题．与一元函数的情形类似，多元函数的最大值、最小值与极大值、极小值有着密切的联系．下面我们以二元函数为例来讨论多元函数的极值问题．

一、二元函数极值的概念

定义 1　设函数 $z=f(x, y)$ 在点 (x_0, y_0) 的某一邻域内有定义，对于该邻域内异

于 (x_0, y_0) 的任意一点 (x, y)，如果

$$f(x, y) < f(x_0, y_0),$$

则称函数在 (x_0, y_0) 处有**极大值**；如果

$$f(x, y) > f(x_0, y_0),$$

则称函数在 (x_0, y_0) 处有**极小值**；极大值、极小值统称为**极值**．使函数取得极值的点称为**极值点**.

例 1 函数 $z=2x^2+3y^2$ 在点 (0, 0) 处有极小值．从几何上看，$z=2x^2+3y^2$ 表示一开口向上的椭圆抛物面，点 (0,0,0) 是它的顶点 (见图6－6－1). ■

例 2 函数 $z=-\sqrt{x^2+y^2}$ 在点 (0, 0) 处有极大值．从几何上看，$z=-\sqrt{x^2+y^2}$ 表示一开口向下的半圆锥面，点 (0,0,0) 是它的顶点 (见图6－6－2). ■

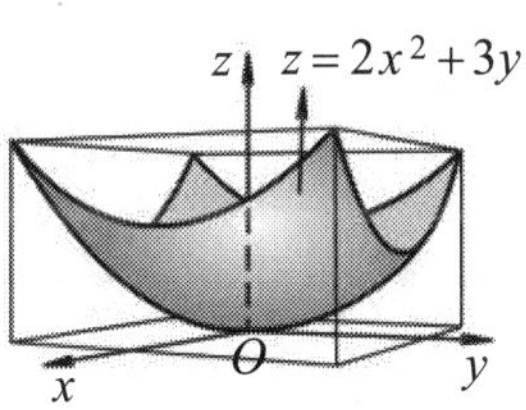

图 6－6－1

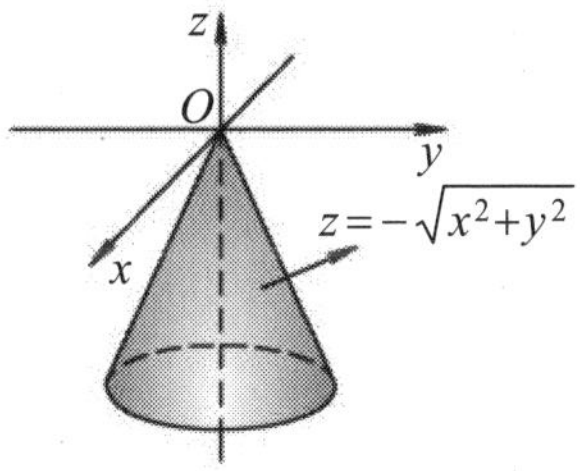

图 6－6－2

例 3 函数 $z=y^2-x^2$ 在点 (0, 0) 处无极值．从几何上看，它表示双曲抛物面 (马鞍面)(见图6－6－3). ■

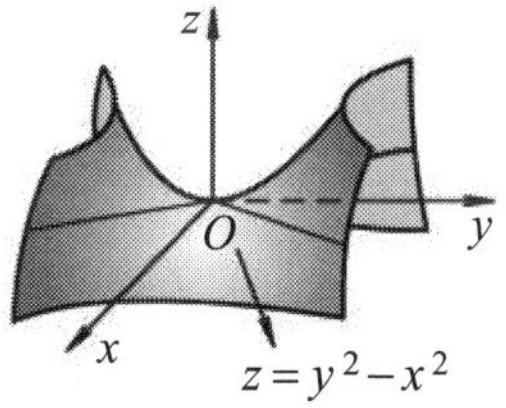

图 6－6－3

与导数在一元函数极值研究中的作用一样，偏导数也是研究多元函数极值的主要手段.

如果二元函数 $z=f(x, y)$ 在点 (x_0, y_0) 处取得极值，那么固定 $y=y_0$，一元函数 $z=f(x, y_0)$ 在点 $x=x_0$ 处必取得相同的极值；同理，固定 $x=x_0$，$z=f(x_0, y)$ 在点 $y=y_0$ 处也取得相同的极值．因此，由一元函数极值的必要条件，我们可以得到二元函数极值的必要条件.

定理 1(必要条件) 设函数 $z=f(x, y)$ 在点 (x_0, y_0) 处具有偏导数，且在点 (x_0, y_0) 处有极值，则它在该点的偏导数必然为零，即

$$f_x(x_0, y_0)=0, \quad f_y(x_0, y_0)=0. \tag{6.1}$$

类似地，如果三元函数 $u=f(x, y, z)$ 在点 $P(x_0, y_0, z_0)$ 处具有偏导数，则它在点 $P(x_0, y_0, z_0)$ 处有极值的必要条件为

$$f_x(x_0, y_0, z_0)=0, \ f_y(x_0, y_0, z_0)=0, \ f_z(x_0, y_0, z_0)=0.$$

与一元函数的情形类似，对于多元函数，凡是能使一阶偏导数同时为零的点称为函数的**驻点**.

根据定理1, 具有偏导数的函数的极值点必定是驻点. 但函数的驻点不一定是极值点, 例如, 点(0, 0)是函数 $z=y^2-x^2$ 的驻点, 但函数在该点并无极值.

如何判定一个驻点是否为极值点？下面的定理部分地回答了这个问题.

定理2(充分条件)　设函数 $z=f(x,y)$ 在点 (x_0,y_0) 的某邻域内有直到二阶的连续偏导数, 又 $f_x(x_0,y_0)=0$, $f_y(x_0,y_0)=0$. 令

$$f_{xx}(x_0,y_0)=A,\quad f_{xy}(x_0,y_0)=B,\quad f_{yy}(x_0,y_0)=C.$$

(1) 当 $AC-B^2>0$ 时, 函数 $f(x,y)$ 在 (x_0,y_0) 处有极值, 且当 $A>0$ 时有极小值 $f(x_0,y_0)$; 当 $A<0$ 时有极大值 $f(x_0,y_0)$.

(2) 当 $AC-B^2<0$ 时, 函数 $f(x,y)$ 在 (x_0,y_0) 处没有极值.

(3) 当 $AC-B^2=0$ 时, 函数 $f(x,y)$ 在 (x_0,y_0) 处可能有极值, 也可能没有极值.

证明　略. ■

注: 在定理2中, 如果 $AC-B^2=0$, 则不能确定 $f(x_0,y_0)$ 是否为极值, 需另做讨论.

根据定理1与定理2, 如果函数 $f(x,y)$ 具有二阶连续偏导数, 则求 $z=f(x,y)$ 的极值的一般步骤为:

第一步　解方程组 $f_x(x,y)=0$, $f_y(x,y)=0$, 求出 $f(x,y)$ 的所有驻点.

第二步　求出函数 $f(x,y)$ 的二阶偏导数, 依次确定各驻点处 A, B, C 的值, 并根据 $AC-B^2$ 的正负号判定驻点是否为极值点. 最后求出函数 $f(x,y)$ 在极值点处的极值.

例4　求函数 $f(x,y)=x^3-y^3+3x^2+3y^2-9x$ 的极值.

解　解方程组

$$\begin{cases} f_x(x,y)=3x^2+6x-9=0 \\ f_y(x,y)=-3y^2+6y=0 \end{cases},$$

得驻点 (1, 0), (1, 2), (−3, 0), (−3, 2). 再求出二阶偏导数

$$f_{xx}(x,y)=6x+6,\quad f_{xy}(x,y)=0,\quad f_{yy}(x,y)=-6y+6.$$

在点(1,0) 处, $AC-B^2=12\times 6>0$, 又 $A>0$, 故函数在该点处有极小值

$$f(1,0)=-5;$$

在点(1, 2), (−3, 0) 处, $AC-B^2=-12\times 6<0$, 故函数在这两点处没有极值;

在点(−3, 2) 处, $AC-B^2=-12\times(-6)>0$, 又 $A<0$, 故函数在该点处有极大值

$$f(-3,2)=31.$$ ■

注: 利用计算软件可作出题设函数的图形(见图6−6−4(a))及其等高线和极值点图(见图6−6−4(b)), 详见教材配套的网络学习空间.

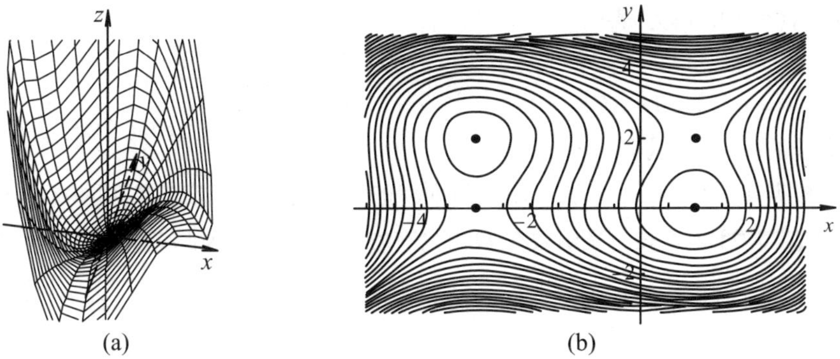

图 6-6-4

在讨论一元函数的极值问题时,我们知道,函数的极值既可能在驻点处取得,也可能在导数不存在的点处取得. 同样,多元函数的极值也可能在个别偏导数不存在的点处取得. 例如,在例 2 中,函数 $z=-\sqrt{x^2+y^2}$ 在点 (0, 0) 处有极大值,但该函数在点(0, 0) 处不存在偏导数. 因此,在考虑函数的极值问题时,除了考虑函数的驻点外,还要考虑那些使偏导数不存在的点.

与一元函数类似,我们可以利用函数的极值来求函数的最大值和最小值. 在§6.2 中已经指出,如果函数 $f(x, y)$ 在有界闭区域 D 上连续,则 $f(x, y)$ 在 D 上必定能取得最大值和最小值,且函数最大值点或最小值点必为函数的极值点或 D 的边界点. 因此只需求出 $f(x, y)$ 在各驻点和不可导点的函数值及在边界上的最大值和最小值,然后加以比较即可.

我们假定函数 $f(x, y)$ 在 D 上连续、偏导数存在且驻点只有有限个,则求函数 $f(x, y)$ 的最大值和最小值的一般步骤为:

(1) 求函数 $f(x, y)$ 在 D 内所有驻点处的函数值;

(2) 求 $f(x, y)$ 在 D 的边界上的最大值和最小值;

(3) 将前两步得到的所有函数值进行比较,其中最大者即为最大值,最小者即为最小值.

在通常遇到的实际问题中,如果根据问题的性质,可以判断出函数 $f(x, y)$ 的最大值(最小值)一定在 D 的内部取得,而函数 $f(x, y)$ 在 D 内只有一个驻点,则可以肯定该驻点处的函数值就是函数 $f(x, y)$ 在 D 上的最大值(最小值).

例 5 某厂要用铁板做成一个体积为 2m^3 的有盖长方体水箱. 问当长、宽、高各取怎样的尺寸时,才能使用料最省?

解 设水箱的长为 x m,宽为 y m,则其高应为 $\frac{2}{xy}$ m. 此水箱所用材料的面积

$$S=2\left(xy+y\cdot\frac{2}{xy}+x\cdot\frac{2}{xy}\right)=2\left(xy+\frac{2}{x}+\frac{2}{y}\right)\quad(x>0,\ y>0).$$

可见材料面积 S 是 x 和 y 的二元函数(目标函数). 按题意,下面我们要求本函数的最

小值点(x, y). 解方程组

$$\frac{\partial S}{\partial x}=2\left(y-\frac{2}{x^2}\right)=0,\quad \frac{\partial S}{\partial y}=2\left(x-\frac{2}{y^2}\right)=0.$$

得唯一的驻点 $x=\sqrt[3]{2}$, $y=\sqrt[3]{2}$.

根据题意可断定, 水箱所用材料面积的最小值一定存在, 并在区域 $D=\{(x, y)|x>0, y>0\}$ 内取得. 又函数在 D 内只有唯一的驻点, 因此该驻点即为所求的最小值点. 从而当水箱的长为 $\sqrt[3]{2}$ m、宽为 $\sqrt[3]{2}$ m、高为 $\dfrac{2}{\sqrt[3]{2}\cdot\sqrt[3]{2}}=\sqrt[3]{2}$ m 时, 水箱所用的材料最省. ■

注: 本例的结论表明: 体积一定的长方体中, 立方体的表面积最小.

例 6 设 q_1 为商品 A 的需求量, q_2 为商品 B 的需求量, 其需求函数分别为

$$q_1=16-2p_1+4p_2,\ q_2=20+4p_1-10p_2,$$

总成本函数为 $C=3q_1+2q_2$, p_1, p_2 为商品 A 和 B 的价格. 试问价格 p_1, p_2 取何值时可使利润最大?

解 按题意, 总收益函数为

$$R=p_1q_1+p_2q_2=p_1(16-2p_1+4p_2)+p_2(20+4p_1-10p_2).$$

于是, 总利润函数 (目标函数) 为

$$\begin{aligned}L=R-C&=(p_1-3)q_1+(p_2-2)q_2\\&=(p_1-3)(16-2p_1+4p_2)+(p_2-2)(20+4p_1-10p_2).\end{aligned}$$

于是, 问题归结为求总利润函数的最大值点. 解方程组

$$\frac{\partial L}{\partial p_1}=14-4p_1+8p_2=0,\quad \frac{\partial L}{\partial p_2}=28+8p_1-20p_2=0,$$

得唯一驻点 $p_1=63/2$, $p_2=14$. 根据题意, 所求利润的最大值一定在区域 $D=\{(p_1, p_2)|p_1>0, p_2>0\}$ 内取得, 又函数在 D 内只有唯一的驻点. 因此该驻点即为所求的最大值点. 从而当价格 $p_1=63/2$, $p_2=14$ 时, 利润可达最大, 而此时的产量为

$$q_1=9,\ q_2=6.$$

■

二、条件极值与拉格朗日乘数法

前面所讨论的极值问题, 一般只要求函数的自变量落在定义域内, 并无其他限制条件, 这类极值我们称为**无条件极值**. 但在实际问题中, 常会遇到对函数的自变量还有附加条件的极值问题.

例如, 求表面积为 a^2 而体积最大的长方体的体积问题. 设长方体的长、宽、高分别为 x, y, z, 则体积 $V=xyz$. 因为长方体的表面积是定值, 所以自变量 x, y, z 还须满足附加条件 $2(xy+yz+xz)=a^2$. 像这样对自变量有附加条件的极值称为**条件**

极值. 有些情况下, 可将条件极值问题转化为无条件极值问题, 如在上述问题中, 可以从 $2(xy+yz+xz)=a^2$ 解出变量 z 关于变量 x, y 的表达式, 并代入体积 $V=xyz$ 的表达式中, 即可将上述条件极值问题化为无条件极值问题. 然而, 一般地讲, 这样做很不方便. 下面我们要介绍求解一般条件极值问题的拉格朗日乘数法.

拉格朗日乘数法

设三元函数 $G(x,y,z)$ 和 $f(x,y,z)$ 在所考察的区域内有一阶连续偏导数, 则求函数 $u=f(x,y,z)$ 在条件 $G(x,y,z)=0$ 下的极值问题, 可以转化为求**拉格朗日函数**

$$L(x,y,z,\lambda)=f(x,y,z)+\lambda G(x,y,z)$$

(其中 λ 为某一常数) 的无条件极值问题.

这个方法的证明从略.

于是, 利用拉格朗日乘数法求函数 $u=f(x,y,z)$ 在条件 $G(x,y,z)=0$ 下的极值的基本步骤为:

(1) 构造拉格朗日函数

$$L(x,y,z,\lambda)=f(x,y,z)+\lambda G(x,y,z),$$

其中 λ 为某一常数;

(2) 由方程组

$$\begin{cases} L_x=f_x(x,y,z)+\lambda G_x(x,y,z)=0 \\ L_y=f_y(x,y,z)+\lambda G_y(x,y,z)=0 \\ L_z=f_z(x,y,z)+\lambda G_z(x,y,z)=0 \\ L_\lambda=G(x,y,z)=0 \end{cases}$$

解出 x,y,z,λ, 其中 x,y,z 就是所求的条件极值可能的极值点.

注: 拉格朗日乘数法只给出函数取极值的必要条件, 因此, 按照这种方法所求的点是否为极值点还需要讨论. 不过, 在实际问题中, 往往可以根据问题本身的性质来判定所求的点是不是极值点.

拉格朗日乘数法可推广到自变量多于两个而条件多于一个的情形.

例如, 求函数 $u=f(x,y,z,t)$ 在条件 $\varphi(x,y,z,t)=0$, $\psi(x,y,z,t)=0$ 下的极值. 可构造拉格朗日函数

$$L(x,y,z,t,\lambda,\mu)=f(x,y,z,t)+\lambda\varphi(x,y,z,t)+\mu\psi(x,y,z,t),$$

其中 λ,μ 均为常数. 由 $L(x,y,z,t,\lambda,\mu)$ 关于变量 x, y, z, t 的偏导数为零的方程组, 并联立条件中的两个方程解出 x, y, z, t, 即得所求的条件极值可能的极值点.

例 7 求表面积为 a^2 而体积最大的长方体的体积.

解 设长方体的长、宽、高分别为 x, y, z, 则题设问题归结为在约束条件

$$\varphi(x,y,z)=2xy+2yz+2xz-a^2=0$$

下, 求函数 $V=xyz$ $(x>0,\ y>0,\ z>0)$ 的最大值.

作拉格朗日函数

$$L(x,y,z,\lambda)=xyz+\lambda(2xy+2yz+2xz-a^2),$$

由方程组

$$\begin{cases}L_x=yz+2\lambda(y+z)=0\\L_y=xz+2\lambda(x+z)=0\\L_z=xy+2\lambda(y+x)=0\end{cases}$$

可得

$$\frac{x}{y}=\frac{x+z}{y+z},\quad \frac{y}{z}=\frac{x+y}{x+z}.$$

进而解得

$$x=y=z.$$

将其代入约束条件中，得唯一可能的极值点

$$x=y=z=\sqrt{6}a/6.$$

由问题本身的意义知，该点就是所求的最大值点．即表面积为 a^2 的长方体中，以棱长为 $\dfrac{\sqrt{6}}{6}a$ 的正方体的体积最大，最大体积为 $V=\dfrac{\sqrt{6}}{36}a^3$. ■

例 8 设销售收入 R(单位: 万元) 与花费在两种广告宣传上的费用 x, y(单位: 万元) 之间的关系为

$$R=\frac{200x}{x+5}+\frac{100y}{10+y},$$

利润额相当于五分之一的销售收入，并要扣除广告费用．已知广告费用总预算金是 25 万元，试问如何分配两种广告费用可使利润最大？

解 设利润为 L，有

$$L=\frac{1}{5}R-x-y=\frac{40x}{x+5}+\frac{20y}{10+y}-x-y,$$

限制条件为 $x+y=25$. 这是条件极值问题．令

$$L(x,y,\lambda)=\frac{40x}{x+5}+\frac{20y}{10+y}-x-y+\lambda(x+y-25).$$

由方程组

$$\begin{cases}L_x=\dfrac{200}{(5+x)^2}-1+\lambda=0\\[2mm] L_y=\dfrac{200}{(10+y)^2}-1+\lambda=0\\[2mm] L_\lambda=x+y-25=0\end{cases}$$

的前两个方程得

$$(5+x)^2=(10+y)^2.$$

又 $y=25-x$，解得 $x=15, y=10$. 根据问题本身的意义及驻点的唯一性即知，当投入两种广告的费用分别为15万元和10万元时，可使利润最大. ■

*数学实验

实验 6.8 试用计算软件完成下列各题：

(1) 求函数 $z=\ln(1+x^2+y^4)-x^2$ 的极值；

(2) 求函数 $f(x,y)=-120x^3-30x^4+18x^5+5x^6+30xy^2$ 的极值；

(3) 求函数 $z=\sin(x+y)+\sin x$ 在 $x^2+4y^2=\pi^2/4$ 条件下的极值；

(4) 求函数 $z=x^2+4y^3$ 的极值；

(5) 求函数 $z=x^4+x^2y^2+y^4-2y^2$ 的极值.

详见教材配套的网络学习空间.

*三、数学建模举例

1. 线性回归问题

在 §1.1 中，我们曾讨论过根据观测或试验获取的部分经验数据建立近似函数关系的回归分析问题. 通常把这样得到的函数的近似表达式称为**经验公式**. 这是一种广泛采用的数据处理方法. 经验公式建立后，就可以把生产或实践中所积累的某些经验提高到理论上加以分析，并由此作出某些预测和规划.

在§1.1的“五、数学建模——函数关系的建立”中，我们已针对“依据经验数据建立近似函数关系”的需要简要介绍了线性回归问题，并在其后的例10与例11中结合具体事例进行了讨论，其中就用到了本节即将给出的计算公式(6.3). 下面我们就利用本章所学知识进一步来探讨线性回归问题中回归直线的计算方法.

设 n 个数据点 $(x_i, y_i)\ (i=1, 2, \cdots, n)$ 之间大致为线性关系，则可设经验公式为

$$y=ax+b \quad (a \text{ 和 } b \text{ 是待定常数}).$$

因为各个数据点并不在同一条直线上，所以，我们只能要求选取这样的 a 和 b，使得 $y=ax+b$ 在 $x_1, x_2, \cdots, x_n$ 处的函数值与观测或试验数据 $y_1, y_2, \cdots, y_n$ 相差都很小，就是要使偏差

$$y_i-(ax_i+b)\ (i=1, 2, \cdots, n)$$

都很小，为了保证每个这样的偏差都很小，可考虑选取常数 a 和 b，使

$$M=\sum_{i=1}^{n}(y_i-ax_i-b)^2 \tag{6.2}$$

最小. 这种根据偏差的平方和为最小的条件来选择常数 a 和 b 的方法称为**最小二乘法**.

把 M 看成自变量为 a 和 b 的一个二元函数，那么问题就归结为函数 $M=M(a, b)$ 在哪些点处取得最小值的问题. 令

$$\begin{cases}\dfrac{\partial M}{\partial a}=-2\sum\limits_{i=1}^{n}(y_i-ax_i-b)x_i=0\\ \dfrac{\partial M}{\partial b}=-2\sum\limits_{i=1}^{n}(y_i-ax_i-b)=0\end{cases},$$

整理得

$$\begin{cases}a\sum\limits_{i=1}^{n}x_i^2+b\sum\limits_{i=1}^{n}x_i=\sum\limits_{i=1}^{n}x_iy_i\\ a\sum\limits_{i=1}^{n}x_i+nb=\sum\limits_{i=1}^{n}y_i\end{cases}.$$

用消元法可直接解得

$$a=\frac{n\sum x_iy_i-\sum x_i\sum y_i}{n\sum x_i^2-(\sum x_i)^2},\quad b=\frac{\sum x_i^2\sum y_i-\sum x_iy_i\sum x_i}{n\sum x_i^2-(\sum x_i)^2},\tag{6.3}$$

其中 $\sum$ 是 $\sum\limits_{i=1}^{n}$ 的省略记法.

例 9　为测定刀具的磨损速度，按每隔一小时测量一次刀具厚度的方式，得到如表 6－6－1 所示的实测数据:

表 6－6－1

顺序编号 i	0	1	2	3	4	5	6	7
时间 t_i (小时)	0	1	2	3	4	5	6	7
刀具厚度 y_i (毫米)	27.0	26.8	26.5	26.3	26.1	25.7	25.3	24.8

试根据这组实测数据建立变量 y 和 t 之间的经验公式 $y=f(t)$.

解　为确定 $f(t)$ 的类型，利用所给数据在坐标纸上画出时间 t 与刀具厚度 y 的散点图 (见图 6－6－5).

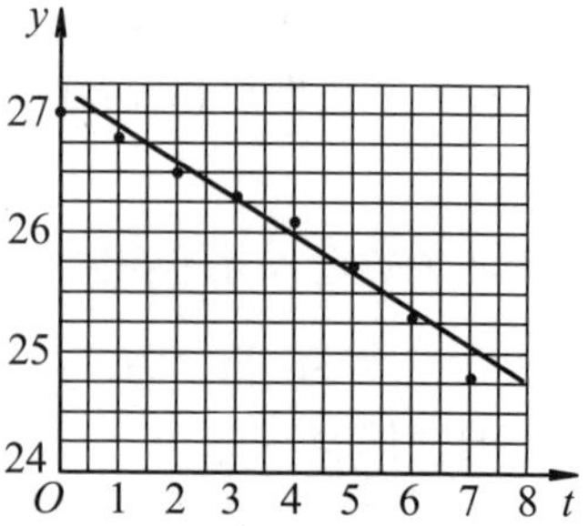

图 6－6－5

观察此图易发现，所求函数 $y=f(t)$ 可近似看作线性函数，因此可设

$$f(t)=at+b,$$

其中 a 和 b 是待定常数. 由公式 (8.10) 得

$$a=\frac{n\sum t_iy_i-\sum t_i\sum y_i}{n\sum t_i^2-(\sum t_i)^2}$$

$$=\frac{8(0\times27.0+1\times26.8+\cdots+7\times24.8)-(0+1+\cdots+7)(27.0+26.8+\cdots+24.8)}{8(0^2+1^2+\cdots+7^2)-(0+1+\cdots+7)^2}$$

$$=-0.303\,6,$$

$$b=\frac{\sum t_i^2\sum y_i-\sum t_iy_i\sum t_i}{n\sum t_i^2-(\sum t_i)^2}$$

散点图与线性回归

$$
=\frac{(0^2+1^2+\cdots+7^2)(27.0+26.8+\cdots+24.8)-(0\times 27.0+1\times 26.8+\cdots+7\times 24.8)(0+1+\cdots+7)}{8(0^2+1^2+\cdots+7^2)-(0+1+\cdots+7)^2}
$$

$=27.125.$

于是，所求的经验公式为

$$y=f(t)=-0.303\,6\,t+27.125.$$ ■

根据上式算出的$f(t_i)$与实测y_i有一定的偏差，如表6–6–2所示. 其偏差的平方和为$M=0.108\,165$，其平方根为$\sqrt{M}=0.329$. 我们把$\sqrt{M}$称为**均方误差**，它的大小在一定程度上反映了用经验公式表达原来函数关系的近似程度.

表 6–6–2

t_i	0	1	2	3	4	5	6	7
实测y_i	27.0	26.8	26.5	26.3	26.1	25.7	25.3	24.8
计算$f(t_i)$	27.125	26.821	26.518	26.214	25.911	25.607	25.303	25.000
偏差	−0.125	−0.021	−0.018	0.086	0.189	0.093	−0.003	−0.200

*数学实验

最小二乘拟合原理

给定平面上的一组点

$$(x_k, y_k),\ k=1,2,\cdots,n,$$

寻求一条曲线$y=f(x)$，使它较好地近似这组数据，这就是曲线拟合. 最小二乘法是进行曲线拟合的常用方法.

最小二乘拟合的原理是，求$f(x)$，使

$$\delta=\sum_{k=1}^{n}[f(x_k)-y_k]^2$$

达到最小. 拟合时，选取适当的拟合函数形式

$$f(x)=c_0\varphi_0(x)+c_1\varphi_1(x)+\cdots+c_m\varphi_m(x),$$

其中$\varphi_0(x),\varphi_1(x),\cdots,\varphi_m(x)$称为拟合函数的**基底函数**. 为使$\delta$取到极小值，将$f(x)$的表达式代入，对变量$c_i$求函数$\delta$的偏导数，令其等于零，就得到由$m+1$个方程组成的方程组，从中可解出$c_i\,(i=0,1,2,\cdots,m)$.

实验 6.9 给定平面上点的坐标如下表所示：

x	0.1	0.2	0.3	0.4	0.5	0.6	0.7	0.8	0.9
y	5.123 4	5.305 7	5.568 7	5.937 8	6.433 7	7.097 8	7.949 3	9.025 3	10.362 7

试求其拟合曲线.

实验 6.10 水箱的流量问题：1991年美国大学生数学建模竞赛的A题.问题中使用的长度单位为ft(英尺，1ft = 30.48cm)，容积单位是gal(加仑，1gal = 3.785L).

某些州的用水管理机构需估计公众的用水速度(单位：gal/h)和每天的总用水量. 许多供水单位因没有测量流入或流出量的设备，而只能测量水箱中的水位(误差不超过5%). 当水箱

水位低于水位 L 时，水泵开始工作，将水灌入水箱，直至水位达到最高水位 H 为止. 但是依然无法测量水泵灌水流量，因此，在水泵工作时无法立即将水箱中的水位和水量联系起来. 水泵一天灌水1~2次，每次约 2h. 试估计在任一时刻(包括水泵灌水期间) t 流出水箱的流量 $f(t)$，并估计一天的总用水量.

下表给出了某镇某天的真实用水数据. 水箱是直径为 57ft、高为 40ft 的正圆柱体. 当水位落到 27ft 以下时，水泵自动启动，把水灌入水箱；当水位回升至 35.5ft 时，水泵停止工作.

时间(s)	水位(10^{-2} ft)	时间(s)	水位(10^{-2} ft)
0	3 175	46 636	3 350
3 316	3 110	49 953	3 260
6 635	3 054	53 936	3 167
10 619	2 994	57 254	3 087
13 937	2 947	60 574	3 012
17 921	2 892	64 554	2 927
21 240	2 850	68 535	2 842
25 223	2 795	71 854	2 767
28 543	2 752	75 021	2 697
32 284	2 697	79 254	泵水
35 932	泵水	82 649	泵水
39 332	泵水	85 968	3 475
39 435	3 550	89 953	3 397
43 318	3 445	93 270	3 340

模型假设

a. 影响水箱流量的唯一因素是该区公众对水的普通需求. 所给数据反映该镇在通常情况下一天的用水量，不包括任何非常情况，如水泵故障、水管破裂、自然灾害等. 并且认为水位高度、大气情况、温度变化等物理因素对水的流速均无直接影响.

b. 水泵的灌水速度为常数.

c. 水从水箱中流出的最大速度小于水泵的灌水速度. 为了满足公众的用水需求，不让水箱中的水用尽，这是显然的要求.

d. 因为公众对水的消耗量是以全天的活动 (诸如洗澡、做饭、洗衣服等) 为基础的，所以，可以认为每天的用水量分布都是相似的.

e. 水箱的水流量和速度可用光滑曲线来近似.

详见教材配套的网络学习空间.

2. 线性规划问题

求多个自变量的线性函数在一组线性不等式约束条件下的最大值最小值问题，是一类完全不同的问题，这类问题称为**线性规划问题**. 下面我们通过实例来说明.

例 10 一份简化的食物由粮和肉两种食品做成，每份粮价值 30 分，其中含有 4 单位碳水化合物、5 单位维生素和 2 单位蛋白质；每份肉价值 50 分，其中含有 1 单位碳水化合物、4 单位维生素和 4 单位蛋白质. 对一份食物的最低要求是它至少要由 8 单位碳水化合物、20 单位维生素和 10 单位蛋白质组成. 问应当选择什么食物，才能使价钱最便宜？

解　设食物由 x 份粮和 y 份肉组成，其价钱为

$$C=30x+50y,$$

由食物的最低要求得到三个不等式约束条件，即：

为了有足够的碳水化合物，应有 $4x+y\geq 8$;

为了有足够的维生素，应有 $5x+4y\geq 20$;

为了有足够的蛋白质，应有 $2x+4y\geq 10$;

并且还有 $x\geq 0$, $y\geq 0$.

线性规划实验

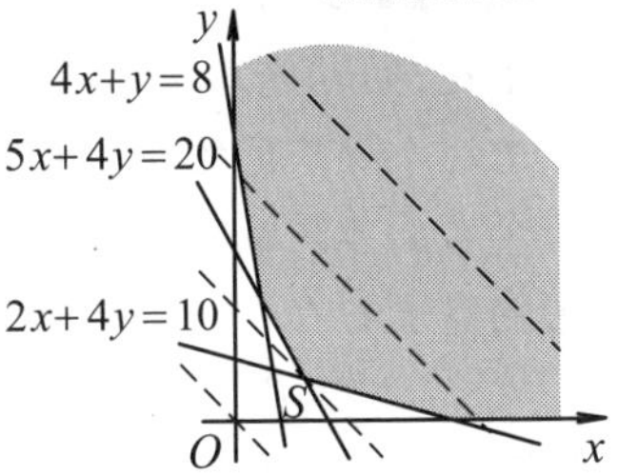

图 6－6－6

上述五个不等式把问题的解限制在平面上如图6－6－6所示的阴影区域中，现在考虑直线族

$$C=30x+50y.$$

当 C 逐渐增加时，与阴影区域相交的第一条直线是通过顶点 S 的直线，S 是两条直线

$$5x+4y=20 \text{ 和 } 2x+4y=10$$

的交点．所以点 S 对应于 C 的最小值的坐标是 $\left(\frac{10}{3},\frac{5}{6}\right)$，即这种食物是由 $3\frac{1}{3}$ 份粮和 $\frac{5}{6}$ 份肉组成的．代入 $C=30x+50y$ 即得所要求的食物的最低价钱

$$C_{\min}=30\times\frac{10}{3}+50\times\frac{5}{6}=141\frac{2}{3}\text{ (分)}.$$ ■

更一般的线性规划问题的提法是：求 $x_1, x_2, \cdots, x_n$，使得

$$z=\sum_{i=1}^{n}c_i x_i$$

在 m 个不等式

$$\sum_{j=1}^{n}a_{ij}x_j\geq b_i \quad (i=1,2,\cdots,m)$$

和

$$x_j\geq 0 \quad (j=1,2,\cdots,m)$$

的约束条件下取得最大值和最小值．在社会科学中，$m=1\,000$, $n=2\,000$ 的问题是很普遍的，这类问题一般用一些特殊的方法(如单纯形法)通过计算机来解决．

对于两个或三个自变量的情形，也可用图形法(几何方法)来求解．下面的例子就是用几何方法来解决的．

例11　一个糖果制造商有500g 巧克力、100g 核桃和50g 果料．他用这些原料生产三种类型的糖果．A 类每盒用 3g 巧克力、1g 核桃和1g 果料，售价10 元．B 类每盒用 4g 巧克力和 1g 核桃，售价 6 元．C 类每盒是 5g 巧克力，售价 4 元．问每类糖果各应做多少盒，才能使总收入最多？

解　设制造商出售 A, B, C 三类糖果各 x, y, z 盒，总收入是

$$R = 10x + 6y + 4z \text{ (元)}.$$

不等式约束条件由巧克力、核桃和果料的存货限额给出，依次为

$$3x+4y+5z \le 500, \quad x+y \le 100, \quad x \le 50.$$

当然，由问题的性质知，x, y 和 z 也是非负的，所以

$$x \ge 0, \ y \ge 0, \ z \ge 0.$$

于是，问题化为：求满足这些不等式的 R 的最大值.

上述不等式把允许的解限制在 $Oxyz$ 空间中的一个多面体区域之内(如图 6－6－7 所示的变了形的盒子). 在平行平面族

$$10x + 6y + 4z = R$$

中只有一部分平面和这个区域相交，随着 R 增大，平面离原点越来越远. 显然，R 的最大值一定出现在这样的平面上，这种平面正好经过允许值所在多面体区域的一个顶点，所求的解对应于 R 取最大值的那个顶点，计算结果列在表 6－6－3 中.

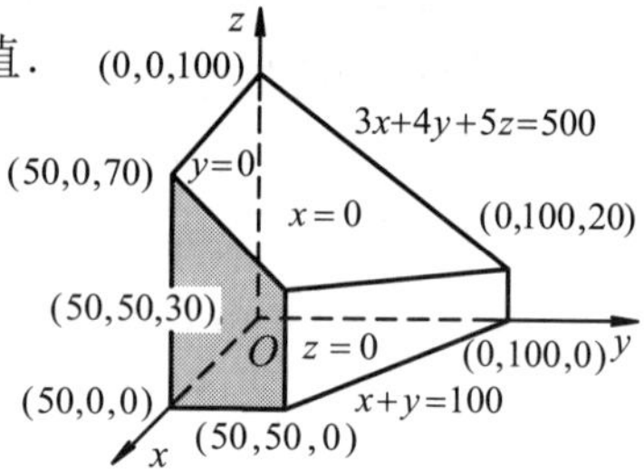

图 6－6－7

表 6－6－3

顶点	(0,0,0)	(50,0,0)	(50,50,0)	(50,50,30)	(50,0,70)	(0,0,100)	(0,100,20)	(0,100,0)
R 值	0	500	800	920	780	400	680	600

由表 6－6－3 可知，R 的最大值是 920 元，相应的点是 (50, 50, 30)，所以生产 A 类 50 盒、B 类 50 盒、C 类 30 盒时收入最多. ■

*数学实验

实验 6.11　生产计划中的线性规划模型：某工厂有甲、乙、丙、丁四个车间，生产 A, B, C, D, E, F 六种产品，根据车床性能和以前的生产情况，得知生产单位产品所需车间的工作小时数、每个车间每月工作小时数的上限以及产品的价格如下表所示：

	产品 A	产品 B	产品 C	产品 D	产品 E	产品 F	每月工作小时数上限
甲	0.01	0.01	0.01	0.03	0.03	0.03	850
乙	0.02			0.05			700
丙		0.02			0.05		100
丁			0.03			0.08	900
单价	0.40	0.28	0.32	0.72	0.64	0.60	

问各种产品每月应该生产多少，才能使这个工厂每月生产总值达到最大?

实验 6.12　运输问题：设有三个工厂 A, B, C 同时需要某种原料，需求量分别是 17 万吨、18 万吨、15 万吨. 现有两厂 X, Y 分别有该原料 23 万吨. 每万吨运费如下表所示 (单位：元)：

	A	B	C
X	50	60	70
Y	60	110	160

问应如何调运才能使总运费最少?(三个工厂的需求量可部分满足,但对其中任一工厂的供应量不能为零.)

实验 6.13　有甲、乙、丙三块地,单位面积的产量(单位:公斤)如下表所示:

	面积	水稻	大豆	玉米
甲	20 单位	7 500	4 000	10 000
乙	40 单位	6 500	4 500	9 000
丙	60 单位	6 000	3 500	8 500

种植水稻、大豆和玉米的单位面积投资分别是200元、500元和100元. 当要求最低产量分别是25万公斤、8万公斤和50万公斤时，如何制订种植计划才能使总产量最高而总投资最少？试建立数学模型.

详见教材配套的网络学习空间.

习题 6-6

1. 求下列函数的极值.

(1) $f(x, y)=x^3+y^3-3xy$;　　(2) $f(x, y)=(x^2+y^2)^2-2(x^2-y^2)$;

(3) $f(x, y)=\mathrm{e}^{2x}(x+y^2+2y)$.

2. 求函数 $f(x, y)=\sin x+\cos y+\cos(x-y)$, $0\leq x, y\leq \dfrac{\pi}{2}$ 的极值.

3. 求由方程 $x^2+y^2+z^2-2x+2y-4z-10=0$ 确定的函数 $z=f(x,y)$ 的极值.

4. 欲围一个面积为 60 米^2 的矩形场地，正面所用材料每米造价 10 元，其余三面每米造价 5 元. 求场地的长、宽各为多少米时，所用材料费最少？

5. 某工厂生产两种产品 A 与 B, 出售单价分别为10元与9元,生产 x 单位的产品 A 与生产 y 单位的产品 B 的总费用是

$$400+2x+3y+0.01(3x^2+xy+3y^2)(\text{元}),$$

求取得最大利润时两种产品的产量.

6. 某工厂的收入 R 是以下两种可控决策量的函数: 设 x_1 代表以千元为单位的用于储存的投资, x_2 代表以千元为单位的用于广告的开支, 则以千元为单位的收入为

$$R(x_1, x_2)=-3x_1^2+2x_1x_2-6x_2^2+30x_1+24x_2-86.$$

试求最大收入额及产生该收入的储存投资及广告开支.

7. 设生产某种产品的数量与所用两种原料 A、B 的数量 x, y 间有关系式

$$P(x, y)=0.005x^2y,$$

欲用 150 元购料, 已知 A、B 原料的单价分别为 1 元、2 元. 问购进两种原料各多少, 可使生产的数量最多？

8. 某种合金的含铅量百分比 (%) 为 p, 其溶解温度(°C) 为 θ, 由实验测得 p 与 θ 的数据如下表所示:

$p(\%)$	36.9	46.7	63.7	77.8	84.0	87.5
$\theta(^\circ\mathrm{C})$	181	197	235	270	283	292

试用最小二乘法建立 p 与 θ 之间的经验公式 $\theta = ap + b$.

9. 某工厂制造甲、乙两种产品．单价分别为 2 万元和 5 万元．设制造一个单位的甲产品至多需要 A 类原料一个单位, 电力1 000 度; 制造一个单位的乙产品至多需要 B 类原料 3 个单位, 电力 2 000 度．现有 A 类原料 4 个单位, B 类原料 9 个单位, 电力 8 000 度．问该厂在现有条件下, 应如何决定甲、乙产品的产量, 才能使收益最大?

10. 设某种产品的产量是劳动力 x 和原料 y 的函数 $f(x,y)=60x^{3/4}y^{1/4}$, 若劳动力单位成本为 100 元, 原料单位成本为200 元, 则在投入 3 万元资金用于生产的情况下, 如何安排劳动力和原料, 可使产量最大?

§6.7　二重积分的概念与性质

与定积分类似, 二重积分的概念也是从实践中抽象出来的, 它是定积分的推广, 其中的数学思想与定积分一样, 也是一种“和式的极限”. 所不同的是: 定积分的被积函数是一元函数, 积分范围是一个区间; 而二重积分的被积函数是二元函数, 积分范围是平面上的一个区域．它们之间存在着密切的联系, 二重积分可以通过定积分来计算.

一、二重积分的概念

引例　求曲顶柱体的体积.

设有一立体, 它的底是 xOy 面上的闭区域 D, 它的侧面是以 D 的边界曲线为准线而母线平行于 z 轴的柱面, 它的顶是曲面 $z=f(x,y)$, 其中 $f(x,y)$ 是 D 上的非负连续函数, 称这种立体为**曲顶柱体** (见图 6–7–1). 下面我们来求曲顶柱体的体积.

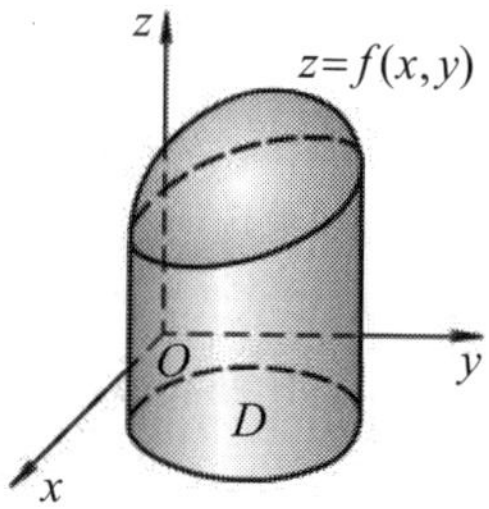

图 6–7–1

如果函数 $f(x,y)$ 在 D 上取常数值, 则上述曲顶柱体就化为一平顶柱体, 该平顶柱体的体积可用公式

$$\text{体积} = \text{底面积} \times \text{高}$$

来计算. 在一般情形下, 求曲顶柱体的体积问题可用微元法来解决.

(1) **分割**　用任意一组网线把区域 D 划分成 n 个小闭区域 $\Delta\sigma_1, \Delta\sigma_2, \cdots, \Delta\sigma_n$, 分别以这些小闭区域的边界曲线为准线, 作母线平行于 z 轴的柱面, 这些柱面把原来的曲顶柱体分为 n 个小曲顶柱体. 记第 i 个小曲顶柱体的体积为 $\Delta V_i\,(i=1,2,\cdots,n)$. 在每个小闭区域 $\Delta\sigma_i$ (其面积也记为$\Delta\sigma_i$) 上任取一点 (ξ_i, η_i), 则 ΔV_i 近似等于以

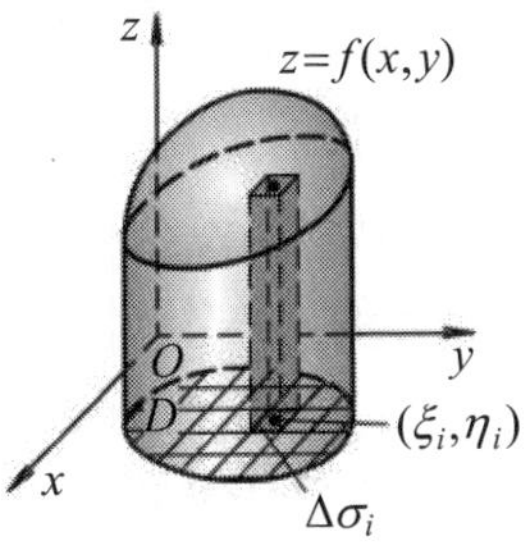

图 6–7–2

$\Delta\sigma_i$ 为底，以 $f(\xi_i,\eta_i)$ 为高的平顶柱体的体积(见图 6–7–2)，即

$$\Delta V_i \approx f(\xi_i,\eta_i)\Delta\sigma_i \quad (i=1,2,\cdots,n).$$

(2) **求和** 对 n 个小曲顶柱体的体积求和，得所求曲顶柱体的体积 V 的近似值

$$V=\sum_{i=1}^{n}\Delta V_i \approx \sum_{i=1}^{n} f(\xi_i,\eta_i)\Delta\sigma_i .$$

(3) **取极限** 让分割越来越细，取极限得所求曲顶柱体的体积 V的精确值

$$V=\lim_{\lambda\to 0}\sum_{i=1}^{n} f(\xi_i,\eta_i)\Delta\sigma_i , \tag{7.1}$$

其中λ是各小闭区域 $\Delta\sigma_i\,(i=1,2,\cdots,n)$ 的直径的最大值(即该小闭区域上任意两点间距离的最大者).

在几何、力学、物理和工程技术中，有许多几何量和物理量都可归结为形如式(7.1)的和式的极限. 为更一般地研究这类和式的极限，我们抽象出如下定义:

定义 1 设$f(x,y)$是有界闭区域D上的有界函数. 将闭区域D任意分成n个小闭区域$\Delta\sigma_1,\Delta\sigma_2,\cdots,\Delta\sigma_n$，其中$\Delta\sigma_i$ 表示第 i 个小闭区域，也表示它的面积，在每个$\Delta\sigma_i$上任取一点(ξ_i,η_i)，作乘积

$$f(\xi_i,\eta_i)\Delta\sigma_i \quad (i=1,2,\cdots,n),$$

并作和

$$\sum_{i=1}^{n} f(\xi_i,\eta_i)\Delta\sigma_i .$$

当各小闭区域的直径中的最大值λ趋近于零时，如果该和式的极限存在，则称此极限为函数 $f(x,y)$ 在闭区域 D上的**二重积分**，记为$\iint\limits_D f(x,y)\mathrm{d}\sigma$，即

$$\iint\limits_D f(x,y)\mathrm{d}\sigma=\lim_{\lambda\to 0}\sum_{i=1}^{n} f(\xi_i,\eta_i)\Delta\sigma_i , \tag{7.2}$$

其中$f(x,y)$ 称为**被积函数**，$f(x,y)\mathrm{d}\sigma$ 称为**被积表达式**，$\mathrm{d}\sigma$ 称为**面积微元**，x 和y 称为**积分变量**，D 称为**积分区域**，并称 $\sum\limits_{i=1}^{n} f(\xi_i,\eta_i)\Delta\sigma_i$ 为**积分和**.

根据二重积分的定义，引例中曲顶柱体的体积可表示为

$$V=\iint\limits_D f(x,y)\mathrm{d}\sigma.$$

一般地，如果$f(x,y)\geq 0$，被积函数$f(x,y)$可视为曲顶柱体的顶在点(x,y)处的

竖坐标，所以二重积分的几何意义就是曲顶柱体的体积．如果$f(x,y)<0$，柱体就位于xOy面的下方，二重积分的绝对值仍等于曲顶柱体的体积，但二重积分的值是负的．如果$f(x,y)$在积分区域D的若干部分是正的，其余部分是负的，我们可以把xOy面上方的柱体体积取为正的，xOy面下方的柱体体积取为负的，于是，$f(x,y)$在D上的二重积分就等于这些部分区域上柱体体积的代数和．

对二重积分定义的说明：

(1) 如果二重积分$\iint\limits_D f(x,y)\mathrm{d}\sigma$存在，则称函数$f(x,y)$在区域$D$上是**可积的**．可以证明，如果函数$f(x,y)$在区域$D$上连续，则$f(x,y)$在区域$D$上是可积的．后文中，我们总假定被积函数$f(x,y)$在积分区域$D$上是连续的．

(2) 根据定义，如果函数$f(x,y)$在区域D上可积，则二重积分的值与对积分区域的分割方法无关，因此，在直角坐标系中，常用平行于x轴和y轴的两组直线来分割积分区域D，这样除了包含边界点的一些小闭区域外，其余的小闭区域都是矩形闭区域．设矩形闭区域$\Delta\sigma_i$的边长为Δx_i和Δy_j，于是$\Delta\sigma_i=\Delta x_i\Delta y_j$．故在直角坐标系中，面积微元$\mathrm{d}\sigma$可记为$\mathrm{d}x\mathrm{d}y$，即$\mathrm{d}\sigma=\mathrm{d}x\mathrm{d}y$，进而把二重积分记为

$$\iint\limits_D f(x,y)\,\mathrm{d}x\mathrm{d}y,$$

这里我们把$\mathrm{d}x\mathrm{d}y$称为**直角坐标系下的面积微元**．

二、二重积分的性质

二重积分也有与一元函数定积分类似的性质，而且其证明也与定积分性质的证明类似．

性质1　设α，β为常数，则

$$\iint\limits_D[\alpha f(x,y)+\beta g(x,y)]\mathrm{d}\sigma=\alpha\iint\limits_D f(x,y)\mathrm{d}\sigma+\beta\iint\limits_D g(x,y)\mathrm{d}\sigma. \tag{7.3}$$

此性质表明**二重积分满足线性运算**．

性质2　如果闭区域D可被曲线分为两个没有公共内点的闭子区域D_1和D_2，则

$$\iint\limits_D f(x,y)\mathrm{d}\sigma=\iint\limits_{D_1} f(x,y)\mathrm{d}\sigma+\iint\limits_{D_2} f(x,y)\mathrm{d}\sigma. \tag{7.4}$$

此性质表明**二重积分对积分区域具有可加性**．

性质3　如果在闭区域D上，$f(x,y)=1$，σ为D的面积，则

$$\iint\limits_D 1\cdot\mathrm{d}\sigma=\iint\limits_D \mathrm{d}\sigma=\sigma. \tag{7.5}$$

此性质的几何意义是：以D为底、以1为高的平顶柱体的体积在数值上等于柱体的底面积．

性质 4　如果在闭区域 D 上，有 $f(x,y)\le g(x,y)$，则

$$\iint_D f(x,y)\,\mathrm{d}\sigma \le \iint_D g(x,y)\,\mathrm{d}\sigma. \tag{7.6}$$

特别地，有

$$\left|\iint_D f(x,y)\,\mathrm{d}\sigma\right| \le \iint_D |f(x,y)|\,\mathrm{d}\sigma.$$

性质 5　设 M, m 分别是 $f(x,y)$ 在闭区域 D 上的最大值和最小值，σ 为 D 的面积，则

$$m\sigma \le \iint_D f(x,y)\,\mathrm{d}\sigma \le M\sigma. \tag{7.7}$$

此不等式称为**二重积分的估值不等式**.

性质 6　设函数 $f(x,y)$ 在闭区域 D 上连续，σ 为 D 的面积，则在 D 上至少存在一点 (ξ,η)，使得

$$\iint_D f(x,y)\,\mathrm{d}\sigma = f(\xi,\eta)\sigma.$$

此性质称为**二重积分的中值定理**. 其几何意义为: 在区域 D 上以曲面 $f(x,y)$ 为顶的曲顶柱体的体积等于以区域 D 内某一点 (ξ,η) 的函数值 $f(\xi,\eta)$ 为高的平顶柱体的体积.

注: 由性质 6 可得

$$\frac{1}{\sigma}\iint_D f(x,y)\,\mathrm{d}\sigma = f(\xi,\eta). \tag{7.8}$$

通常把数值 $\frac{1}{\sigma}\iint_D f(x,y)\,\mathrm{d}\sigma$ 称为函数 $f(x,y)$ 在 D 上的**平均值**.

例 1　估计二重积分 $I=\iint_D \frac{\mathrm{d}\sigma}{\sqrt{x^2+y^2+2xy+16}}$ 的值，其中积分区域 D 为矩形闭区域 $\{(x,y)\,|\,0\le x\le 1,\ 0\le y\le 2\}$.

解　因为 $f(x,y)=\frac{1}{\sqrt{(x+y)^2+16}}$，区域 D 的面积 $\sigma=2$，且在 D 上 $f(x,y)$ 的最大值和最小值分别为

$$M=\frac{1}{\sqrt{(0+0)^2+4^2}}=\frac{1}{4},\quad m=\frac{1}{\sqrt{(1+2)^2+4^2}}=\frac{1}{5},$$

所以 $\frac{1}{5}\times 2\le I\le \frac{1}{4}\times 2$，即 $\frac{2}{5}\le I\le \frac{1}{2}$. ■

例 2　比较积分

$$\iint_D \ln(x+y)\,\mathrm{d}\sigma \text{ 与 } \iint_D [\ln(x+y)]^2\,\mathrm{d}\sigma$$

的大小，其中区域 D 是三角形闭区域，三顶点各为 $(1, 0)$, $(1, 1)$, $(2, 0)$.

解 如图6–7–3所示，在积分区域 D 内，有

$$1 \le x+y \le 2 < \mathrm{e},$$

因此

$$0 \le \ln(x+y) < 1,$$

于是

$$\ln(x+y) > [\ln(x+y)]^2,$$

所以

$$\iint_D \ln(x+y)\,\mathrm{d}\sigma > \iint_D [\ln(x+y)]^2 \mathrm{d}\sigma.$$

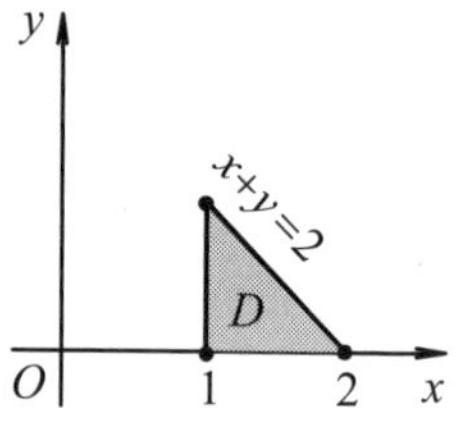

图 6–7–3

■

习题 6–7

1. 利用二重积分定义证明：

(1) $\iint\limits_D \mathrm{d}\sigma = \sigma$ (σ 为区域 D 的面积)；

(2) $\iint\limits_D kf(x, y)\,\mathrm{d}\sigma = k\iint\limits_D f(x, y)\,\mathrm{d}\sigma$ (其中 k 为常数).

2. 判断积分 $\iint\limits_{\frac{1}{2}\le x^2+y^2\le 1} \ln(x^2+y^2)\,\mathrm{d}x\mathrm{d}y$ 的符号.

3. 判定下列积分值的大小：

$$I_1 = \iint_D \ln^3(x+y)\,\mathrm{d}x\mathrm{d}y,\ I_2 = \iint_D (x+y)^3\,\mathrm{d}x\mathrm{d}y,\ I_3 = \iint_D [\sin(x+y)]^3\,\mathrm{d}x\mathrm{d}y,$$

其中 D 由 $x=0$, $y=0$, $x+y=1/2$, $x+y=1$ 围成，则 I_1, I_2, I_3 之间的大小顺序为( ).

(A) $I_1 < I_2 < I_3$； (B) $I_3 < I_2 < I_1$； (C) $I_1 < I_3 < I_2$； (D) $I_3 < I_1 < I_2$.

4. 估计下列各二重积分的值：

(1) $\iint\limits_D xy(x+y)\,\mathrm{d}\sigma$, 其中 D 是矩形闭区域：$0 \le x \le 1$, $0 \le y \le 1$；

(2) $\iint\limits_D (x^2+4y^2+9)\,\mathrm{d}\sigma$, 其中 D 是圆形闭区域：$x^2+y^2 \le 4$.

5. 试用二重积分性质证明不等式

$$1 \le \iint_D (\sin x^2 + \cos y^2)\,\mathrm{d}\sigma \le \sqrt{2},\ \text{其中 } D: 0 \le x \le 1,\ 0 \le y \le 1.$$

6. 设 D 是 (x, y) 面上的有界闭区域，函数 $f(x, y)$ 在 D 上连续且不变号，又

$$\iint_D f(x, y)\,\mathrm{d}\sigma = 0,$$

试证明在区域 D 上 $f(x, y) = 0$.

§6.8 在直角坐标系下二重积分的计算

一、在直角坐标系下二重积分的计算

在本节和下一节，我们要讨论二重积分的计算方法，其基本思想是将二重积分化为两次定积分来计算，转化后的这种两次定积分常称为**二次积分**或**累次积分**．本节先在直角坐标系下讨论二重积分的计算．

在具体讨论二重积分的计算之前，先要介绍所谓 X－型区域和 Y－型区域的概念．图6－8－1 和图6－8－2 中分别给出了这两种区域的典型图例．

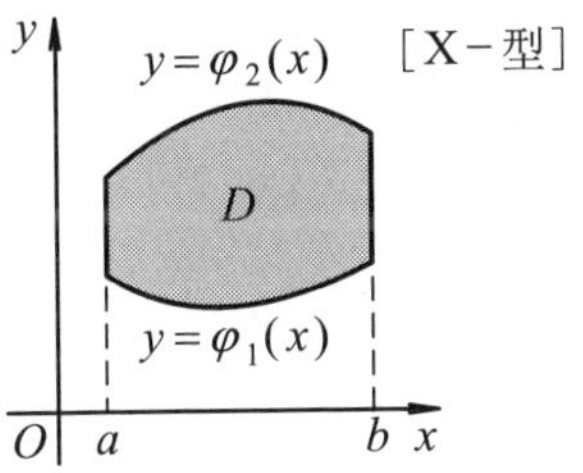

图 6－8－1

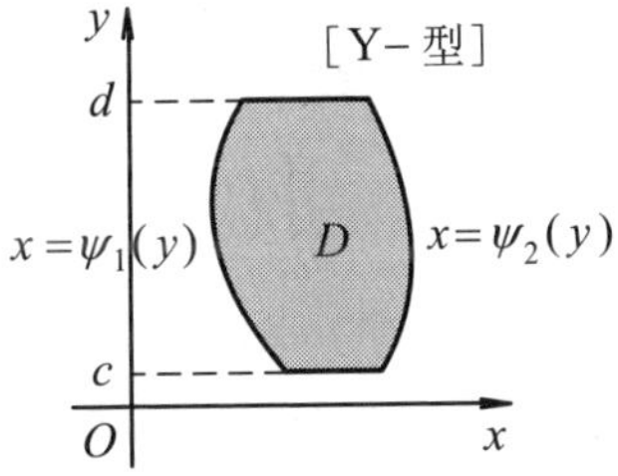

图 6－8－2

X － 型区域: $\{(x, y) \mid a \le x \le b, \varphi_1(x) \le y \le \varphi_2(x)\}$. 其中函数 $\varphi_1(x)$, $\varphi_2(x)$ 在区间$[a, b]$上连续．这种区域的特点是: 穿过区域且平行于y轴的直线与区域的边界相交于最多两个交点．

Y － 型区域: $\{(x, y) \mid c \le y \le d, \psi_1(y) \le x \le \psi_2(y)\}$. 其中函数 $\psi_1(y)$, $\psi_2(y)$ 在区间$[c, d]$上连续．这种区域的特点是: 穿过区域且平行于x轴的直线与区域的边界相交于最多两个交点．

我们知道，在直角坐标系下，二重积分可写成

$$\iint_D f(x, y)\,\mathrm{d}\sigma = \iint_D f(x, y)\,\mathrm{d}x\mathrm{d}y.$$

假定积分区域D为如下 X－型区域:

$$\{(x, y) \mid a \le x \le b,\ \varphi_1(x) \le y \le \varphi_2(x)\}.$$

当$f(x, y) \ge 0$时，按照二重积分的几何意义，上述二重积分的值等于以积分区域D为底．以曲面$z = f(x, y)$为顶的曲顶柱体 (见图6－8－3) 的体积．下面我们利用 §5.6 中求“平行截面面积为已知的立体的体积”的方法来计算这个曲顶柱体的体积．

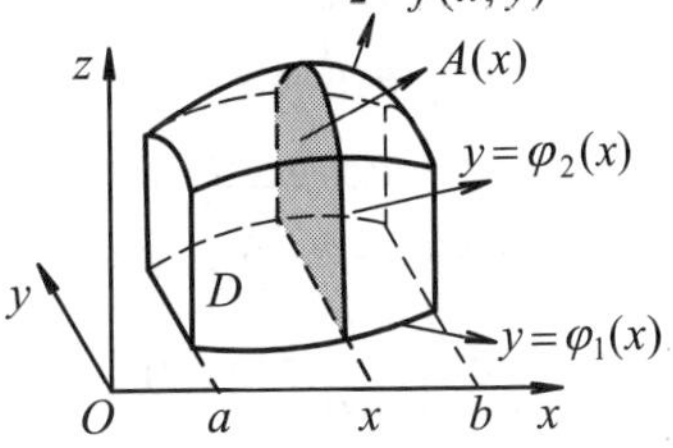

图 6－8－3

先计算截面的面积．为此在区间$[a, b]$上任取一点x，则过该点且平行于yOz面的平面截曲顶柱

体所得的截面是一个以区间 $[\varphi_1(x), \varphi_2(x)]$ 为底的曲边梯形(见图6-8-3中阴影部分)，所以此截面的面积为

$$A(x)=\int_{\varphi_1(x)}^{\varphi_2(x)} f(x, y)\mathrm{d}y.$$

于是，曲顶柱体的体积为

$$\iint_D f(x, y)\mathrm{d}x\mathrm{d}y=\int_a^b A(x)\mathrm{d}x=\int_a^b\left[\int_{\varphi_1(x)}^{\varphi_2(x)} f(x, y)\mathrm{d}y\right]\mathrm{d}x. \tag{8.1}$$

上式右端的积分称为先对 y 后对 x 的二次积分，习惯上，常将其中的中括号省略不写，而记为

$$\int_a^b \mathrm{d}x\int_{\varphi_1(x)}^{\varphi_2(x)} f(x, y)\mathrm{d}y.$$

因此，公式(8.1)又写成

$$\iint_D f(x, y)\mathrm{d}x\mathrm{d}y=\int_a^b \mathrm{d}x\int_{\varphi_1(x)}^{\varphi_2(x)} f(x, y)\mathrm{d}y. \tag{8.2}$$

注：虽然在讨论中，我们假定了 $f(x, y)\geq 0$，这只是为几何上说明方便而引入的条件，实际上，公式(8.2)的成立不受此条件的限制.

类似地，如果积分区域 D 为Y-型区域：

$$\{(x, y)\mid c\leq y\leq d,\ \psi_1(y)\leq x\leq \psi_2(y)\},$$

则有

$$\iint_D f(x, y)\mathrm{d}x\mathrm{d}y=\int_c^d \mathrm{d}y\int_{\psi_1(y)}^{\psi_2(y)} f(x, y)\mathrm{d}x. \tag{8.3}$$

上式右端的积分称为先对 x 后对 y 的二次积分.

如果积分区域 D 既不是X-型区域也不是Y-型区域，我们可以将它分割成若干块X-型区域或Y-型区域(见图6-8-4)，然后在每块这样的区域上分别应用公式(8.2)或公式(8.3)，再根据二重积分对积分区域的可加性，即可计算出所给二重积分.

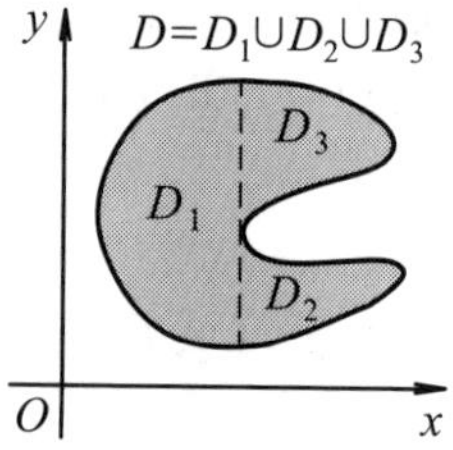

图 6-8-4

如果积分区域 D 既是X-型区域又是Y-型区域，即积分区域 D 既可用不等式

$$a\leq x\leq b,\ \varphi_1(x)\leq y\leq \varphi_2(x)$$

表示，又可用不等式

$$c\leq y\leq d,\ \psi_1(y)\leq x\leq \psi_2(y)$$

表示(见图6-8-5)，则有

$$\int_a^b \mathrm{d}x\int_{\varphi_1(x)}^{\varphi_2(x)} f(x, y)\mathrm{d}y=\int_c^d \mathrm{d}y\int_{\psi_1(y)}^{\psi_2(y)} f(x, y)\mathrm{d}x.$$

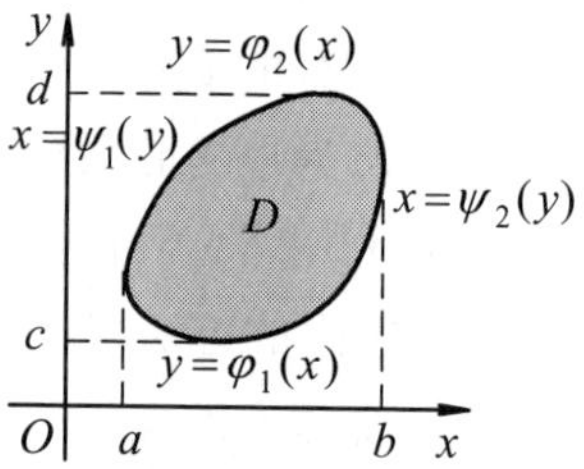

图 6-8-5

上式表明，这两个不同积分次序的二次积分相等，

这个结果使我们在具体计算一个二重积分时，可以有选择地将其化为其中一种二次积分，以使计算更为简单.

将二重积分化为二次积分的关键是确定积分限(即表示积分区域的一组不等式)，而积分限是根据积分区域的形状来确定的，因此，先画出积分区域的草图对于确定二次积分的积分限是方便的. 假如积分区域 D 如图 6−8−6 所示，则可按如下方法确定表示区域 D 的不等式：在区间 $[a,b]$ 上任取一点 x，过点 x 作平行于 y 轴的直线交区域 D 的边界于点 $\varphi_1(x)$ 和 $\varphi_2(x)$，这就是把 x 看作常量，而把 $\varphi_1(x)$ 和 $\varphi_2(x)$ 看作积分变量 y 的上下限，因此积分区域 D 可表示为

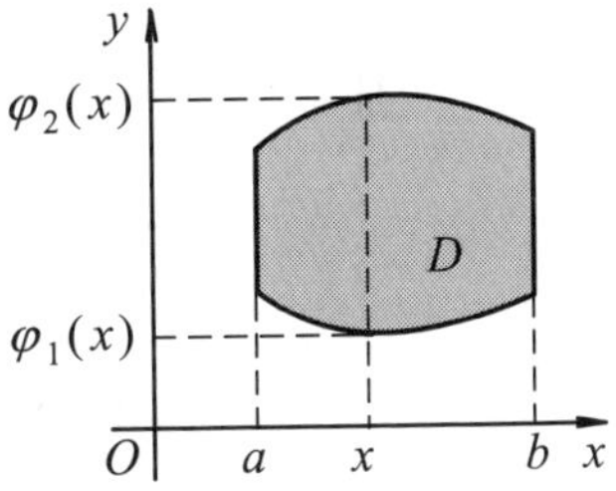

图 6−8−6

$$a \le x \le b,\ \varphi_1(x) \le y \le \varphi_2(x).$$

所求积分

$$\iint\limits_D f(x,y)\,\mathrm{d}x\mathrm{d}y = \int_a^b \mathrm{d}x \int_{\varphi_1(x)}^{\varphi_2(x)} f(x,y)\,\mathrm{d}y.$$

特别地，当区域 D 为矩形区域 $\{(x,y)\,|\,a \le x \le b,\ c \le y \le d\}$ 时，有

$$\iint\limits_D f(x,y)\,\mathrm{d}x\mathrm{d}y = \int_a^b \mathrm{d}x \int_c^d f(x,y)\,\mathrm{d}y = \int_c^d \mathrm{d}y \int_a^b f(x,y)\,\mathrm{d}x.$$

下面我们再通过例题来进一步说明二重积分的计算.

例 1 计算 $\iint\limits_D xy\,\mathrm{d}\sigma$，其中 D 是由直线 $y=1$，$x=2$ 及 $y=x$ 围成的闭区域.

解 方法一 画出积分区域 D 的图形(见图 6−8−7)，易见区域 D 既是 X−型的也是 Y−型的. 如果将积分区域视为 X−型的，则积分区域 D 的积分限为

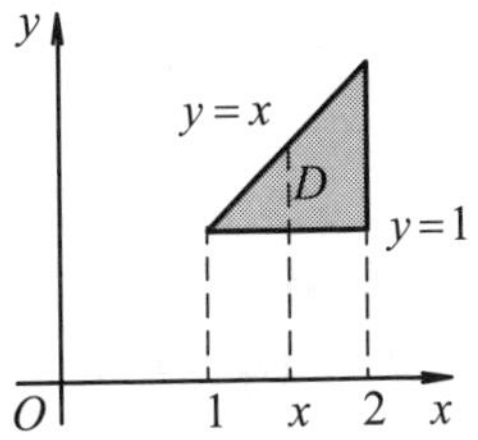

图 6−8−7

$$1 \le x \le 2,\ 1 \le y \le x,$$

所以

$$\begin{aligned}\iint\limits_D xy\,\mathrm{d}\sigma &= \int_1^2 \left[\int_1^x xy\,\mathrm{d}y\right]\mathrm{d}x = \int_1^2 \left[x\cdot\frac{y^2}{2}\right]\Bigg|_1^x \mathrm{d}x \\ &= \int_1^2 \left(\frac{x^3}{2} - \frac{x}{2}\right)\mathrm{d}x = \left[\frac{x^4}{8} - \frac{x^2}{4}\right]\Bigg|_1^2 \\ &= 1\frac{1}{8}.\end{aligned}$$

计算实验

方法二　如果将积分区域视为Y−型的(见图 6−8−8), 则积分区域 D 的积分限为

$$1\le y\le 2,\ y\le x\le 2,$$

所以

$$\iint\limits_D xy\mathrm{d}\sigma=\int_1^2\left[\int_y^2 xy\mathrm{d}x\right]\mathrm{d}y=\int_1^2\left[y\cdot\frac{x^2}{2}\right]\Bigg|_y^2\mathrm{d}y$$

$$=\int_1^2\left(2y-\frac{y^3}{2}\right)\mathrm{d}y=\left[y^2-\frac{y^4}{8}\right]\Bigg|_1^2$$

$$=1\frac{1}{8}.$$ ■

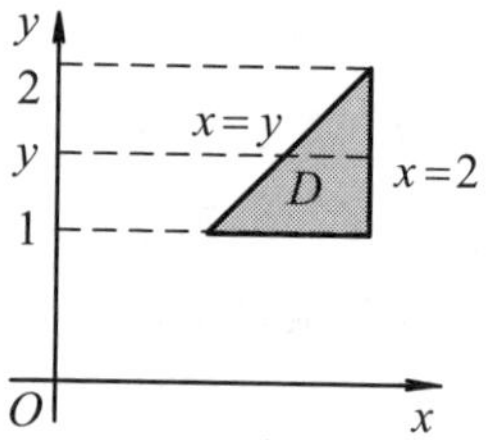

图 6−8−8

计算实验

注: 微信扫描右侧二维码, 即可进行计算实验(详见教材配套的网络学习空间).

例 2　计算二重积分 $\iint\limits_D xy\mathrm{d}\sigma$, 其中 D 是由抛物线 $y^2=x$ 及直线 $y=x-2$ 围成的闭区域.

解　画出积分区域 D 的图形(见图6−8−9), 易见区域 D 既是 X− 型的也是 Y−型的. 如果将积分区域视为Y−型的, 则积分区域 D 的积分限为 $-1\le y\le 2$, $y^2\le x\le y+2$, 所以

$$\iint\limits_D xy\mathrm{d}\sigma=\int_{-1}^2\left[\int_{y^2}^{y+2}xy\mathrm{d}x\right]\mathrm{d}y$$

$$=\int_{-1}^2\left[\frac{x^2}{2}y\right]\Bigg|_{y^2}^{y+2}\mathrm{d}y$$

$$=\frac{1}{2}\int_{-1}^2[y(y+2)^2-y^5]\mathrm{d}y$$

$$=\frac{1}{2}\left[\frac{y^4}{4}+\frac{4}{3}y^3+2y^2-\frac{y^6}{6}\right]\Bigg|_{-1}^2$$

$$=5\frac{5}{8}.$$ ■

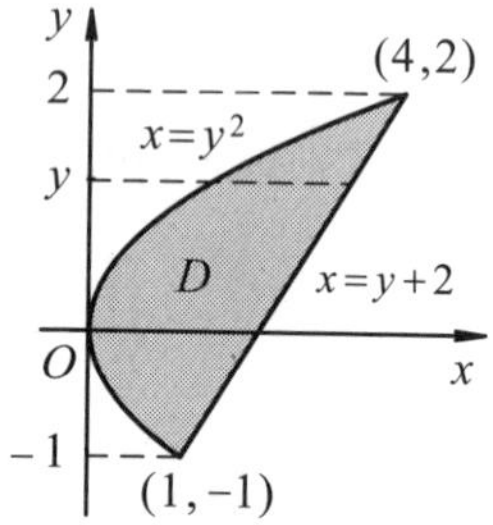

图 6−8−9

计算实验

如果将积分区域视为 X− 型的, 则积分区域 D 需分成 D_1 和 D_2 两部分 (见图6−8−10), 其中 D_1, D_2 的积分限分别为

$$D_1: 0\le x\le 1,\ -\sqrt{x}\le y\le\sqrt{x};$$

$$D_2: 1\le x\le 4,\ x-2\le y\le\sqrt{x}.$$

从而, 根据二重积分的性质 2, 有

$$\iint\limits_D xy\mathrm{d}\sigma=\iint\limits_{D_1}xy\mathrm{d}\sigma+\iint\limits_{D_2}xy\mathrm{d}\sigma$$

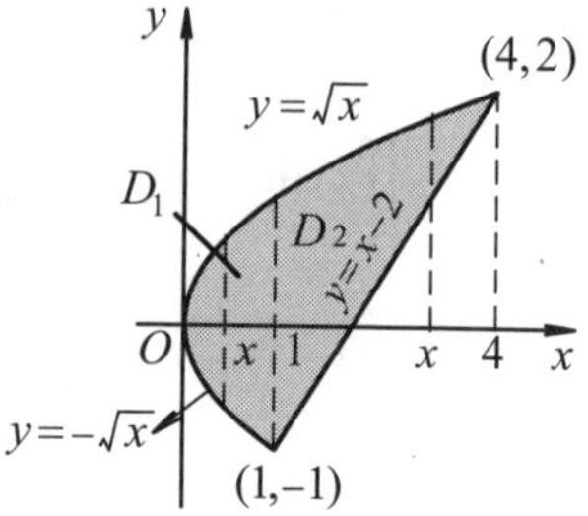

图 6−8−10

$$=\int_0^1\left[\int_{-\sqrt{x}}^{\sqrt{x}}xy\mathrm{d}y\right]\mathrm{d}x+\int_1^4\left[\int_{x-2}^{\sqrt{x}}xy\mathrm{d}y\right]\mathrm{d}x.$$

显然，这里的计算要比前面麻烦. 由此可见，对本题我们应选择先对x再对y的二次积分次序.

合理选择二次积分的次序以简化二重积分的计算是我们常常要考虑的问题，其中，既要考虑积分区域的形状，又要考虑被积函数的特性.

例3 计算$\iint\limits_D \mathrm{e}^{y^2}\mathrm{d}x\mathrm{d}y$，其中$D$由$y=x$，$y=1$及$y$轴围成.

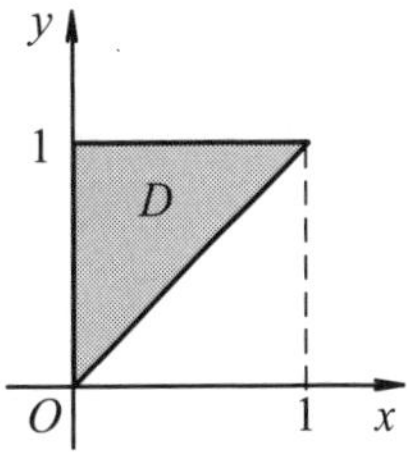

图 6-8-11

解 画出积分区域D的图形(见图6-8-11). 如果将D视为X-型区域，则D的积分限为$0\le x\le 1$，$x\le y\le 1$，从而

$$\iint\limits_D \mathrm{e}^{y^2}\mathrm{d}x\mathrm{d}y=\int_0^1\mathrm{d}x\int_x^1\mathrm{e}^{y^2}\mathrm{d}y.$$

因为$\int\mathrm{e}^{y^2}\mathrm{d}y$的原函数不能用初等函数表示，所以应选择另一种积分次序. 现将D视为Y-型区域，则区域D的积分限为

$$0\le y\le 1,\ 0\le x\le y.$$

$$\iint\limits_D \mathrm{e}^{y^2}\mathrm{d}x\mathrm{d}y=\int_0^1\mathrm{d}y\int_0^y\mathrm{e}^{y^2}\mathrm{d}x=\int_0^1\mathrm{e}^{y^2}\cdot[x|_0^y]\mathrm{d}y$$

$$=\int_0^1 y\mathrm{e}^{y^2}\mathrm{d}y=\frac{1}{2}\int_0^1\mathrm{e}^{y^2}\mathrm{d}(y^2)=\frac{1}{2}(\mathrm{e}-1).$$ ■

计算实验

注：微信扫描右侧二维码，即可进行计算实验(详见教材配套的网络学习空间).

由此题可见，在将二重积分化为二次积分进行计算的过程中，选取积分顺序时，不但要顾及积分区域，还要顾及被积函数的特征.

例4 计算$\iint\limits_D|y-x^2|\mathrm{d}x\mathrm{d}y$，其中$D$为$-1\le x\le 1$，$0\le y\le 1$.

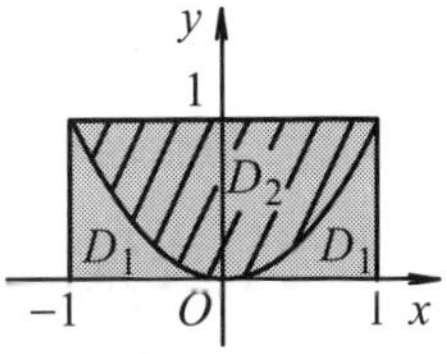

图 6-8-12

解 画出积分区域D的图形(见图6-8-12). 此类含有绝对值的二重积分与一元函数的定积分类似，先要根据区域的特性去掉被积函数中的绝对值号. 这里，区域D可分成D_1和D_2两块X-型区域，在D_1上$y\le x^2$，在D_2上$y\ge x^2$，D_1, D_2的积分限分别为

$$D_1: -1\le x\le 1,\ \ 0\le y\le x^2;$$

$$D_2: -1\le x\le 1,\ \ x^2\le y\le 1.$$

计算实验

于是，根据二重积分的性质，有

$$\iint\limits_D|y-x^2|\mathrm{d}x\mathrm{d}y=\iint\limits_{D_1}(x^2-y)\mathrm{d}x\mathrm{d}y+\iint\limits_{D_2}(y-x^2)\mathrm{d}x\mathrm{d}y$$

$$=\int_{-1}^1\mathrm{d}x\int_0^{x^2}(x^2-y)\mathrm{d}y+\int_{-1}^1\mathrm{d}x\int_{x^2}^1(y-x^2)\mathrm{d}y$$

$$=\int_{-1}^{1}\frac{1}{2}x^4\mathrm{d}x+\int_{-1}^{1}\left(\frac{1}{2}-x^2+\frac{1}{2}x^4\right)\mathrm{d}x=\frac{11}{15}.$$ ■

例 5　求两个底圆半径都等于 R 的直交圆柱面所围成的立体的体积.

解　设两个圆柱面的方程分别为

$$x^2+y^2=R^2 \quad 及 \quad x^2+z^2=R^2.$$

利用立体关于坐标平面的对称性，只要计算出它在第 I 卦限部分 (见图6－8－13(a)) 的体积 V_1，然后再乘以 8 即可 (见图6－8－13(b)).

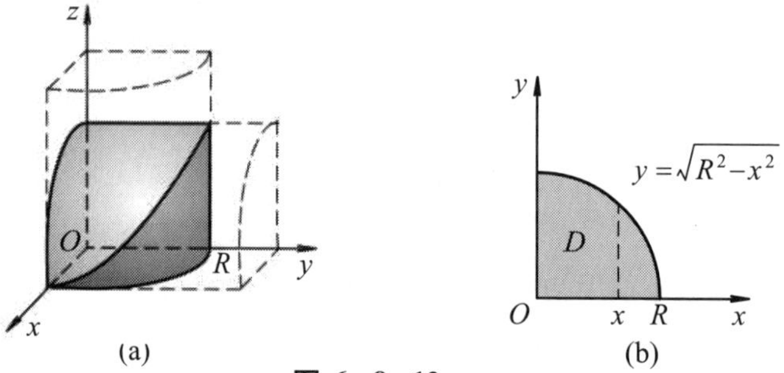

图 6－8－13

易见所求立体在第 I 卦限的部分可以看成一个曲顶柱体，它的底为

$$D=\{(x,y)\,|\,0\le y\le\sqrt{R^2-x^2},\,0\le x\le R\}\ (见图6－8－13(a)),$$

它的顶是柱面 $z=\sqrt{R^2-x^2}$，所以

$$V_1=\iint_D\sqrt{R^2-x^2}\,\mathrm{d}\sigma=\int_0^R\left[\int_0^{\sqrt{R^2-x^2}}\sqrt{R^2-x^2}\,\mathrm{d}y\right]\mathrm{d}x$$

$$=\int_0^R[\sqrt{R^2-x^2}\,y]_0^{\sqrt{R^2-x^2}}\,\mathrm{d}x=\int_0^R(R^2-x^2)\,\mathrm{d}x=\frac{2}{3}R^3.$$

计算实验

从而所求立体的体积为

$$V=8V_1=\frac{16R^3}{3}.$$ ■

注：微信扫描右侧二维码，即可进行计算实验(详见教材配套的网络学习空间).

二、交换二次积分次序的步骤

从前面的几个例子，我们看到，计算二重积分时，合理选择积分次序是比较关键的一步，积分次序选择不当可能会使计算烦琐甚至无法计算出结果. 因此，对于给定的二次积分，交换其积分次序是常见的一种题型.

一般地，交换给定的二次积分的积分次序的步骤为：

(1) 对于给定的二次积分

$$\int_a^b\mathrm{d}x\int_{\varphi_1(x)}^{\varphi_2(x)}f(x,y)\,\mathrm{d}y,$$

先根据其积分限

$$a \le x \le b,\quad \varphi_1(x) \le y \le \varphi_2(x),$$

画出积分区域 D (见图6-8-14).

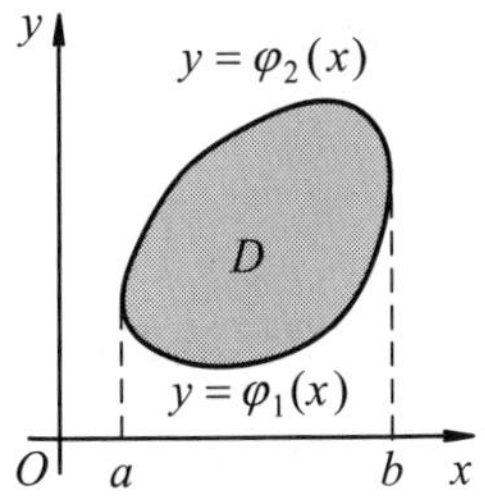

图 6-8-14

(2) 根据积分区域的形状，按新的次序确定积分区域 D 的积分限为

$$c \le y \le d,\quad \psi_1(y) \le x \le \psi_2(y).$$

(3) 写出结果

$$\int_a^b \mathrm{d}x \int_{\varphi_1(x)}^{\varphi_2(x)} f(x, y)\,\mathrm{d}y = \int_c^d \mathrm{d}y \int_{\psi_1(y)}^{\psi_2(y)} f(x, y)\,\mathrm{d}x.$$

例 6　交换二次积分 $\int_0^1 \mathrm{d}x \int_{x^2}^{x} f(x, y)\,\mathrm{d}y$ 的积分次序.

解　题设二次积分的积分限为

$$0 \le x \le 1,\quad x^2 \le y \le x,$$

画出积分区域 D(见图6-8-15). 重新确定积分区域 D 的积分限为

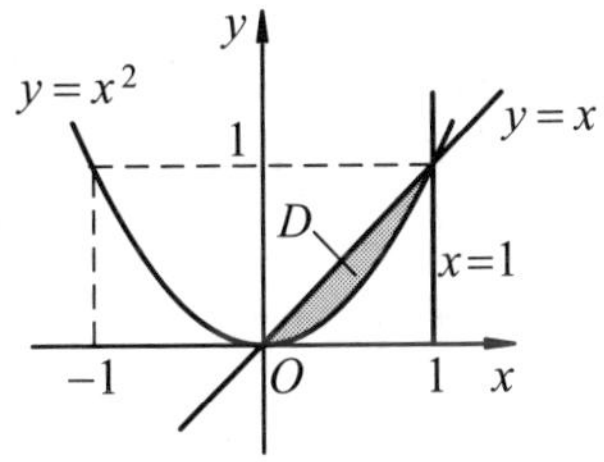

图 6-8-15

$$0 \le y \le 1,\quad y \le x \le \sqrt{y},$$

所以

$$\int_0^1 \mathrm{d}x \int_{x^2}^{x} f(x, y)\,\mathrm{d}y = \int_0^1 \mathrm{d}y \int_y^{\sqrt{y}} f(x, y)\,\mathrm{d}x.$$

■

例 7　证明

$$\int_0^a \mathrm{d}y \int_0^y \mathrm{e}^{b(x-a)} f(x)\,\mathrm{d}x = \int_0^a (a-x)\mathrm{e}^{b(x-a)} f(x)\,\mathrm{d}x,$$

其中 a, b 均为常数，且 $a>0$.

证明　根据等式左端二次积分的积分限

$$0 \le y \le a,\quad 0 \le x \le y,$$

画出积分区域 D 的图形(见图6-8-16), 交换此二次积分的积分次序，重新确定积分区域 D 的积分限为

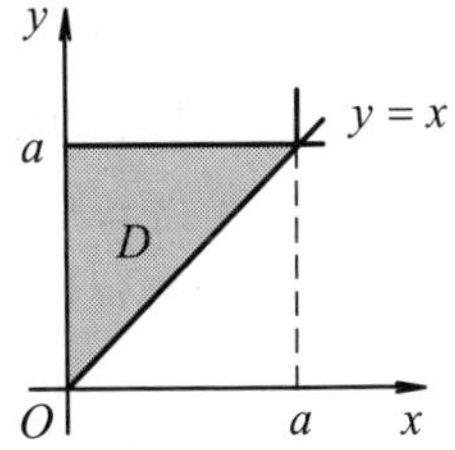

图 6-8-16

$$0 \le x \le a,\quad x \le y \le a.$$

于是得到

$$\int_0^a \mathrm{d}y \int_0^y \mathrm{e}^{b(x-a)} f(x)\,\mathrm{d}x = \int_0^a \mathrm{d}x \int_x^a \mathrm{e}^{b(x-a)} f(x)\,\mathrm{d}y = \int_0^a \left[\mathrm{e}^{b(x-a)} f(x) \int_x^a \mathrm{d}y \right] \mathrm{d}x$$

$$= \int_0^a (a-x)\mathrm{e}^{b(x-a)} f(x)\,\mathrm{d}x.$$

从而证得题设等式.

■

例 8　交换二次积分

$$I = \int_0^1 \mathrm{d}x \int_0^{\sqrt{2x-x^2}} f(x, y)\,\mathrm{d}y + \int_1^2 \mathrm{d}x \int_0^{2-x} f(x, y)\,\mathrm{d}y$$

的积分次序.

解　题设二次积分的积分限为

$$\begin{cases} 0\le x\le 1, & 0\le y\le\sqrt{2x-x^2} \\ 1\le x\le 2, & 0\le y\le 2-x \end{cases},$$

画出积分区域 D (见图6−8−17). 重新确定积分区域 D 的积分限 $0\le y\le 1$, $1-\sqrt{1-y^2}\le x\le 2-y$, 所以

$$I=\int_0^1 dy\int_{1-\sqrt{1-y^2}}^{2-y} f(x,y)\,dx.$$ ■

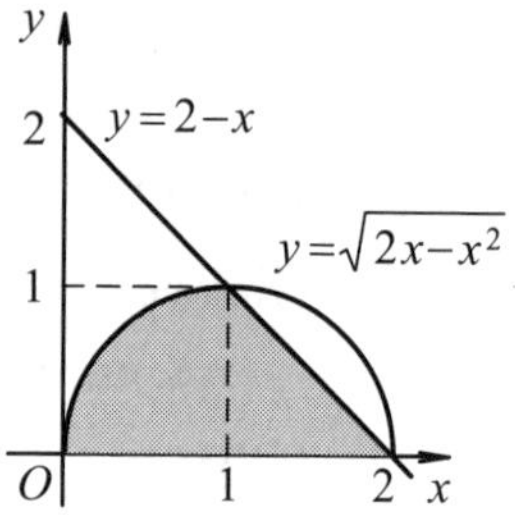

图 6−8−17

三、利用对称性和奇偶性化简二重积分的计算

利用被积函数的奇偶性及积分区域 D 的对称性，常常会大大化简二重积分的计算. 在例5中我们就应用了对称性来解决所给的问题. 与处理关于原点对称的区间的奇(偶)函数的定积分类似，对于二重积分，也要兼顾被积函数 $f(x,y)$ 的奇偶性和积分区域 D 的对称性这两方面. 为应用方便，我们总结如下:

(1) 如果积分区域 D 关于 y 轴对称，则

(i) 当 $f(-x,y)=-f(x,y)$ $((x,y)\in D)$ 时，有

$$\iint_D f(x,y)\,dxdy=0.$$

(ii) 当 $f(-x,y)=f(x,y)$ $((x,y)\in D)$ 时，有

$$\iint_D f(x,y)\,dxdy=2\iint_{D_1} f(x,y)\,dxdy,$$

其中 $D_1=\{(x,y)\,|\,(x,y)\in D,\ x\ge 0\}$.

(2) 如果积分区域 D 关于 x 轴对称，则

(i) 当 $f(x,-y)=-f(x,y)$ $((x,y)\in D)$ 时，有

$$\iint_D f(x,y)\,dxdy=0.$$

(ii) 当 $f(x,-y)=f(x,y)$ $((x,y)\in D)$ 时，有

$$\iint_D f(x,y)\,dxdy=2\iint_{D_2} f(x,y)\,dxdy,$$

其中 $D_2=\{(x,y)\,|\,(x,y)\in D,\ y\ge 0\}$.

例 9　计算 $\iint\limits_D y[1+xf(x^2+y^2)]\,dxdy$, 其中积分区域 D 由曲线 $y=x^2$ 与 $y=1$ 围成.

解　积分区域 D 如图6−8−18所示. 令

$$g(x,y)=xyf(x^2+y^2),$$

因为 D 关于 y 轴对称，且 $g(-x,y)=-g(x,y)$, 所以

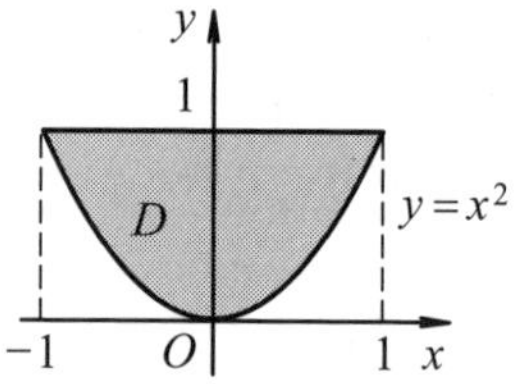

图 6−8−18

$$\iint_D xyf(x^2+y^2)\,\mathrm{d}x\mathrm{d}y=0.$$

从而

$$\iint_D y[1+xf(x^2+y^2)]\,\mathrm{d}x\mathrm{d}y=\iint_D y\mathrm{d}x\mathrm{d}y=\int_{-1}^{1}\mathrm{d}x\int_{x^2}^{1}y\mathrm{d}y$$

$$=\frac{1}{2}\int_{-1}^{1}(1-x^4)\,\mathrm{d}x=\frac{4}{5}.$$

计算实验

■

例10 计算$\iint_D x^2y^2\mathrm{d}x\mathrm{d}y$，其中区域$D$: $|x|+|y|\le 1$.

解 积分区域D如图6–8–19所示，因为D关于x轴和y轴对称，且

$$f(x,y)=x^2y^2$$

关于x或y均为偶函数，所以题设积分等于区域D_1上的积分的4倍，即

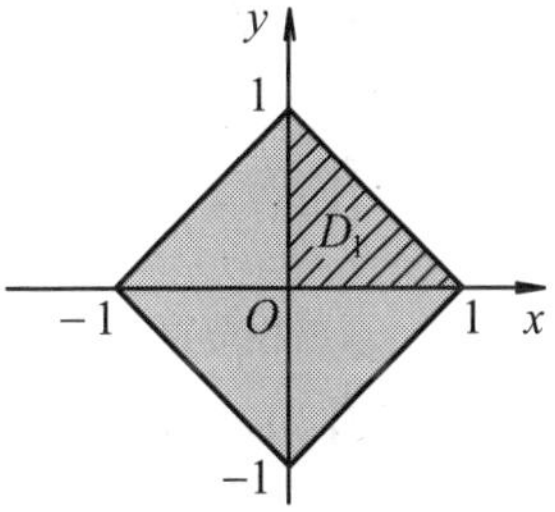

图 6–8–19

$$\iint_D x^2y^2\mathrm{d}x\mathrm{d}y=4\iint_{D_1}x^2y^2\mathrm{d}x\mathrm{d}y$$

$$=4\int_0^1\mathrm{d}x\int_0^{1-x}x^2y^2\mathrm{d}y$$

$$=\frac{4}{3}\int_0^1 x^2(1-x)^3\mathrm{d}x$$

$$=\frac{1}{45}.$$

■

计算实验

注：微信扫描右侧二维码，即可进行计算实验(详见教材配套的网络学习空间).

*数学实验

实验6.14 试用计算软件完成下列各题：

(1) 计算二次积分$\int_0^{\pi/6}\int_0^{\pi/2}(y\sin x-x\sin y)\mathrm{d}y\mathrm{d}x$；

(2) 计算二次积分$\int_0^{\sqrt{\pi}}\int_0^{\sqrt{\pi}}\cos(x^2-y^2)\,\mathrm{d}y\mathrm{d}x$的近似值；

(3) 计算二次积分$\int_0^1\int_0^1\sin(\mathrm{e}^{xy})\mathrm{d}y\mathrm{d}x$的近似值；

(4) 交换积分次序并计算二次积分$\int_0^3\int_{x^2}^9 x\cos(y^2)\,\mathrm{d}y\mathrm{d}x$；

(5) 交换积分次序并计算二次积分$\int_0^2\int_{2y}^4 \mathrm{e}^{x^2}\mathrm{d}x\mathrm{d}y$；

(6) 计算$I=\iint_D\sin\frac{\pi x}{2y}\mathrm{d}\sigma$，其中$D$由曲线$y=\sqrt{x}$，直线$y=x$和$y=2$围成；

(7) 计算$\iint_D\frac{x^3}{y^2}\mathrm{d}x\mathrm{d}y$，其中$D$是由$xy=2$，$y=1+x^2$及$x=2$围成的区域.

计算实验

详见教材配套的网络学习空间.

习题 6-8

1. 计算下列二重积分：

(1) $\iint\limits_D \sin^2 x\sin^2 y\mathrm{d}\sigma$, 其中 D : $0\le x\le\pi$, $0\le y\le\pi$;

(2) $\iint\limits_D (3x+2y)\mathrm{d}\sigma$, 闭区域 D 由坐标轴与 $x+y=2$ 围成；

(3) $\iint\limits_D (x^3+3x^2y+y^3)\mathrm{d}\sigma$, 其中 D : $0\le x\le 1, 0\le y\le 1$;

(4) $\iint\limits_D (x^2-y^2)\mathrm{d}\sigma$, 其中 D : $0\le y\le \sin x$, $0\le x\le\pi$.

2. 画出积分区域，并计算下列二重积分：

(1) $\iint\limits_D \mathrm{e}^{x+y}\mathrm{d}\sigma$, 其中 D : $|x|+|y|\le 1$;

(2) $\iint\limits_D \frac{\sin x}{x}\mathrm{d}\sigma$, 其中 D 是由 $y=x$, $y=\frac{x}{2}$, $x=2$ 围成的区域；

(3) $\iint\limits_D x^2\mathrm{e}^{-y^2}\mathrm{d}x\mathrm{d}y$, 其中 D 是以 (0, 0), (1, 1), (0, 1) 为顶点的三角形闭区域；

(4) $\iint\limits_D \frac{x}{y+1}\mathrm{d}\sigma$, 其中 D 是由 $y=x^2+1$, $y=2x$, $x=0$ 围成的区域 .

3. 改变下列二次积分的积分次序：

(1) $\int_0^1\mathrm{d}y\int_0^y f(x,y)\mathrm{d}x$;

(2) $\int_1^{\mathrm{e}}\mathrm{d}x\int_0^{\ln x} f(x,y)\mathrm{d}y$;

(3) $\int_{-1}^0\mathrm{d}x\int_{x+1}^{\sqrt{1-x^2}} f(x,y)\mathrm{d}y$;

(4) $\int_0^1\mathrm{d}y\int_{1-y}^{1+y^2} f(x,y)\mathrm{d}x$;

(5) $\int_0^1\mathrm{d}x\int_0^x f(x,y)\mathrm{d}y+\int_1^2\mathrm{d}x\int_0^{2-x} f(x,y)\mathrm{d}y$.

4. 设 D 是由不等式 $|x|+|y|\le 1$ 确定的有界闭区域，求二重积分 $\iint\limits_D (|x|+y)\mathrm{d}x\mathrm{d}y$.

5. 求证：$\int_0^1\mathrm{d}y\int_0^{\sqrt{y}}\mathrm{e}^y f(x)\mathrm{d}x=\int_0^1(\mathrm{e}-\mathrm{e}^{x^2})f(x)\mathrm{d}x$.

6. 如果二重积分 $\iint\limits_D f(x,y)\mathrm{d}x\mathrm{d}y$ 的被积函数 $f(x,y)$ 是两个函数 $f_1(x)$ 及 $f_2(y)$ 的乘积，即 $f(x,y)=f_1(x)\cdot f_2(y)$, 积分区域 $D=\{(x,y)|\, a\le x\le b, c\le y\le d\}$, 证明：

$$\iint\limits_D f_1(x)\cdot f_2(y)\mathrm{d}x\mathrm{d}y=\left[\int_a^b f_1(x)\mathrm{d}x\right]\cdot\left[\int_c^d f_2(x)\mathrm{d}x\right].$$

7. 求曲线 $(x-y)^2+x^2=a^2(a>0)$ 所围成的平面图形的面积 .

8. 计算下列曲线所围成的面积：

(1) $y=x^2,\ y=x+2$；　　(2) $y^2=2x+1,\ y^2=-2x+1$.

9. 用二重积分表示由曲面 $z=0, x+y+z=1, x^2+y^2=1$ 所围立体的体积.

10. 计算由四个平面 $x=0, y=0, x=1, y=1$ 围成的柱体被平面 $z=0$ 及 $2x+3y+z=6$ 截得的立体的体积.

11. 求由曲面 $z=x^2+2y^2$ 及 $z=6-2x^2-y^2$ 所围立体的体积.

§6.9 在极坐标系下二重积分的计算

有些二重积分的积分区域 D 的边界曲线用极坐标方程来表示比较简单，如圆形或扇形区域的边界等．此时，如果该积分的被积函数在极坐标系下也有比较简单的形式，则应考虑用极坐标来计算此二重积分．本节我们要讨论在极坐标系下二重积分 $\iint\limits_D f(x,y)\,\mathrm{d}\sigma$ 的计算问题.

假定区域 D 的边界与过极点的射线相交于最多两点，函数 $f(x,y)$ 在 D 上连续．我们采用以极点为中心的一族同心圆：$r=$ 常数，以及从极点出发的一族射线：$\theta=$ 常数，把区域 D 划分成 n 个小闭区域（见图6－9－1），设其中一个典型小闭区域 $\Delta\sigma$（$\Delta\sigma$ 同时也表示该小闭区域的面积）由半径分别为 r 和 $r+\Delta r$ 的同心圆和极角分别为 θ 和 $\theta+\Delta\theta$ 的射线确定，则

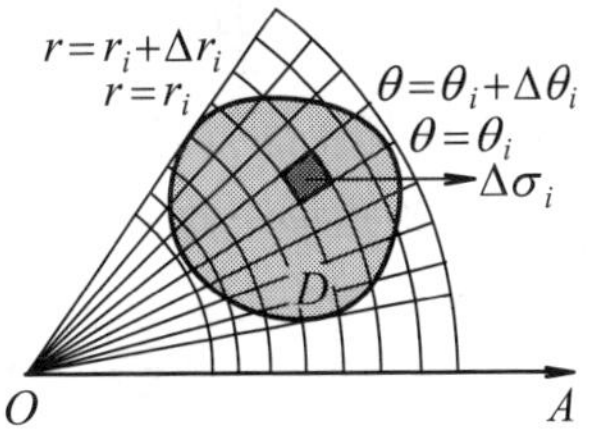

图 6－9－1

$$\Delta\sigma=\frac{1}{2}(r+\Delta r)^2\cdot\Delta\theta-\frac{1}{2}r^2\cdot\Delta\theta$$
$$=\frac{1}{2}(2r+\Delta r)\Delta r\cdot\Delta\theta=\frac{r+(r+\Delta r)}{2}\Delta r\cdot\Delta\theta\approx r\cdot\Delta r\cdot\Delta\theta.$$

于是，根据微元法可得到**极坐标系下的面积微元**

$$\mathrm{d}\sigma=r\mathrm{d}r\mathrm{d}\theta.$$

注意到直角坐标与极坐标之间的转换关系为

$$x=r\cos\theta,\ y=r\sin\theta,$$

从而得到在直角坐标系与极坐标系下二重积分的转换公式为

$$\iint\limits_D f(x,y)\,\mathrm{d}x\mathrm{d}y=\iint\limits_D f(r\cos\theta,\ r\sin\theta)\,r\mathrm{d}r\mathrm{d}\theta. \tag{9.1}$$

极坐标系中的二重积分同样可化为二次积分来计算．现分几种情况来讨论．在下面的讨论中，我们假定所给函数在指定的区间上均为连续的.

(1) 如果积分区域 D 介于两条射线 $\theta=\alpha, \theta=\beta$ 之间，而对于 D 内任一点 (r,θ)，其极径总是介于曲线

$$r=\varphi_1(\theta) \text{ 和 } r=\varphi_2(\theta)$$

之间(见图6−9−2), 则区域D的积分限为

$$\alpha \le \theta \le \beta,\quad \varphi_1(\theta) \le r \le \varphi_2(\theta).$$

于是

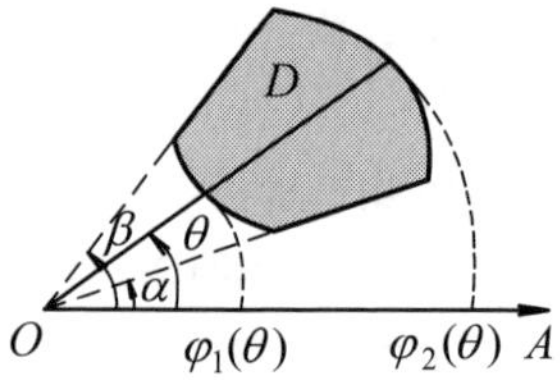

图 6−9−2

$$\iint_D f(x,y)\,\mathrm{d}x\mathrm{d}y=\iint_D f(r\cos\theta, r\sin\theta)\,r\mathrm{d}r\mathrm{d}\theta$$

$$=\int_\alpha^\beta \mathrm{d}\theta\int_{\varphi_1(\theta)}^{\varphi_2(\theta)} f(r\cos\theta, r\sin\theta)\,r\mathrm{d}r. \tag{9.2}$$

具体计算时, 内层积分的上、下限可按如下方式确定: 从极点出发在区间(α,β)上任意作一条极角为θ的射线穿透区域D(见图6−9−2), 则进入点与穿出点的极径$\varphi_1(\theta)$, $\varphi_2(\theta)$就分别为内层积分的下限与上限.

(2) 如果积分区域D是如图6−9−3所示的曲边扇形, 则可以把它看作是第一种情形中$\varphi_1(\theta)=0$, $\varphi_2(\theta)=\varphi(\theta)$时的特例, 此时, 区域$D$的积分限为

$$\alpha \le \theta \le \beta,\quad 0 \le r \le \varphi(\theta).$$

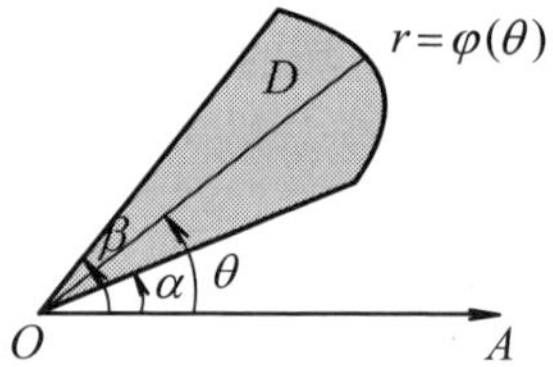

图 6−9−3

于是

$$\iint_D f(x,y)\,\mathrm{d}x\mathrm{d}y=\int_\alpha^\beta \mathrm{d}\theta\int_0^{\varphi(\theta)} f(r\cos\theta, r\sin\theta)\,r\mathrm{d}r. \tag{9.3}$$

(3) 如果积分区域D如图6−9−4所示, 极点位于D的内部, 则可以把它看作是第二种情形中$\alpha=0$, $\beta=2\pi$时的特例, 此时, 区域D的积分限为

$$0 \le \theta \le 2\pi,\quad 0 \le r \le \varphi(\theta).$$

于是

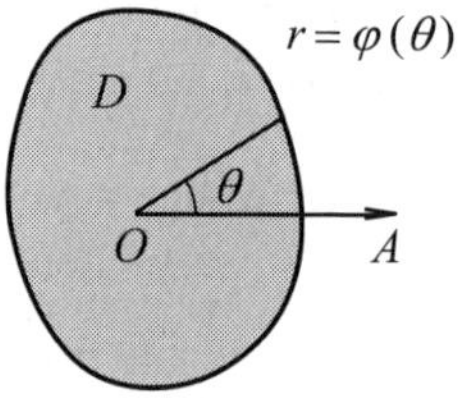

图 6−9−4

$$\iint_D f(x,y)\,\mathrm{d}x\mathrm{d}y$$

$$=\int_0^{2\pi} \mathrm{d}\theta\int_0^{\varphi(\theta)} f(r\cos\theta, r\sin\theta)\,r\mathrm{d}r. \tag{9.4}$$

注: 根据二重积分的性质3, 闭区域D的面积σ在极坐标系下可表示为

$$\sigma=\iint_D \mathrm{d}\sigma=\iint_D r\mathrm{d}r\mathrm{d}\theta. \tag{9.5}$$

如果区域D如图6−9−3所示, 则有

$$\sigma=\iint_D r\mathrm{d}r\mathrm{d}\theta=\int_\alpha^\beta \mathrm{d}\theta\int_0^{\varphi(\theta)} r\mathrm{d}r=\frac{1}{2}\int_\alpha^\beta \varphi^2(\theta)\,\mathrm{d}\theta. \tag{9.6}$$

下面通过具体实例来说明极坐标系下二重积分的计算.

例1　计算$\displaystyle\iint_D \frac{\mathrm{d}x\mathrm{d}y}{1+x^2+y^2}$, 其中$D$是由$x^2+y^2 \le 1$确定的圆域.

解 积分区域 D 如图6–9–5所示，它在极坐标系下的积分限为 $0 \le r \le 1$，$0 \le \theta \le 2\pi$，所以

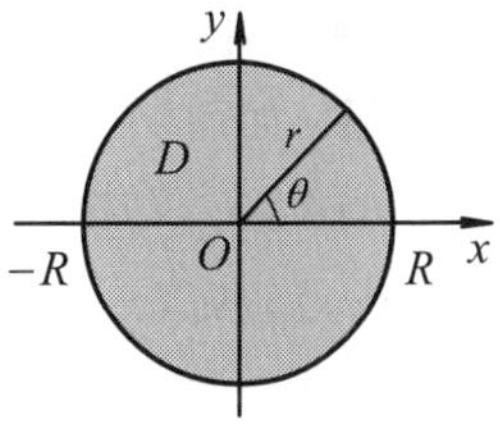

图 6–9–5

计算实验

$$\begin{aligned}\iint_D \frac{\mathrm{d}x\mathrm{d}y}{1+x^2+y^2} &= \int_0^{2\pi}\mathrm{d}\theta\int_0^1 \frac{r\mathrm{d}r}{1+r^2}\\ &= \int_0^{2\pi}\frac{1}{2}[\ln(1+r^2)]\Big|_0^1\mathrm{d}\theta\\ &= \int_0^{2\pi}\frac{1}{2}\ln 2\mathrm{d}\theta\\ &= \frac{1}{2}\ln 2\cdot\theta\Big|_0^{2\pi}\\ &= \pi\ln 2.\end{aligned}$$ ■

例 2 计算 $\iint_D \frac{\sin(\pi\sqrt{x^2+y^2})}{\sqrt{x^2+y^2}}\mathrm{d}x\mathrm{d}y$，其中积分区域 D 是由 $1 \le x^2+y^2 \le 4$ 确定的圆环域．

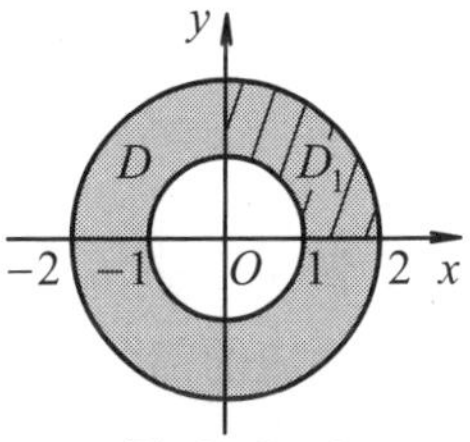

图 6–9–6

解 积分区域 D 如图 6–9–6 所示，因为区域 D 和被积函数均关于原点对称，所以只需计算题设积分在区域 D 位于第一象限的部分 D_1 上的值，再乘以4即可．而在极坐标系下，区域 D_1 的积分限为 $1 \le r \le 2$，$0 \le \theta \le \pi/2$，所以

$$\begin{aligned}\iint_D \frac{\sin(\pi\sqrt{x^2+y^2})}{\sqrt{x^2+y^2}}\mathrm{d}x\mathrm{d}y &= 4\iint_{D_1}\frac{\sin(\pi\sqrt{x^2+y^2})}{\sqrt{x^2+y^2}}\mathrm{d}x\mathrm{d}y\\ &= 4\int_0^{\pi/2}\mathrm{d}\theta\int_1^2\frac{\sin\pi r}{r}r\mathrm{d}r = -4.\end{aligned}$$

计算实验 ■

例 3 计算 $\iint_D \frac{y^2}{x^2}\mathrm{d}x\mathrm{d}y$，其中 D 是由曲线 $x^2+y^2=2x$ 围成的平面区域．

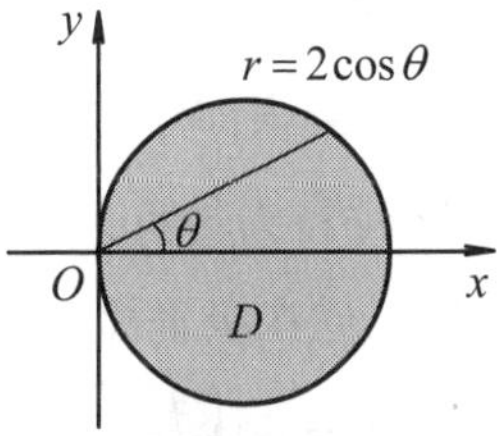

图 6–9–7

解 积分区域 D 如图 6–9–7 所示．其边界曲线的极坐标方程为 $r=2\cos\theta$．于是积分区域 D 的积分限为

$$-\frac{\pi}{2} \le \theta \le \frac{\pi}{2},\ 0 \le r \le 2\cos\theta.$$

所以

$$\begin{aligned}\iint_D \frac{y^2}{x^2}\mathrm{d}x\mathrm{d}y &= \int_{-\pi/2}^{\pi/2}\mathrm{d}\theta\int_0^{2\cos\theta}\frac{\sin^2\theta}{\cos^2\theta}r\mathrm{d}r\\ &= \int_{-\pi/2}^{\pi/2}2\sin^2\theta\mathrm{d}\theta = \pi.\end{aligned}$$ ■

注：微信扫描右侧二维码，即可进行计算实验（详见教材配套的网络学习空间）．

计算实验

例4 求曲线 $(x^2+y^2)^2=2a^2(x^2-y^2)$ 内部满足 $x^2+y^2\geq a^2$ 的区域 D 的面积.

解 如图6−9−8所示，根据区域 D 的对称性知，区域 D 的面积等于区域 D_1 的面积的4倍. 又在极坐标系下圆 $x^2+y^2=a^2$ 的方程为 $r=a$，双纽线 $(x^2+y^2)^2=2a^2(x^2-y^2)$ 的方程为

$$r=a\sqrt{2\cos 2\theta},$$

解方程组

$$\begin{cases} r=a\sqrt{2\cos 2\theta} \\ r=a \end{cases},$$

得交点 $A=(a,\pi/6)$，故所求面积

$$\sigma=\iint\limits_{D} r\mathrm{d}r\mathrm{d}\theta=4\iint\limits_{D_1} r\mathrm{d}r\mathrm{d}\theta$$

$$=4\int_0^{\pi/6}\mathrm{d}\theta\int_a^{a\sqrt{2\cos 2\theta}} r\mathrm{d}r$$

$$=a^2\left(\sqrt{3}-\frac{\pi}{3}\right).$$

■

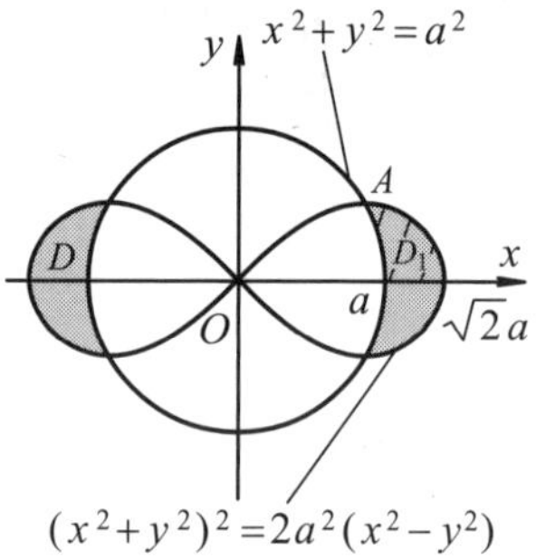

图 6−9−8

计算实验

例5 求球体 $x^2+y^2+z^2\leq 4a^2$ 被圆柱面 $x^2+y^2=2ax\ (a>0)$ 所截得的（含在圆柱面内的部分）立体的体积（见图6−9−9）.

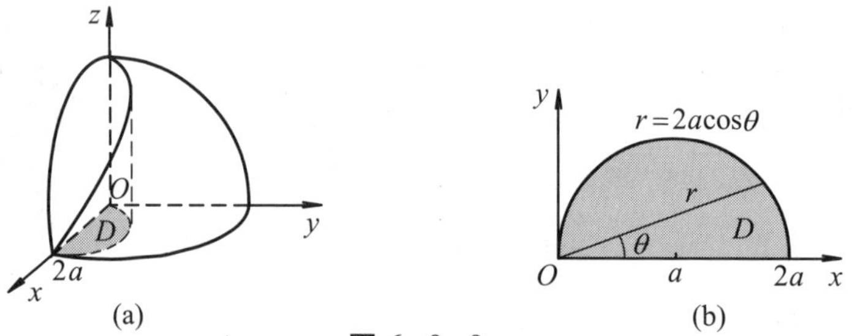

图 6−9−9

解 因为题设立体关于 xOy 面和 xOz 面对称，故所求立体的体积 V 等于该立体在第Ⅰ卦限部分的体积 V_1 的4倍，再注意到 V_1 是以曲面 $z=\sqrt{4a^2-x^2-y^2}$ 为顶、以区域 D 为底的曲顶柱体，其中区域 D 为半圆周 $y=\sqrt{2ax-x^2}$ 及 x 轴所围成的闭区域，它在极坐标系下的积分限为 $0\leq r\leq 2a\cos\theta$，$0\leq\theta\leq\pi/2$. 所以

$$V=4\iint\limits_{D}\sqrt{4a^2-x^2-y^2}\,\mathrm{d}x\mathrm{d}y=4\iint\limits_{D}\sqrt{4a^2-r^2}\,r\mathrm{d}r\mathrm{d}\theta$$

$$=4\int_0^{\pi/2}\mathrm{d}\theta\int_0^{2a\cos\theta}\sqrt{4a^2-r^2}\,r\mathrm{d}r=\frac{32}{3}a^3\int_0^{\pi/2}(1-\sin^3\theta)\mathrm{d}\theta$$

$$=\frac{32}{3}a^3\left(\frac{\pi}{2}-\frac{2}{3}\right).$$

计算实验

■

注：微信扫描右侧二维码，即可进行计算实验（详见教材配套的网络学习空间）.

*数学实验

实验6.15 试用计算软件完成下列各题:

(1) 用极坐标计算二次积分 $\int_0^1\int_x^1 \dfrac{y}{x^2+y^2}\mathrm{d}y\mathrm{d}x$;

(2) 用极坐标计算二次积分 $\int_0^1\int_{-y/3}^{y/3} \dfrac{y}{\sqrt{x^2+y^2}}\mathrm{d}x\mathrm{d}y$;

(3) 计算二重积分 $\iint\limits_D \sin(x^2+y^2)\mathrm{d}x\mathrm{d}y$, 其中 $D: x^2+y^2\le 4,\ x\ge 0,\ y\ge 0$;

计算实验

(4) 计算二重积分 $\iint\limits_D xy\mathrm{e}^{-x^2-y^2}\mathrm{d}\sigma$, 其中区域 D 为 $x^2+y^2\le 1$ 在第一象限的部分;

(5) 计算 $\iint\limits_D (x^2+y^2)\sqrt{a^2-x^2-y^2}\,\mathrm{d}x\mathrm{d}y,\ D: x^2+y^2\le a^2\ (a>0)$;

(6) 计算 $I=\iint\limits_D \dfrac{x+y}{x^2+y^2}\mathrm{d}x\mathrm{d}y,\ D: x^2+y^2\le 1,\ x+y>1$.

详见教材配套的网络学习空间.

习题 6-9

1. 把积分 $\iint\limits_D f(x,y)\mathrm{d}x\mathrm{d}y$ 化为极坐标形式的二次积分, 其中积分区域 D 为:

(1) $x^2+y^2\le 9$; (2) $1\le x^2+y^2\le 4$; (3) $x^2+y^2\le 2x$.

2. 化下列二次积分为极坐标形式的二次积分:

(1) $\int_0^a \mathrm{d}y\int_0^{\sqrt{a^2-y^2}} f(x,y)\mathrm{d}x$; (2) $\int_0^2 \mathrm{d}x\int_x^{\sqrt{3}x} f(x,y)\mathrm{d}y$;

(3) $\int_0^1 \mathrm{d}x\int_{1-x}^{\sqrt{1-x^2}} f(x,y)\mathrm{d}y$.

3. 利用极坐标计算下列二重积分:

(1) $\iint\limits_D \mathrm{e}^{x^2+y^2}\mathrm{d}\sigma$, 其中 D 是由 $x^2+y^2=9$ 围成的闭区域;

(2) $\iint\limits_D (x^2+y^2)\mathrm{d}\sigma$, 其中 D 是由 $x^2+y^2=2ax$ 与 x 轴围成的上半部分的闭区域;

(3) $\iint\limits_D \ln(1+x^2+y^2)\mathrm{d}\sigma$, 其中 D 是由圆周 $x^2+y^2=4$ 及坐标轴围成的在第一象限内的闭区域;

(4) $\iint\limits_D \sin\sqrt{x^2+y^2}\,\mathrm{d}x\mathrm{d}y$, 其中 D 是由 $x^2+y^2=\pi^2,\ x^2+y^2=4\pi^2,\ y=x,\ y=2x$ 围成的在第一象限内的闭区域.

4. 选用适当的坐标计算下列各题：

(1) $\iint\limits_D (x^2+y^2)^{-\frac{1}{2}}\,d\sigma$，其中 D 是由 $y=x^2$ 与 $y=x$ 围成的闭区域；

(2) $\iint\limits_D \frac{x^2}{y^2}\,d\sigma$，其中 D 是由 $x=2$，$y=x$ 及 $xy=1$ 围成的闭区域；

(3) $\iint\limits_D \frac{x+y}{x^2+y^2}\,d\sigma$，其中 D: $x^2+y^2\le 1, x+y\ge 1$；

(4) $\iint\limits_D \sqrt{\frac{1-x^2-y^2}{1+x^2+y^2}}\,d\sigma$，其中 D 是由圆周 $x^2+y^2=1$ 及坐标轴围成的在第一象限内的闭区域；

(5) $\iint\limits_D \frac{d\sigma}{(a^2+x^2+y^2)^{3/2}}$，其中 $D: 0\le x\le a,\ 0\le y\le a$.

5. 求由平面 $y=0$, $y=kx\ (k>0)$, $z=0$ 及球心在圆点、半径为 R 的上半球面围成的在第 Ⅰ 卦限内的立体的体积.

6. 求球体 $x^2+y^2+z^2\le R^2$ 与 $x^2+y^2+z^2\le 2Rz$ 所围公共部分的体积.

总 习 题 六

1. 求函数 $z=\sqrt{(x^2+y^2-a^2)(2a^2-x^2-y^2)}\ (a>0)$ 的定义域.

2. 求下列极限：

(1) $\lim\limits_{\substack{x\to\infty\\ y\to a}}\left(1+\frac{1}{x}\right)^{\frac{x^2}{x+y}}$；　　(2) $\lim\limits_{\substack{x\to\infty\\ y\to\infty}}\frac{x+y}{x^2-xy+y^2}$.

3. 试判断极限 $\lim\limits_{\substack{x\to 0\\ y\to 0}}\frac{x^2y}{x^4+y^2}$ 是否存在.

4. 讨论二元函数 $f(x,y)=\begin{cases}(x+y)\cos\frac{1}{x}, & x\ne 0\\ 0, & x=0\end{cases}$ 在点 $(0,0)$ 处的连续性.

5. 求下列函数的偏导数：

(1) $z=\int_0^{xy} e^{-t^2}dt$；　　(2) $u=\arctan(x-y)^z$.

6. 设 $r=\sqrt{x^2+y^2+z^2}$，试证明 $\frac{\partial^2 r}{\partial x^2}+\frac{\partial^2 r}{\partial y^2}+\frac{\partial^2 r}{\partial z^2}=\frac{2}{r}$.

7. 求 $u(x,y,z)=x^y y^z z^x$ 的全微分.

8. 设 $z=(x^2+y^2)e^{-\arctan\frac{y}{x}}$，求 dz，$\frac{\partial^2 z}{\partial x\partial y}$.

9. 设 $f(x,y)=\begin{cases}\frac{x^2y}{x^2+y^2}, & x^2+y^2\ne 0\\ 0, & x^2+y^2=0\end{cases}$，求 $f_x(x,y)$ 及 $f_y(x,y)$.

10. 设 $f(x,y)=\begin{cases}\dfrac{\sqrt{|xy|}}{x^2+y^2}\sin(x^2+y^2), & \text{当 } x^2+y^2\neq 0\\ 0, & \text{当 } x^2+y^2=0\end{cases}$，讨论 $f(x,y)$ 在点(0,0)处的可微性.

11. 设 $f(x,y)=\begin{cases}(x^2+y^2)\sin\dfrac{1}{x^2+y^2}, & x^2+y^2\neq 0\\ 0, & x^2+y^2=0\end{cases}$，问在点(0,0)处，

(1) 偏导数是否存在？　(2) 偏导数是否连续？　(3) 是否可微？说明理由.

12. 设 $u=\dfrac{e^{ax}(y-z)}{a^2+1}$，$y=a\sin x$，$z=\cos x$，求 $\dfrac{du}{dx}$.

13. 设 $z=xy+xF(u)$，而 $u=\dfrac{y}{x}$，$F(u)$ 为可导函数，证明 $x\dfrac{\partial z}{\partial x}+y\dfrac{\partial z}{\partial y}=z+xy$.

14. 设 $z=f(2x-y,\ y\sin x)$，其中 $f(u,v)$ 具有二阶连续偏导数，求 $\dfrac{\partial^2 z}{\partial x\partial y}$.

15. 设 $z=f(u,x,y)$，$u=xe^y$，其中 f 具有连续的二阶偏导数，求 $\dfrac{\partial^2 z}{\partial x\partial y}$.

16. 设 $u=\dfrac{x+y}{x-y}$ $(x\neq y)$，求 $\dfrac{\partial^{m+n}u}{\partial x^m\partial y^n}$ (m,n 为自然数).

17. 设 $z=z(x,y)$ 为由方程 $xyz+\sqrt{x^2+y^2+z^2}=\sqrt{2}$ 确定的隐函数，求 $\dfrac{\partial z}{\partial x}$ 和 $\dfrac{\partial z}{\partial y}$.

18. 设方程 $F\left(\dfrac{x}{z},\dfrac{y}{z}\right)=0$ 确定了函数 $z=z(x,y)$，求 $\dfrac{\partial z}{\partial x}$，$\dfrac{\partial z}{\partial y}$.

19. 设 z 为由方程 $f(x+y,y+z)=0$ 确定的函数，求 dz，$\dfrac{\partial^2 z}{\partial x^2}$.

20. 设 $z^3-3xyz=a^3$，求 $\dfrac{\partial^2 z}{\partial x\partial y}$.

21. 求函数 $f(x,y)=\ln(1+x^2+y^2)+1-\dfrac{x^3}{15}-\dfrac{y^3}{4}$ 的极值.

22. 设函数 $f(x,y)$ 在点 $O(0,0)$ 及其邻域内连续，且

$$\lim_{\substack{x\to 0\\ y\to 0}}\frac{f(x,y)-f(0,0)}{x^2+1-x\sin y-\cos^2 y}=A<0,$$

讨论 $f(x,y)$ 在点 $O(0,0)$ 处是否有极值. 如果有，是极大值还是极小值？

23. 将正数 a 分成三个正数 x,y,z，使 $f=x^m y^n z^p$ 最大，其中 m,n,p 均为已知数.

24. 某厂家生产的一种产品同时在两个市场销售，售价分别为 p_1 和 p_2，销售量分别为 q_1 和 q_2，需求函数分别为 $q_1=24-0.2p_1$ 和 $q_2=10-0.05p_2$，总成本函数为 $C=35+40(q_1+q_2)$. 试问：厂家如何确定商品在两个市场的售价，才能使获得的总利润最大？最大总利润为多少？

25. 某公司可通过电台及报纸两种方式做销售某种商品的广告. 根据统计资料，销售收入 R（万元）与电台广告费用 x_1（万元）及报纸广告费用 x_2（万元）之间的关系有如下的经验公式：

$$R=15+14x_1+32x_2-8x_1x_2-2x_1^2-10x_2^2.$$

(1) 在广告费用不限的情况下，求最优广告策略；

(2) 若广告费用为1.5 万元，求相应的最优广告策略.

26. 计算下列二重积分:

(1) $\iint\limits_D \frac{x^2}{y^2}\mathrm{d}x\mathrm{d}y$, 其中 D 是由 $xy=2$, $y=1+x^2$ 及 $x=2$ 围成的区域；

(2) $\iint\limits_D 6x^2y^2\mathrm{d}x\mathrm{d}y$, 其中 D 是由 $y=x$, $y=-x$ 及 $y=2-x^2$ 围成的在 x 轴上方的区域；

(3) $\iint\limits_D \frac{y^3}{x}\mathrm{d}\sigma$, 其中 D: $x^2+y^2\le 1,\ 0\le y\le\sqrt{\frac{3}{2}x}$；

(4) $\iint\limits_D \frac{\mathrm{d}\sigma}{\sqrt{2a-x}}\ (a>0)$, 其中 D 是由圆心在点 (a,a)、半径为 a 且与坐标轴相切的圆周的较短一段弧和坐标轴围成的区域.

27. 改变下列二次积分的积分次序:

(1) $\int_0^{2\pi}\mathrm{d}x\int_0^{\sin x}f(x,y)\mathrm{d}y$；

(2) $\int_0^{2a}\mathrm{d}x\int_{\sqrt{2ax-x^2}}^{\sqrt{2ax}}f(x,y)\mathrm{d}y\ (a>0)$.

28. 计算下列二次积分:

(1) $\int_0^1\mathrm{d}x\int_x^{\sqrt{x}}\frac{\sin y}{y}\mathrm{d}y$；

(2) $\int_{\frac{1}{4}}^{\frac{1}{2}}\mathrm{d}y\int_{\frac{1}{2}}^{\sqrt{y}}\mathrm{e}^{\frac{y}{x}}\mathrm{d}x+\int_{\frac{1}{2}}^{1}\mathrm{d}y\int_{y}^{\sqrt{y}}\mathrm{e}^{\frac{y}{x}}\mathrm{d}x$.

29. 设 $f(x)$ 在 $[0,1]$ 上连续, 并设 $\int_0^1 f(x)\mathrm{d}x=A$, 求 $\int_0^1\mathrm{d}x\int_x^1 f(x)f(y)\mathrm{d}y$.

30. 证明 $\int_a^b\mathrm{d}x\int_a^x(x-y)^{n-2}f(y)\mathrm{d}y=\frac{1}{n-1}\int_a^b(b-y)^{n-1}f(y)\mathrm{d}y$.

31. 设 $f(x)$ 在区间 $[a,b]$ 上连续, 证明:

$$\left[\int_a^b f(x)\mathrm{d}x\right]^2\le(b-a)\int_a^b f^2(x)\mathrm{d}x.$$

32. 计算 $I=\iint\limits_{x^2+y^2\le a^2}(x^2+2\sin x+3y+4)\mathrm{d}\sigma$.

33. 计算 $\iint\limits_D\sqrt{x^2+y^2}\mathrm{d}\sigma$, 其中区域 D 由 $y=x$, $x=a\,(a>0)$ 及 x 轴围成.

34. 计算 $\iint\limits_D xy\mathrm{d}\sigma$, 其中 D 是由曲线 $y=\sqrt{1-x^2}$, $x^2+(y-1)^2=1$ 与 y 轴围成的在右上方的区域.

35. 选用适当的坐标计算下列各题:

(1) $\iint\limits_D(x^2+y^2)\mathrm{d}\sigma$, 其中 D 是由直线 $y=x$, $y=x+a$, $y=a$, $y=3a\ (a>0)$ 围成的闭区域；

(2) $\iint\limits_D(x+y)\mathrm{d}\sigma$, 其中区域 D: $x^2+y^2-2Rx\le 0$;

(3) $\iint\limits_D e^{\frac{y}{x+y}}\,dxdy$，其中$D$是由$x=0$，$y=0$及$x+y=1$围成的平面区域．

36. 计算$I=\iint\limits_D f(x,y)\,d\sigma$，其中$f(x,y)=\begin{cases} e^{-(x+y)}, & x>0, y>0 \\ 0, & 其他 \end{cases}$，$D$由$x+y=a$，$x+y=b$，$y=0$和$y=b+a$围成$(b>a>0)$.

37. 计算$I=\iint\limits_D (|x^2+y^2-2x|)\,dxdy$，其中$D: x^2+y^2\le 4$.

38. 计算$I=\iint\limits_D \sqrt{1-\sin^2(x+y)}\,dxdy$，其中$D$由直线$y=x$，$y=0$，$x=\frac{\pi}{2}$围成．

39. 设$f(x)\in C[a,b]$，$f(x)>0$，证明：$\int_a^b f(x)\,dx\int_a^b \frac{dx}{f(x)}\ge(b-a)^2$.

40. 计算下列曲线所围成的在第一象限的面积：

(1) $y=\sin x$，$y=\cos x$，$x=0$；　　(2) $y=x^2$，$y=4x-x^2$.

数学家简介 [6]

笛卡儿

——近代数学的奠基人

笛卡儿 (Descartes) 是法国数学家、哲学家、物理学家，近代数学的奠基人之一．笛卡儿 1596 年 3 月 31 日生于法国土伦的一个富有的律师家庭，8 岁入读一所著名的教会学校，主要课程是神学和教会的哲学，也学数学．他勤于思考，学习努力，成绩优异．20 岁时，他在普瓦捷大学获法学学位．之后去巴黎当了律师．出于对数学的兴趣，他独自研究了两年数学．17 世纪初的欧洲处于教会势力的控制下，但科学的发展已经开始显示出一些和宗教教义离经叛道的倾向．于是，笛卡儿和其他一些不满法兰西政治状态的青年人一起去荷兰从军，体验军旅生活．

笛卡儿

说起笛卡儿投身数学，多少有一些偶然性．有一次部队开进荷兰南部的一个城市，笛卡儿在街上散步，看见用当地的佛来米语书写的公开征解的几道数学难题．许多人在此招贴前议论纷纷，他旁边一位中年人用法语替他翻译了这几道数学难题的内容．第二天，聪明的笛卡儿兴冲冲地把解答交给了那位中年人．中年人看了笛卡儿的解答十分惊讶．巧妙的解题方法以及准确无误的计算都充分显露了他的数学才华．原来这位中年人就是当时有名的数学家贝克曼教授．笛卡儿以前读过他的著作，但是一直没有机会认识他．从此，笛卡儿在贝克曼的指导下开始了对数学的深入研究．所以有人说，贝克曼“把一个业已离开科学的心灵，带回到正确、完美的成功之路”．1621 年笛卡儿离开军营遍游欧洲各国. 1625 年他回到巴黎从事科学研究工作. 为整合知识、深入研究, 1628 年笛卡儿变卖家产, 定居荷兰潜心著述达 20 年.

几何学曾在古希腊有过较大的发展, 欧几里得、阿基米德、阿波罗尼奥斯都对圆锥曲线做过深入研究. 但古希腊的几何学只是一种静态的几何, 它既没有把曲线看成一种动点的轨迹, 也没有给出它的一般表示方法. 文艺复兴运动以后, 哥白尼的日心说得到了证实, 开普勒发现了行星运动的三大定律, 伽利略又证明了炮弹等抛物体的弹道是抛物线, 这就使几乎被人们忘记的阿波罗尼奥斯曾研究过的圆锥曲线重新引起人们的重视. 人们意识到圆锥曲线不仅仅是依附在圆锥上的静态曲线, 而且是与自然界的物体运动有密切联系的曲线. 要计算行星运行的椭圆轨道、求出炮弹飞行所走过的抛物线, 单纯靠几何方法已无能为力. 古希腊数学家的几何学已不能给出解决这些问题的有效方法. 要想反映这类运动的轨迹及其性质, 就必须从观点到方法都要有一个新的变革, 建立一种在运动观点上的几何学.

古希腊数学过于重视几何学的研究, 却忽视了代数方法. 代数方法在东方 (中国、印度、阿拉伯) 虽有高度发展, 但缺少论证几何学的研究. 后来, 东方高度发展的代数传入欧洲, 特别是文艺复兴运动使欧洲数学在古希腊几何和东方代数的基础上有了巨大的发展.

1619 年, 在多瑙河的军营里, 笛卡儿用大部分时间思考着他在数学中的新想法: 以上帝为中心的经院哲学, 既缺乏可靠的知识, 又缺乏令人信服的推理方法, 只有严密的数学才是认识事物的有力工具. 然而, 他又觉察到, 数学并不是完美无缺的, 几何证明虽然严谨, 但需求助于奇妙的方法, 用起来不方便; 代数虽然有法则、有公式, 便于应用, 但法则和公式又束缚人的想象力. 能不能用代数中的计算过程来代替几何中的证明呢? 要这样做就必须找到一座能连接(或是融合)几何与代数的桥梁 —— 使几何图形数值化. 据史料记载, 这一年的 11 月 10 日的夜晚, 战事平静, 笛卡儿做了一个梦, 梦见一只苍蝇飞动时划出一条美妙的曲线, 然后一个黑点停留在窗纸上, 到窗棂的距离确定了它的位置. 梦醒后, 笛卡儿异常兴奋, 感叹十几年来追求的优越数学居然在梦境中由顿悟而生. 难怪笛卡儿直到后来还向别人说, 他的梦像一把打开宝库的钥匙, 这把钥匙就是坐标几何.

1637 年, 笛卡儿匿名出版了《更好地指导推理和寻求科学真理的方法论》(简称《方法论》) 一书, 该书有三篇附录, 其中一篇题为 "几何学" 的附录公布了作者长期深思熟虑的坐标几何的思想; 实现了用代数研究几何的宏伟梦想. 他用两条互相垂直且交于原点的数轴作为基准, 将平面上的点的位置确定下来, 这就是后人所说的笛卡儿坐标系. 笛卡儿坐标系的建立, 为人们用代数方法研究几何架设了桥梁. 它使几何中的点 P 与一个有序实数对 (x, y) 构成了一一对应关系. 坐标系里点的坐标按某种规则连续变化, 那么, 平面上的曲线就可以用方程来表示. 笛卡儿坐标系的建立, 把并列的代数方法与几何方法统一起来, 从而使传统的数学有了一个新的突破. 作为附录的短文竟成了从常量数学到变量数学的桥梁, 也就是数形结合的典型数学模型. "几何学" 的历史价值正如恩格斯所赞誉的: "数学中的转折点是笛卡儿的变数."

1649 年, 笛卡儿被瑞典年轻女王克里斯蒂娜聘为私人教师, 每天清晨 5 时就赶赴宫廷, 为女王讲授哲学. 素有晚起习惯的笛卡儿, 又遇到瑞典几十年少有的严寒, 不久便得了肺炎. 1650 年 2 月 11 日, 这位年仅 54 岁、终生未婚的科学家病逝于瑞典斯德哥尔摩. 由于教会的阻止, 仅有几个友人为其送葬. 他的著作在他死后也被列入梵蒂冈教皇颁布的禁书目录. 但是, 他的思想的传播并未因此而受阻, 笛卡儿成为 17 世纪及其后的欧洲哲学界和科学界最有影响的巨匠之一. 法国大革命之后, 笛卡儿的骨灰和遗物被送进法国历史博物馆. 1819 年, 其骨灰被移入圣日耳曼圣心堂中. 他的墓碑上镌刻着:

笛卡儿, 欧洲文艺复兴以来,

第一个为争取和捍卫理性权利而奋斗的人.

第7章 无穷级数

正如有限中包含着无穷级数，而无限中呈现极限一样，无限之灵魂居于细微之处，而最紧密地趋近极限却并无止境．区分无穷大之中的细节令人喜悦！小中见大，多么伟大的神力．

—— 雅各布·伯努利[①]

历史上，无穷级数的求和问题曾困扰数学家长达几个世纪．有时一个无穷级数的和是一个数，如

$$\frac{1}{2}+\frac{1}{4}+\frac{1}{8}+\frac{1}{16}+\cdots=1,$$

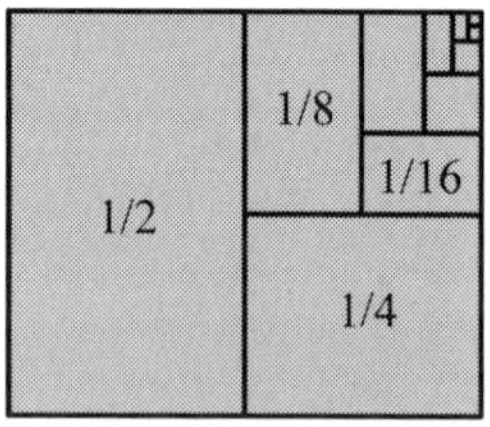

我们可以从右图看出这一事实．有时一个无穷级数的和为无穷大，如

$$1+\frac{1}{2}+\frac{1}{3}+\frac{1}{4}+\frac{1}{5}+\cdots=\infty,$$

这个事实我们将在§7.1的例8中加以证明．有时一个无穷级数的和没有确定的结果，如

$$1-1+1-1+1-1+\cdots,$$

我们无法确定其结果是0还是1，或是其他结果．

19世纪上半叶，法国数学家柯西建立了严密的无穷级数的理论基础，使得无穷级数成为一个威力强大的数学工具，例如，它使我们能把许多函数表示成无穷多项式，并告诉我们把它截断成有限多项式时带来多少误差．这些无穷多项式(称为幂级数)不仅提供了可微函数的有效的多项式逼近，而且有许多其他的实际应用．它还能使我们将更广泛的具有第一类间断点的函数表示成正弦函数项和余弦函数项的无穷级数，称为傅里叶级数．这种表示形式在科学和工程技术领域中具有非常重要的应用．从以上角度可见，无穷级数在表达函数、研究函数的性质、计算函数值以及求解方程等方面都有着重要的应用．研究无穷级数及其和，可以说是研究数列及其极限的另一种形式，但无论是研究极限的存在性还是计算极限，无穷级数这种形式都显示出了巨大的优越性．

---

① 雅各布·伯努利 (J. Bernoulli, 1654－1705)，瑞士数学家．

§7.1 常数项级数的概念和性质

一、常数项级数的概念

人们认识事物在数量方面的特性往往有一个由近似到精确的过程．例如，在计算半径为R的圆的面积A时，我们就通过圆内接正多边形的面积来逐步逼近圆的面积(见教材配套的网络学习空间)．

一般地，设$u_1, u_2, u_3, \cdots, u_n, \cdots$是一个给定的数列，按照数列$\{u_n\}$下标的大小依次相加，得

$$u_1+u_2+u_3+\cdots+u_n+\cdots.$$

这个表达式称为(**常数项**)**无穷级数**，简称为**级数**，记为$\sum_{n=1}^{\infty}u_n$，即

$$\sum_{n=1}^{\infty}u_n=u_1+u_2+u_3+\cdots+u_n+\cdots, \tag{1.1}$$

式中的每个数称为常数项级数的**项**，其中u_n称为级数(1.1)的**一般项**或**通项**．

无穷级数的定义只是形式上表达了无穷多个数的和．应该怎样理解其意义呢？由于任意有限个数的和是可以完全确定的，因此，我们可以通过考察无穷级数的前n项的和随着n的变化趋势来认识这个级数．

级数(1.1)的前n项的和

$$s_n=u_1+u_2+\cdots+u_n=\sum_{i=1}^{n}u_i \tag{1.2}$$

称为级数(1.1)的前n项的**部分和**．当n依次取$1,2,3,\cdots$时，它们构成一个新的数列$\{s_n\}$，即

$$s_1=u_1,\ s_2=u_1+u_2,\ \cdots,\ s_n=u_1+u_2+\cdots+u_n,\ \cdots.$$

数列$\{s_n\}$称为**部分和数列**．根据数列$\{s_n\}$是否存在极限，我们引入级数(1.1)的收敛与发散的概念．

定义 1 如果级数$\sum_{n=1}^{\infty}u_n$的部分和数列$\{s_n\}$存在极限s，即

$$\lim_{n\to\infty}s_n=s,$$

则称无穷级数$\sum_{n=1}^{\infty}u_n$**收敛**，极限s称为级数$\sum_{n=1}^{\infty}u_n$的**和**，并写成

$$s=u_1+u_2+\cdots+u_n+\cdots;$$

如果$\{s_n\}$没有极限，则称无穷级数$\sum_{n=1}^{\infty}u_n$**发散**．

如果级数$\sum_{n=1}^{\infty}u_n$收敛于s，则部分和$s_n\approx s$，它们之间的差

$$r_n = s - s_n = u_{n+1} + u_{n+2} + \cdots \tag{1.3}$$

称为级数的**余项**．显然有 $\lim\limits_{n\to\infty} r_n = 0$，而 $|r_n|$ 是用 s_n 近似代替 s 所产生的**误差**．

根据上述定义，级数 $\sum\limits_{n=1}^{\infty} u_n$ 与数列 $\{s_n\}$ 同时收敛或同时发散，且在收敛时，有 $\sum\limits_{n=1}^{\infty} u_n = \lim\limits_{n\to\infty} s_n$．而发散的级数没有“和”可言．

例1　讨论级数 $\dfrac{1}{1\cdot 2} + \dfrac{1}{2\cdot 3} + \cdots + \dfrac{1}{n(n+1)} + \cdots$ 的敛散性．

解　由 $u_n = \dfrac{1}{n(n+1)} = \dfrac{1}{n} - \dfrac{1}{n+1}$，得

$$s_n = \frac{1}{1\cdot 2} + \frac{1}{2\cdot 3} + \cdots + \frac{1}{n(n+1)}$$

$$= \left(1-\frac{1}{2}\right) + \left(\frac{1}{2}-\frac{1}{3}\right) + \cdots + \left(\frac{1}{n}-\frac{1}{n+1}\right) = 1 - \frac{1}{n+1}.$$

计算实验

所以

$$\lim_{n\to\infty} s_n = \lim_{n\to\infty}\left(1-\frac{1}{n+1}\right) = 1,$$

即题设级数收敛，其和为1．■

注：微信扫描右侧二维码，即可进行计算实验(详见教材配套的网络学习空间)．

例2　证明级数 $1+2+3+\cdots+n+\cdots$ 是发散的．

证明　题设级数的部分和为

$$s_n = 1+2+3+\cdots+n = \frac{n(n+1)}{2},$$

显然，$\lim\limits_{n\to\infty} s_n = \infty$，因此题设级数发散．■

例3　讨论**等比级数**(又称为**几何级数**)

$$\sum_{n=0}^{\infty} aq^n = a + aq + aq^2 + \cdots + aq^n + \cdots \quad (a \neq 0)$$

的敛散性．

解　当 $q \neq 1$ 时，有

$$s_n = a + aq + aq^2 + \cdots + aq^{n-1} = \frac{a(1-q^n)}{1-q}.$$

如果 $|q|<1$，有 $\lim\limits_{n\to\infty} q^n = 0$，则

$$\lim_{n\to\infty} s_n = \lim_{n\to\infty} \frac{a(1-q^n)}{1-q} = \frac{a}{1-q}.$$

如果 $|q|>1$，有 $\lim\limits_{n\to\infty} q^n = \infty$，则 $\lim\limits_{n\to\infty} s_n = \infty$．

如果 $q=1$，有 $s_n=na$，则 $\lim\limits_{n\to\infty} s_n=\infty$.

如果 $q=-1$，则级数变为

$$s_n=\underbrace{a-a+a-a+\cdots+(-1)^{n-1}a}_{n个}=\frac{1}{2}a[1-(-1)^n].$$

易见 $\lim\limits_{n\to\infty} s_n$ 不存在.

综上所述得到：当 $|q|<1$ 时，等比级数收敛，且

$$a+aq+aq^2+\cdots+aq^n+\cdots=\frac{a}{1-q}. \qquad ■ (1.4)$$

注：几何级数是收敛级数中最著名的一个级数. 阿贝尔①曾经指出："除了几何级数外，数学中不存在任何一种它的和已被严格确定的无穷级数". 几何级数在判断无穷级数的敛散性、求无穷级数的和以及将一个函数展开为无穷级数等方面都有广泛而重要的应用.

例 4 一个球从 a 米高下落到地平面上. 球每次落下距离 h 后碰到地平面再弹起的距离为 rh，其中 r 是小于 1 的正数. 求这个球上下的总距离(参见图 7-1-1).

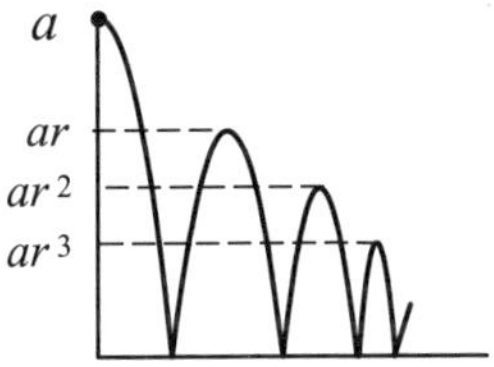

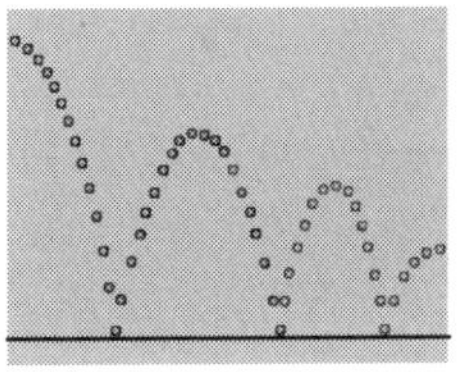

图 7-1-1

解 总距离是

$$s=a+2ar+2ar^2+2ar^3+\cdots=a+\frac{2ar}{1-r}=\frac{a(1+r)}{1-r}.$$

若 $a=6$，$r=2/3$，则总距离是

$$s=\frac{a(1+r)}{1-r}=\frac{6(1+2/3)}{1-2/3}=30\,(米). \qquad ■$$

例 5 把循环小数 5.232 323 ⋯ 表示成两个整数之比.

解

$$\begin{aligned}5.232\,323\cdots&=5+\frac{23}{100}+\frac{23}{100^2}+\frac{23}{100^3}+\cdots\\&=5+\frac{23}{100}\left(1+\frac{1}{100}+\frac{1}{100^2}+\cdots\right)\\&=5+\frac{23}{100}\cdot\frac{1}{0.99}=\frac{518}{99}.\end{aligned} \qquad ■$$

① 阿贝尔(N.H. Abel, 1802—1829)，挪威数学家.

二、收敛级数的基本性质

由于对无穷级数敛散性的讨论可以转化为对其部分和数列的敛散性的讨论，因此，根据收敛数列的基本性质可得到下列关于收敛级数的基本性质.

性质1 如果级数 $\sum_{n=1}^{\infty} u_n$，$\sum_{n=1}^{\infty} v_n$ 分别收敛于和 A, B, 则对于任意常数 α, β, 级数 $\sum_{n=1}^{\infty}(\alpha u_n+\beta v_n)$ 均收敛，且

$$\sum_{n=1}^{\infty}(\alpha u_n+\beta v_n)=\alpha A+\beta B. \tag{1.5}$$

证明 设级数 $\sum_{n=1}^{\infty} u_n$，$\sum_{n=1}^{\infty} v_n$ 及 $\sum_{n=1}^{\infty}(\alpha u_n+\beta v_n)$ 的部分和分别为 A_n, B_n 及 s_n，则

$$\begin{aligned}s_n&=(\alpha u_1+\beta v_1)+(\alpha u_2+\beta v_2)+\cdots+(\alpha u_n+\beta v_n)\\&=\alpha(u_1+u_2+\cdots+u_n)+\beta(v_1+v_2+\cdots+v_n)=\alpha A_n+\beta B_n.\end{aligned}$$

于是

$$\lim_{n\to\infty} s_n=\lim_{n\to\infty}(\alpha A_n+\beta B_n)=\alpha A+\beta B=\alpha\sum_{n=1}^{\infty}u_n+\beta\sum_{n=1}^{\infty}v_n.$$

因此 $\sum_{n=1}^{\infty}(\alpha u_n+\beta v_n)$ 收敛，且

$$\sum_{n=1}^{\infty}(\alpha u_n+\beta v_n)=\alpha\sum_{n=1}^{\infty}u_n+\beta\sum_{n=1}^{\infty}v_n=\alpha A+\beta B.$$ ■

例6 证明 $\sum_{n=1}^{\infty}\left(\frac{1}{n}-\frac{1}{2^n}\right)$ 发散.

证明 假设 $\sum_{n=1}^{\infty}\left(\frac{1}{n}-\frac{1}{2^n}\right)$ 收敛，又因为 $\sum_{n=1}^{\infty}\frac{1}{2^n}$ 收敛，所以，由性质1知

$$\sum_{n=1}^{\infty}\left(\left(\frac{1}{n}-\frac{1}{2^n}\right)+\frac{1}{2^n}\right)=\sum_{n=1}^{\infty}\frac{1}{n}$$

收敛，这与 $\sum_{n=1}^{\infty}\frac{1}{n}$ 发散矛盾，故 $\sum_{n=1}^{\infty}\left(\frac{1}{n}-\frac{1}{2^n}\right)$ 发散. ■

性质2 在级数中去掉、加上或改变有限项，不会改变级数的敛散性.

证明 这里只证明“改变级数的前面有限项不会改变级数的敛散性”，其他两种情况容易由此结果推出.

设有级数

$$\sum_{n=1}^{\infty}u_n=u_1+u_2+\cdots+u_k+u_{k+1}+\cdots+u_n+\cdots. \tag{1.6}$$

若改变它的前 k 个有限项，得到一个新的级数

$$v_1+v_2+\cdots+v_k+u_{k+1}+\cdots+u_n+\cdots. \tag{1.7}$$

设级数(1.6) 的前 n 项和为 A_n，$u_1+u_2+\cdots+u_k=a$，则

$$A_n=a+u_{k+1}+\cdots+u_n.$$

设级数 (1.7) 的前 n 项和为 B_n，$v_1+v_2+\cdots+v_k=b$，则

$$\begin{aligned}B_n&=v_1+v_2+\cdots+v_k+u_{k+1}+\cdots+u_n\\&=u_1+u_2+\cdots+u_k+u_{k+1}+\cdots+u_n-a+b=A_n-a+b.\end{aligned}$$

于是,数列$\{B_n\}$与$\{A_n\}$具有相同的敛散性,即级数(1.6)与(1.7)具有相同的敛散性.■

性质 3 在一个收敛级数中，任意添加括号所得到的新级数仍收敛于原来的和.

证明 设级数 $\sum\limits_{n=1}^{\infty}u_n=s$，其部分和为 s_n. 将此级数的项任意加括号，所得的新级数为

$$(u_1+\cdots+u_{n_1})+(u_{n_1+1}+\cdots+u_{n_2})+\cdots+(u_{n_{k-1}+1}+\cdots+u_{n_k})+\cdots=\sum_{k=1}^{\infty}v_k.$$

设它的前 k 项和为 σ_k，则

$$\sigma_k=(u_1+\cdots+u_{n_1})+(u_{n_1+1}+\cdots+u_{n_2})+\cdots+(u_{n_{k-1}+1}+\cdots+u_{n_k}).$$

于是

$$\lim_{k\to\infty}\sigma_k=\lim_{k\to\infty}s_{n_k}=s.$$

所以 $\sum\limits_{k=1}^{\infty}v_k$ 收敛，且 $\sum\limits_{k=1}^{\infty}v_k=s$. ■

注： 性质 3 成立的前提是级数收敛，否则结论不成立. 如级数

$$\sum_{k=1}^{\infty}(-1)^{n-1}=1-1+1-1+\cdots+(-1)^{n-1}+\cdots$$

是发散的, 加括号后所得到的级数

$$(1-1)+(1-1)+\cdots+(1-1)+\cdots$$

是收敛的.

推论 1 如果加括号后所成的级数发散，则原来的级数也发散.

例 7 求级数 $\sum\limits_{n=1}^{\infty}\left(\dfrac{1}{2^n}+\dfrac{3}{n(n+1)}\right)$ 的和.

解 由等比级数，知

$$\sum_{n=1}^{\infty}\frac{1}{2^n}=\frac{1/2}{1-1/2}=1.$$

而由例 1 知

$$\sum_{n=1}^{\infty}\frac{1}{n(n+1)}=1,$$

所以

$$\sum_{n=1}^{\infty}\left(\frac{1}{2^n}+\frac{3}{n(n+1)}\right)=\sum_{n=1}^{\infty}\frac{1}{2^n}+\sum_{n=1}^{\infty}\frac{3}{n(n+1)}=4. \qquad ■$$

积分区域图形

注：微信扫描右侧二维码，即可进行计算实验(详见教材配套的网络学习空间).

性质 4 若级数 $\sum\limits_{n=1}^{\infty}u_n$ 收敛，则 $\lim\limits_{n\to\infty}u_n=0$.

证明 设 $\sum\limits_{n=1}^{\infty}u_n=s$，其部分和为 s_n，则由 $u_n=s_n-s_{n-1}$，得

$$\lim_{n\to\infty}u_n=\lim_{n\to\infty}s_n-\lim_{n\to\infty}s_{n-1}=s-s=0. \qquad ■$$

注：由性质 4 知，若级数的一般项不趋于零，则级数发散．例如，

$$\frac{1}{2}+\frac{2}{3}+\frac{3}{4}+\cdots+\frac{n}{n+1}+\cdots,$$

它的一般项 $u_n=\dfrac{n}{n+1}$ 在 $n\to\infty$ 时不趋于零，因此，该级数是发散的.

级数的一般项趋于零只是级数收敛的必要条件.

例 8 证明**调和级数** $1+\dfrac{1}{2}+\dfrac{1}{3}+\cdots+\dfrac{1}{n}+\cdots$ 是发散的.

证明 对题设级数按下列方式加括号：

$$1+\frac{1}{2}+\left(\frac{1}{3}+\frac{1}{4}\right)+\left(\frac{1}{5}+\frac{1}{6}+\frac{1}{7}+\frac{1}{8}\right)+\cdots+\left(\frac{1}{2^m+1}+\frac{1}{2^m+2}+\cdots+\frac{1}{2^{m+1}}\right)+\cdots,$$

即从第三项起，依次按 2 项、2^2 项、2^3 项、…、2^m 项、…加括号，设所得新级数为 $\sum\limits_{m=1}^{\infty}v_m$，则

计算实验

$$v_1=1,\quad v_2=\frac{1}{2},$$

$$v_3=\frac{1}{3}+\frac{1}{4}>\frac{1}{2},\quad v_4=\frac{1}{5}+\frac{1}{6}+\frac{1}{7}+\frac{1}{8}>\frac{1}{2},\quad \cdots,$$

$$v_m=\frac{1}{2^m+1}+\frac{1}{2^m+2}+\cdots+\frac{1}{2^{m+1}}>\underbrace{\frac{1}{2^{m+1}}+\frac{1}{2^{m+1}}+\cdots+\frac{1}{2^{m+1}}}_{2^m\text{个}}=2^m\cdot\frac{1}{2^{m+1}}=\frac{1}{2},\cdots.$$

易见当 $m\to\infty$ 时，v_m 不趋于零，由性质 4 知 $\sum\limits_{m=1}^{\infty}v_m$ 发散，再由性质 3 的推论即知，题设级数发散. ■

注：当 n 越来越大时，调和级数的项变得越来越小，然而，慢慢地 —— 非常慢

地 —— 它的和将增大并超过任何有限值. 调和级数的这种特性使一代又一代数学家困惑并为之着迷. 它的发散性是由法国学者尼古拉·奥雷姆(1323—1382) 在极限概念被完全理解之前约400 年首次证明的. 下面的数字将有助于我们更好地理解此级数. 此级数的前1 000 项相加约为7.485; 前100 万项相加约为14.357; 前10亿项相加约为21; 前10 000 亿项相加约为 28, 等等. 更有学者估计过, 要使调和级数的和等于100, 必须把 10^{43} 项加起来. 如果我们试图在一个很长的纸带上写下此级数, 直到它的和超过100, 即使每个项只占 1mm 长的纸带, 也必须使用 10^{43} mm 长的纸带, 这大约为 10^{25} 光年, 但是宇宙的已知尺寸估计只有 10^{12} 光年. 调和级数的某些特性至今仍未得到解决.

*数学实验

实验7.1 试用计算软件完成下列各题:

(1) 计算级数 $\sum\limits_{n=1}^{\infty}\dfrac{n}{1+n^3}$, 并观察它的部分和序列的变化趋势;

(2) 画出级数 $\sum\limits_{n=1}^{\infty}\dfrac{(-1)^{n-1}}{n}$ 的部分和分布图;

(3) 设 $a_n=\dfrac{10^n}{n!}$, 求 $\sum\limits_{n=1}^{\infty}a_n$.

详见教材配套的网络学习空间.

计算实验

习题 7-1

1. 写出下列级数的前五项:

(1) $\sum\limits_{n=1}^{\infty}\dfrac{1+n}{1+n^2}$; (2) $\sum\limits_{n=1}^{\infty}\dfrac{1\cdot 3\cdot\cdots\cdot(2n-1)}{2\cdot 4\cdot\cdots\cdot 2n}$; (3) $\sum\limits_{n=1}^{\infty}\dfrac{(-1)^{n-1}}{3^n}$; (4) $\sum\limits_{n=1}^{\infty}\dfrac{n!}{n^n}$.

2. 写出下列级数的一般项:

(1) $\dfrac{2}{1}-\dfrac{3}{2}+\dfrac{4}{3}-\dfrac{5}{4}+\dfrac{6}{5}-\dfrac{7}{6}+\cdots$; (2) $-\dfrac{3}{1}+\dfrac{4}{4}-\dfrac{5}{9}+\dfrac{6}{16}-\dfrac{7}{25}+\dfrac{8}{36}-\cdots$;

(3) $\dfrac{\sqrt{x}}{2}+\dfrac{x}{2\cdot 4}+\dfrac{x\sqrt{x}}{2\cdot 4\cdot 6}+\dfrac{x^2}{2\cdot 4\cdot 6\cdot 8}+\cdots$; (4) $\dfrac{a^2}{3}-\dfrac{a^3}{5}+\dfrac{a^4}{7}-\dfrac{a^5}{9}+\cdots$;

(5) $1+\dfrac{1}{2}+3+\dfrac{1}{4}+5+\dfrac{1}{6}+\cdots$; (6) $\dfrac{2}{2}x+\dfrac{2^2}{5}x^2+\dfrac{2^3}{10}x^3+\dfrac{2^4}{17}x^4+\cdots$.

3. 根据级数收敛与发散的定义判定下列级数的敛散性:

(1) $\sum\limits_{n=1}^{\infty}(\sqrt{n+2}-2\sqrt{n+1}+\sqrt{n})$; (2) $\dfrac{1}{1\cdot 6}+\dfrac{1}{6\cdot 11}+\cdots+\dfrac{1}{(5n-4)(5n+1)}+\cdots$.

4. 判定下列级数的敛散性:

(1) $-\dfrac{8}{9}+\dfrac{8^2}{9^2}-\dfrac{8^3}{9^3}+\cdots+(-1)^n\dfrac{8^n}{9^n}+\cdots$; (2) $\dfrac{1}{3}+\dfrac{1}{6}+\dfrac{1}{9}+\dfrac{1}{12}+\cdots+\dfrac{1}{3n}+\cdots$;

(3) $\sum_{n=1}^{\infty}\frac{3n^n}{(1+n)^n}$；　　(4) $\sum_{n=1}^{\infty}n^2\left(1-\cos\frac{1}{n}\right)$；

(5) $\sum_{n=1}^{\infty}\left(\frac{\ln^n 2}{2^n}+\frac{1}{3^n}\right)$；　　(6) $\sum_{n=1}^{\infty}\frac{n^{n+\frac{1}{n}}}{\left(n+\frac{1}{n}\right)^n}$.

5. 求收敛几何级数的和 s 与部分和 s_n 之差 $(s-s_n)$.

6. 求级数 $\sum_{n=1}^{\infty}\frac{1}{n(n+1)(n+2)}$ 的和.

7. 求常数项级数 $\sum_{n=1}^{\infty}\frac{n}{3^n}$ 之和.

8. 设级数 $\sum_{n=1}^{\infty}a_n$ 的前 n 项和为 $s_n=\frac{1}{n+1}+\cdots+\frac{1}{n+n}$，求级数的一般项 a_n 及和 s.

§7.2　正项级数的判别法

一般情况下，利用定义来判别级数的敛散性是很困难的，能否找到更简单有效的判别方法呢？我们先从最简单的一类级数找到突破口，那就是正项级数.

定义 1　若 $u_n\geq 0\ (n=1,2,3,\cdots)$，则称级数 $\sum_{n=1}^{\infty}u_n$ 为**正项级数**. 易知正项级数 $\sum_{n=1}^{\infty}u_n$ 的部分和数列 $\{s_n\}$ 是单调增加数列，即

$$s_1\leq s_2\leq\cdots\leq s_n\leq\cdots,$$

根据数列的单调有界准则知，$\{s_n\}$ 收敛的充分必要条件是 $\{s_n\}$ 有界. 因此得到下述重要定理.

定理 1　正项级数 $\sum_{n=1}^{\infty}u_n$ 收敛的充分必要条件是：它的部分和数列 $\{s_n\}$ 有界.

上述定理的重要性主要并不在于利用它来直接判别正项级数的敛散性，而在于它是证明下面一系列判别法的基础.

定理 2 (比较判别法)　设 $\sum_{n=1}^{\infty}u_n$，$\sum_{n=1}^{\infty}v_n$ 均为正项级数，且 $u_n\leq v_n\ (n=1,2,\cdots)$，则

(1) 当 $\sum_{n=1}^{\infty}v_n$ 收敛时，$\sum_{n=1}^{\infty}u_n$ 收敛；　　(2) 当 $\sum_{n=1}^{\infty}u_n$ 发散时，$\sum_{n=1}^{\infty}v_n$ 发散.

证明　设 $\sum_{n=1}^{\infty}u_n$，$\sum_{n=1}^{\infty}v_n$ 的部分和分别为 A_n，B_n，则有

$$A_n=u_1+u_2+\cdots+u_n\leq v_1+v_2+\cdots+v_n=B_n.$$

(1) 若 $\sum_{n=1}^{\infty}v_n$ 收敛，则其部分和数列 $\{B_n\}$ 有界，从而 $\sum_{n=1}^{\infty}u_n$ 的部分和数列 $\{A_n\}$

有界，故由定理1知 $\sum\limits_{n=1}^{\infty} u_n$ 收敛．

(2) 若 $\sum\limits_{n=1}^{\infty} u_n$ 发散，则 $\sum\limits_{n=1}^{\infty} v_n$ 发散．如若不然，$\sum\limits_{n=1}^{\infty} v_n$ 收敛，则由(1)知 $\sum\limits_{n=1}^{\infty} u_n$ 也收敛，与条件 $\sum\limits_{n=1}^{\infty} u_n$ 发散相矛盾．故 $\sum\limits_{n=1}^{\infty} v_n$ 发散． ■

注: 由级数的每一项同乘不为零的常数 k, 以及去掉级数前面有限项不改变级数的敛散性可知, 定理 2 的条件可减弱为

$$u_n \le C v_n \ (C>0 \text{ 为常数，} n=k,\ k+1,\ \cdots).$$

例1 讨论 $p-$ 级数 $\sum\limits_{n=1}^{\infty} \dfrac{1}{n^p}$ 的敛散性，其中常数 $p>0$.

解 当 $p\le 1$ 时，$\dfrac{1}{n^p} \ge \dfrac{1}{n}$，而调和级数 $\sum\limits_{n=1}^{\infty} \dfrac{1}{n}$ 是发散的，故由比较判别法知，此时 $p-$ 级数是发散的．

当 $p>1$ 时，由 $n-1\le x<n$，有 $\dfrac{1}{n^p}<\dfrac{1}{x^p}$，所以

$$\frac{1}{n^p}=\int_{n-1}^{n}\frac{1}{n^p}\,\mathrm{d}x<\int_{n-1}^{n}\frac{1}{x^p}\,\mathrm{d}x \quad (n=2,\ 3,\ \cdots),$$

从而级数 $\sum\limits_{n=1}^{\infty} \dfrac{1}{n^p}$ 的部分和

$$\begin{aligned} s_n &= 1+\frac{1}{2^p}+\frac{1}{3^p}+\cdots+\frac{1}{n^p}<1+\int_1^2\frac{\mathrm{d}x}{x^p}+\cdots+\int_{n-1}^{n}\frac{\mathrm{d}x}{x^p} \\ &= 1+\int_1^n\frac{\mathrm{d}x}{x^p}=1+\frac{1}{p-1}\left(1-\frac{1}{n^{p-1}}\right)<1+\frac{1}{p-1}, \end{aligned}$$

即部分和数列 $\{s_n\}$ 有界，故此时 $p-$ 级数是收敛的．

综上所述，当 $p>1$ 时，$p-$ 级数收敛；当 $0<p\le 1$ 时，$p-$ 级数发散(见图7–2–1). ■

注: 比较判别法是判别正项级数敛散性的一个重要方法．对于给定的正项级数，如果要用比较判别法来判别其敛散性，则首先要通过观察，找到另一个已知级数与其进行比较，并应用定理 2 进行判断．只有知道一些重要级数的敛散性，并加以灵活应用，才能熟练掌握比较判别法．至今为止，我们熟悉的重要级数包括等比级数、调和级数以及 $p-$ 级数等．

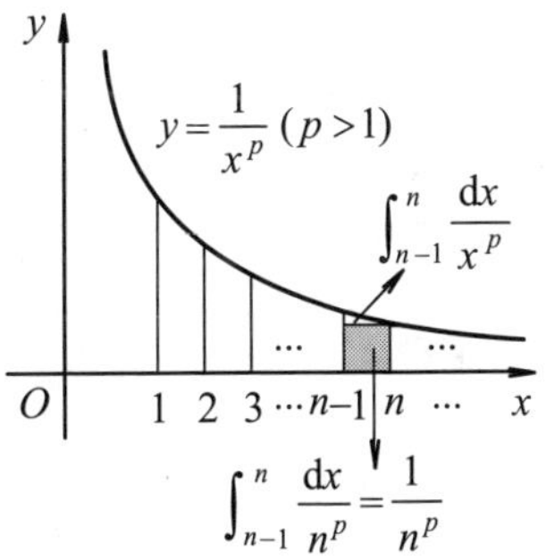

图 7–2–1

例 2 证明级数 $\sum\limits_{n=1}^{\infty}\dfrac{1}{\sqrt{n(n+1)}}$ 是发散的．

证明　因为 $\dfrac{1}{\sqrt{n(n+1)}} > \dfrac{1}{n+1}$，而级数 $\sum\limits_{n=1}^{\infty}\dfrac{1}{n+1}$ 发散，所以，根据比较判别法知，题设级数是发散的．■

例3　判别级数 $\sum\limits_{n=1}^{\infty}\dfrac{2n+1}{(n+1)^2(n+2)^2}$ 的敛散性．

解　因为

$$\frac{2n+1}{(n+1)^2(n+2)^2} < \frac{2n+2}{(n+1)^2(n+2)^2} < \frac{2}{(n+1)^3} < \frac{2}{n^3},$$

计算实验

而级数 $\sum\limits_{n=1}^{\infty}\dfrac{1}{n^3}$ 是收敛的，所以，由比较判别法知，题设级数是收敛的．■

注：收敛级数可求和，借助于计算软件易分别绘出前50项部分和的变化趋势图(见图7－2－2)．从图可见，该级数大约收敛于0.17，事实上，进一步计算知该级数收敛于

$$\frac{27}{4}-\frac{2}{3}\pi^2 \approx 0.170\,264\,.$$

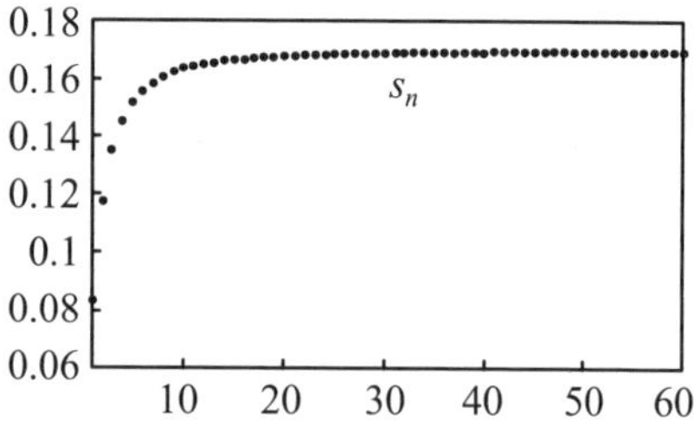

图 7－2－2

例4　设 $a_n \le c_n \le b_n\ (n=1,2,\cdots)$，且 $\sum\limits_{n=1}^{\infty}a_n$ 及 $\sum\limits_{n=1}^{\infty}b_n$ 均收敛，证明级数 $\sum\limits_{n=1}^{\infty}c_n$ 收敛．

证明　按题设条件，有 $0 \le c_n - a_n \le b_n - a_n$，由 $\sum\limits_{n=1}^{\infty}a_n$，$\sum\limits_{n=1}^{\infty}b_n$ 均收敛，知级数 $\sum\limits_{n=1}^{\infty}(b_n-a_n)$ 收敛．由比较判别法知级数 $\sum\limits_{n=1}^{\infty}(c_n-a_n)$ 也收敛．因此级数

$$\sum_{n=1}^{\infty}c_n=\sum_{n=1}^{\infty}[a_n+(c_n-a_n)]$$

收敛．■

要应用比较判别法来判别给定级数的敛散性，就必须给定级数的一般项与某一已知级数的一般项之间的不等式．但有时直接建立这样的不等式相当困难，为应用方便，我们给出比较判别法的极限形式．

定理2′　设 $\sum\limits_{n=1}^{\infty}u_n$ 与 $\sum\limits_{n=1}^{\infty}v_n$ 均为正项级数，且 $\lim\limits_{n\to\infty}\dfrac{u_n}{v_n}=l$．

(1) 当 $0<l<+\infty$ 时，这两个级数有相同的敛散性；

(2) 当 $l=0$ 时，若 $\sum\limits_{n=1}^{\infty}v_n$ 收敛，则 $\sum\limits_{n=1}^{\infty}u_n$ 收敛；

(3) 当 $l=+\infty$ 时，若 $\sum\limits_{n=1}^{\infty} v_n$ 发散，则 $\sum\limits_{n=1}^{\infty} u_n$ 发散.

证明 (1) 由 $\lim\limits_{n\to\infty}\dfrac{u_n}{v_n}=l>0$，对于 $\varepsilon=\dfrac{l}{2}>0$，存在正数 N，当 $n>N$ 时，有

$$\left|\frac{u_n}{v_n}-l\right|<\frac{l}{2}，即\ l-\frac{l}{2}<\frac{u_n}{v_n}<l+\frac{l}{2}，从而\ \frac{l}{2}v_n<u_n<\frac{3l}{2}v_n .$$

所以，由比较判别法知 $\sum\limits_{n=1}^{\infty} u_n$ 与 $\sum\limits_{n=1}^{\infty} v_n$ 有相同的敛散性.

(2) 当 $l=0$ 时，取 $\varepsilon=1$，则存在正数 N，当 $n>N$ 时，有

$$\left|\frac{u_n}{v_n}\right|<1，得\ \frac{u_n}{v_n}<1，即\ u_n<v_n，$$

由比较判别法即可得证.

(3) 当 $l=+\infty$ 时，取 $M=1$，则存在正数 N，当 $n>N$ 时，有 $\dfrac{u_n}{v_n}>1$，即 $u_n>v_n$，由比较判别法即可得证. ■

注：在情形(1)中，当 $0<l<+\infty$ 时，可表述为：若 u_n 与 lv_n 是 $n\to\infty$ 时的等价无穷小，则级数 $\sum\limits_{n=1}^{\infty} u_n$ 与 $\sum\limits_{n=1}^{\infty} v_n$ 有相同的敛散性.

如果将所给级数与 $p-$ 级数作比较，即可得到下列常用结论.

推论 1 设 $\sum\limits_{n=1}^{\infty} u_n$ 为正项级数.

(1) 若 $\lim\limits_{n\to\infty} nu_n=l>0$ 或 $\lim\limits_{n\to\infty} nu_n=+\infty$，则级数 $\sum\limits_{n=1}^{\infty} u_n$ 发散；

(2) 若 $p>1$，而 $\lim\limits_{n\to\infty} n^p u_n$ 存在，则级数 $\sum\limits_{n=1}^{\infty} u_n$ 收敛.

例 5 判定下列级数的敛散性：

(1) $\sum\limits_{n=1}^{\infty}\ln\left(1+\dfrac{1}{n^2}\right)$； (2) $\sum\limits_{n=1}^{\infty}\sqrt{n+1}\left(1-\cos\dfrac{\pi}{n}\right)$.

解 (1) 因为 $\ln\left(1+\dfrac{1}{n^2}\right)\sim\dfrac{1}{n^2}\ (n\to\infty)$，所以

$$\lim_{n\to\infty} n^2 u_n=\lim_{n\to\infty} n^2\ln\left(1+\frac{1}{n^2}\right)=\lim_{n\to\infty} n^2\cdot\frac{1}{n^2}=1,$$

故由上述推论知，题设级数收敛.

计算实验

(2) 因为 $1-\cos\dfrac{\pi}{n}\sim\dfrac{1}{2}\left(\dfrac{\pi}{n}\right)^2\ (n\to\infty)$，而

$$\lim_{n\to\infty} n^{3/2}u_n = \lim_{n\to\infty} n^{3/2}\sqrt{n+1}\left(1-\cos\frac{\pi}{n}\right) = \lim_{n\to\infty} n^2\sqrt{\frac{n+1}{n}}\cdot\frac{1}{2}\left(\frac{\pi}{n}\right)^2 = \frac{1}{2}\pi^2,$$

故由上述推论知，题设级数收敛． ■

注：微信扫描上页二维码，即可进行计算实验（详见教材配套的网络学习空间）．

例 6　判别级数 $\sum_{n=1}^{\infty}\left(\frac{1}{n}-\ln\frac{n+1}{n}\right)$ 的敛散性．

解　令 $u(x)=x-\ln(1+x)>0\ (x>0)$，$v(x)=x^2$，由于

$$\lim_{x\to 0^+}\frac{x-\ln(1+x)}{x^2} = \lim_{x\to 0^+}\frac{1-\frac{1}{1+x}}{2x} = \lim_{x\to 0^+}\frac{1}{2(1+x)} = \frac{1}{2},$$

计算实验

从而

$$\lim_{n\to\infty}\frac{\frac{1}{n}-\ln\left(1+\frac{1}{n}\right)}{\frac{1}{n^2}} = \lim_{n\to\infty} n^2\left(\frac{1}{n}-\ln\frac{n+1}{n}\right) = \frac{1}{2}.$$

由 $p=2>1$ 知，题设级数收敛． ■

注：收敛级数可求和，借助于计算软件易分别绘出前70项部分和的变化趋势图（见图 7－2－3）．从图可见，该级数大约收敛于 0.58，事实上，进一步计算知该级数收敛于近似值 0.577 214 66 ⋯．

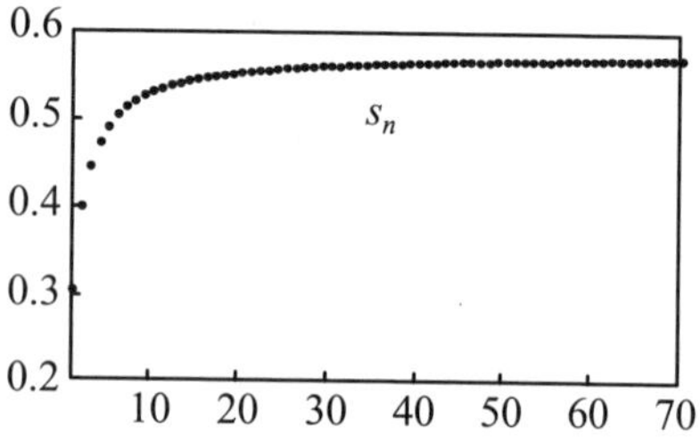

图 7－2－3

使用比较判别法或其极限形式，需要找到一个已知级数做比较，这多少有些困难．下面介绍的几个判别法，可以利用级数自身的特点来判别级数的敛散性．

定理 3（比值判别法或达朗贝尔判别法）　设 $\sum_{n=1}^{\infty}u_n$ 是正项级数，且 $\lim_{n\to\infty}\frac{u_{n+1}}{u_n}=\rho$（或 $+\infty$），则

(1) 当 $\rho<1$ 时，级数收敛；

(2) 当 $\rho>1$（包括 $\rho=+\infty$）时，级数发散；

(3) 当 $\rho=1$ 时，本判别法失效．

证明　当 ρ 为有限数时，对于任意的 $\varepsilon>0$，存在 $N>0$．当 $n>N$ 时，有

$$\left|\frac{u_{n+1}}{u_n}-\rho\right|<\varepsilon,$$

即　$\rho-\varepsilon<\frac{u_{n+1}}{u_n}<\rho+\varepsilon\ (n>N)$．

(1) 当 $\rho<1$ 时，取 $0<\varepsilon<1-\rho$，使 $r=\rho+\varepsilon<1$，则有

$$u_{N+2}<ru_{N+1},\ u_{N+3}<ru_{N+2}<r^2u_{N+1},\ \cdots,$$

$$u_{N+m} < r u_{N+m-1} < r^2 u_{N+m-2} < \cdots < r^{m-1} u_{N+1},\ \cdots,$$

而级数 $\sum\limits_{m=1}^{\infty} r^{m-1} u_{N+1}$ 收敛，由比较判别法知 $\sum\limits_{m=1}^{\infty} u_{N+m} = \sum\limits_{n=N+1}^{\infty} u_n$ 收敛，再由定理 2 及其附注知，级数 $\sum\limits_{n=1}^{\infty} u_n$ 收敛．

(2) 当 $\rho > 1$ 时，取 $0 < \varepsilon < \rho - 1$，使 $r = \rho - \varepsilon > 1$，则当 $n > N$ 时，有 $\dfrac{u_{n+1}}{u_n} > r$，即 $u_{n+1} > r u_n > u_n$，即当 $n > N$ 时，级数 $\sum\limits_{n=1}^{\infty} u_n$ 的一般项逐渐增大，从而 $\lim\limits_{n\to\infty} u_n \neq 0$．根据级数收敛的必要条件知，级数 $\sum\limits_{n=1}^{\infty} u_n$ 发散．

类似地，可以证明当 $\lim\limits_{n\to\infty} \dfrac{u_{n+1}}{u_n} = \infty$ 时，级数 $\sum\limits_{n=1}^{\infty} u_n$ 发散．

(3) 当 $\rho = 1$ 时，比值判别法失效．

例如，对于级数 $\sum\limits_{n=1}^{\infty} \dfrac{1}{n}$ 和 $\sum\limits_{n=1}^{\infty} \dfrac{1}{n^2}$，分别有

$$\lim_{n\to\infty} \frac{\frac{1}{n+1}}{\frac{1}{n}} = \lim_{n\to\infty} \frac{n}{n+1} = 1, \quad \lim_{n\to\infty} \frac{\frac{1}{(n+1)^2}}{\frac{1}{n^2}} = \lim_{n\to\infty} \frac{n^2}{(n+1)^2} = 1,$$

但级数 $\sum\limits_{n=1}^{\infty} \dfrac{1}{n}$ 发散，而级数 $\sum\limits_{n=1}^{\infty} \dfrac{1}{n^2}$ 收敛．因此，如果 $\rho = 1$，就应利用其他判别法进行判断． ■

比值判别法适用于 u_{n+1} 与 u_n 有公因式且 $\lim\limits_{n\to\infty} \dfrac{u_{n+1}}{u_n}$ 存在或等于 $+\infty$ 的情形．

例 7　判别下列级数的敛散性：

(1) $\sum\limits_{n=1}^{\infty} \dfrac{1}{n!}$；　　　(2) $\sum\limits_{n=1}^{\infty} \dfrac{n!}{10^n}$．

解　(1) $u_n = \dfrac{1}{n!}$，由于

$$\frac{u_{n+1}}{u_n} = \frac{\frac{1}{(n+1)!}}{\frac{1}{n!}} = \frac{1}{n+1} \to 0\ (n \to \infty),$$

计算实验

所以级数 $\sum\limits_{n=1}^{\infty} \dfrac{1}{n!}$ 收敛．

(2) $u_n = \dfrac{n!}{10^n}$，由于

$$\frac{u_{n+1}}{u_n}=\frac{(n+1)!}{10^{n+1}}\cdot\frac{10^n}{n!}=\frac{n+1}{10}\to+\infty\ (n\to\infty),$$

所以级数 $\sum\limits_{n=1}^{\infty}\frac{n!}{10^n}$ 发散. ■

注:微信扫描上页二维码,即可进行计算实验(详见教材配套的网络学习空间).

例 8 判别级数 $\sum\limits_{n=1}^{\infty}\frac{n^2}{(2+1/n)^n}$ 的敛散性.

解 由 $\frac{n^2}{(2+1/n)^n}<\frac{n^2}{2^n}$，先判别级数 $\sum\limits_{n=1}^{\infty}\frac{n^2}{2^n}$ 的敛散性. 因

计算实验

$$\lim_{n\to\infty}\frac{u_{n+1}}{u_n}=\lim_{n\to\infty}\frac{(n+1)^2}{2^{n+1}}\cdot\frac{2^n}{n^2}$$

$$=\lim_{n\to\infty}\frac{1}{2}\left(1+\frac{1}{n}\right)^2=\frac{1}{2}<1.$$

根据比值判别法知，级数 $\sum\limits_{n=1}^{\infty}\frac{n^2}{2^n}$ 收敛，再根据比较判别法知，题设级数收敛. ■

注：收敛级数可求和，借助于计算软件易分别绘出前50项部分和的变化趋势图(见图7－2－4). 从图可见，该级数大约收敛于3.8.

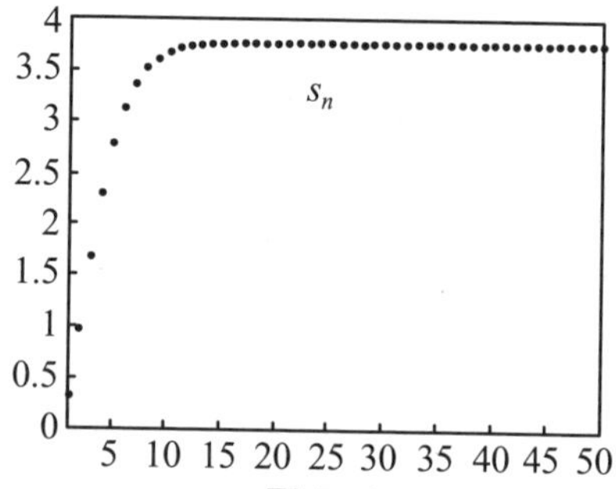

图 7－2－4

定理 4 (根值判别法或柯西判别法) 设 $\sum\limits_{n=1}^{\infty}u_n$ 是正项级数，且 $\lim\limits_{n\to\infty}\sqrt[n]{u_n}=\rho$ (或 $+\infty$)，则

(1) 当 $\rho<1$ 时，级数收敛；

(2) 当 $\rho>1$ (包括 $\rho=+\infty$) 时，级数发散；

(3) 当 $\rho=1$ 时，本判别法失效.

证明 当 ρ 为有限数时，对于任意的 $\varepsilon>0$，存在 $N>0$，当 $n>N$ 时，有

$$\left|\sqrt[n]{u_n}-\rho\right|<\varepsilon,$$

即

$$\rho-\varepsilon<\sqrt[n]{u_n}<\rho+\varepsilon\ \ (n>N).$$

(1) 当 $\rho<1$ 时，取 $0<\varepsilon<1-\rho$，使 $r=\rho+\varepsilon<1$，则当 $n>N$ 时，有

$$\sqrt[n]{u_n}<r,\ \text{即}\ u_n<r^n\ (n>N).$$

因为级数 $\sum\limits_{n=1}^{\infty}r^n$ 收敛，所以由比较判别法知，级数 $\sum\limits_{n=1}^{\infty}u_n$ 收敛.

(2) 当 $\rho>1$ (或 $+\infty$) 时，取 $0<\varepsilon<\rho-1$，使 $r=\rho-\varepsilon>1$，则当 $n>N$ 时，有

$$\sqrt[n]{u_n}>r,\ \text{即}\ u_n>r,$$

即当$n>N$时，级数$\sum\limits_{n=1}^{\infty}u_n$的一般项不趋于零，根据级数收敛的必要条件知，$\sum\limits_{n=1}^{\infty}u_n$发散.

(3) 当 $\rho=1$时，本判别法失效.

例如，对于级数 $\sum\limits_{n=1}^{\infty}\frac{1}{n}$ 和 $\sum\limits_{n=1}^{\infty}\frac{1}{n^2}$，分别有

$$\lim_{n\to\infty}\sqrt[n]{\frac{1}{n}}=1,\quad \lim_{n\to\infty}\sqrt[n]{\frac{1}{n^2}}=1,$$

但级数$\sum\limits_{n=1}^{\infty}\frac{1}{n}$ 发散，而级数 $\sum\limits_{n=1}^{\infty}\frac{1}{n^2}$ 收敛. ■

根值判别法适用于u_n中含有表达式的n次幂且 $\lim\limits_{n\to\infty}\sqrt[n]{u_n}$ 存在或等于$+\infty$的情形.

例 9　判别下列级数的敛散性：

(1) $\sum\limits_{n=1}^{\infty}2^{-n-(-1)^n}$;　　(2) $\sum\limits_{n=1}^{\infty}\left(1-\frac{1}{n}\right)^{n^2}$.

解 (1) 因为

$$\lim_{n\to\infty}\sqrt[n]{u_n}=\lim_{n\to\infty}\sqrt[n]{2^{-n-(-1)^n}}=\lim_{n\to\infty}2^{-1-\frac{(-1)^n}{n}}=\frac{1}{2}<1,$$

计算实验

由根值判别法知题设级数收敛.

(2) 因为

$$\lim_{n\to\infty}\sqrt[n]{u_n}=\lim_{n\to\infty}\sqrt[n]{\left(1-\frac{1}{n}\right)^{n^2}}=\lim_{n\to\infty}\left(1-\frac{1}{n}\right)^n=\frac{1}{\mathrm{e}}<1,$$

由根值判别法知题设级数收敛. ■

注：微信扫描右侧二维码，即可进行计算实验(详见教材配套的网络学习空间).

*数学实验

实验 7.2　试用计算软件判断下列级数的敛散性：

计算实验

(1) $\sum\limits_{n=1}^{\infty}\frac{\ln n}{\sqrt{n^7+n^5+2}}$;　　(2) $\sum\limits_{n=1}^{\infty}n^2\left(\mathrm{e}^{\sin\frac{1}{n^3}}-1\right)$;

(3) $\sum\limits_{n=1}^{\infty}\int_0^{\pi/n}\frac{\sin^3 x}{1+x}\mathrm{d}x$;　　(4) $\sum\limits_{n=1}^{\infty}\frac{2^{n-1}}{n^n}\cos^2\left(\frac{n\pi}{4}\right)$;

(5) $\sum\limits_{n=1}^{\infty}\frac{(4n+1)!}{7^n n^4}$;　　(6) $\sum\limits_{n=1}^{\infty}\frac{n^{n-1}}{(2n^2+n+1)^{\frac{n+1}{2}}}$.

详见教材配套的网络学习空间.

习题 7-2

1. 用比较判别法或其极限形式判别下列级数的敛散性：

(1) $\sum\limits_{n=1}^{\infty}\dfrac{1+n}{1+n^2}$； (2) $\sum\limits_{n=1}^{\infty}\dfrac{1}{n^2+1}$； (3) $\sum\limits_{n=1}^{\infty}\dfrac{1}{(n+1)(n+4)}$；

(4) $\sum\limits_{n=1}^{\infty}\dfrac{1}{n\sqrt{n+1}}$； (5) $\sum\limits_{n=1}^{\infty}\sin\dfrac{\pi}{2^n}$； (6) $\sum\limits_{n=1}^{\infty}\dfrac{1}{na+b}(a>0, b>0)$；

(7) $\sum\limits_{n=1}^{\infty}\dfrac{1}{\sqrt{n}}\sin\dfrac{2}{\sqrt{n}}$； (8) $\sum\limits_{n=1}^{\infty}\dfrac{1}{1+a^n}(a>0)$.

2. 用比值判别法判别下列级数的敛散性：

(1) $\sum\limits_{n=1}^{\infty}\dfrac{3^n}{n\cdot 2^n}$； (2) $\dfrac{1}{2}+\dfrac{3}{2^2}+\dfrac{5}{2^3}+\dfrac{7}{2^4}+\cdots$；

(3) $\sum\limits_{n=1}^{\infty}\dfrac{1}{2^{2n-1}(2n-1)}$； (4) $1+\dfrac{5}{2!}+\dfrac{5^2}{3!}+\dfrac{5^3}{4!}+\cdots$；

(5) $\dfrac{2}{1\cdot 2}+\dfrac{2^2}{2\cdot 3}+\dfrac{2^3}{3\cdot 4}+\dfrac{2^4}{4\cdot 5}+\cdots$； (6) $\sum\limits_{n=1}^{\infty}\dfrac{a^n}{n^k}\ (a>0)$；

(7) $\sum\limits_{n=1}^{\infty}\dfrac{4^n}{5^n-3^n}$； (8) $\sum\limits_{n=1}^{\infty}n\left(\dfrac{3}{5}\right)^n$.

3. 用根值判别法判别下列级数的敛散性：

(1) $\sum\limits_{n=1}^{\infty}\left(\dfrac{n}{2n+1}\right)^n$； (2) $\sum\limits_{n=1}^{\infty}\dfrac{1}{[\ln(n+1)]^n}$； (3) $\sum\limits_{n=1}^{\infty}\left(\dfrac{n}{3n-1}\right)^{2n-1}$；

(4) $\sum\limits_{n=1}^{\infty}\dfrac{3^n}{\left(\dfrac{n+1}{n}\right)^{n^2}}$； (5) $\sum\limits_{n=1}^{\infty}\left(\dfrac{3n^2}{n^2+1}\right)^n$； (6) $\sum\limits_{n=1}^{\infty}\dfrac{3^n}{1+e^n}$.

4. 在下列各题中，由公式定义的级数$\sum\limits_{n=1}^{\infty}a_n$，哪些收敛？哪些发散？对你的回答给出理由.

(1) $a_1=2,\ a_{n+1}=\dfrac{1+\sin n}{n}a_n$； (2) $a_1=\dfrac{1}{3},\ a_{n+1}=\dfrac{3n-1}{2n+5}a_n$； (3) $a_1=\dfrac{1}{3},\ a_{n+1}=\sqrt{a_n}$.

5. 若$\sum\limits_{n=1}^{\infty}a_n^2$及$\sum\limits_{n=1}^{\infty}b_n^2$收敛，证明下列级数也收敛：

(1) $\sum\limits_{n=1}^{\infty}|a_nb_n|$； (2) $\sum\limits_{n=1}^{\infty}(a_n+b_n)^2$； (3) $\sum\limits_{n=1}^{\infty}\dfrac{|a_n|}{n}$.

6. 判别级数$\sum\limits_{n=1}^{\infty}\left(\dfrac{b}{a_n}\right)^n$的敛散性，其中$a_n\to\alpha\ (n\to\infty)$，且$a_n$，$b$，$\alpha$均为正数.

7. 设$u_n>0, v_n>0\ (n=1, 2, \cdots)$，且$\dfrac{u_{n+1}}{u_n}\le\dfrac{v_{n+1}}{v_n}$，证明：若$\sum\limits_{n=1}^{\infty}v_n$收敛，则$\sum\limits_{n=1}^{\infty}u_n$也收敛.

8. 设$\lim\limits_{n\to\infty}n^{\lambda}[\ln(1+n)-\ln n]V_n=3\ (\lambda>0)$，试讨论正项级数$\sum\limits_{n=1}^{\infty}V_n$的敛散性.

§7.3 一般常数项级数

在§7.2中我们讨论了关于正项级数敛散性的判别法，本节我们要进一步讨论一般常数项级数敛散性的判别法．这里所谓的“一般常数项级数”是指级数的各项可以是正数、负数或零．下面先来讨论一种特殊的级数——交错级数，然后再讨论一般常数项级数．

一、交错级数

若 $u_n>0\ (n=1,2,\cdots)$，则称级数 $\sum\limits_{n=1}^{\infty}(-1)^{n-1}u_n$ 为**交错级数**. 对于交错级数，我们有下面的判别法．

定理1(莱布尼茨定理) 若交错级数 $\sum\limits_{n=1}^{\infty}(-1)^{n-1}u_n$ 满足条件：

(1) $u_n \geq u_{n+1}\ (n=1, 2, \cdots)$,

(2) $\lim\limits_{n\to\infty} u_n=0$,

则级数 $\sum\limits_{n=1}^{\infty}(-1)^{n-1}u_n$ 收敛，并且它的和 $s\leq u_1$.

证明 设题设级数的部分和为 s_n，由

$$0\leq s_{2n}=(u_1-u_2)+(u_3-u_4)+\cdots+(u_{2n-1}-u_{2n}),$$

易见数列 $\{s_{2n}\}$ 是单调增加的；又由条件(1)，有

$$s_{2n}=u_1-(u_2-u_3)-\cdots-(u_{2n-2}-u_{2n-1})-u_{2n}\leq u_1,$$

即数列 $\{s_{2n}\}$ 是有界的，故 $\{s_{2n}\}$ 的极限存在．

设 $\lim\limits_{n\to\infty} s_{2n}=s$，由条件(2)，有

$$\lim_{n\to\infty} s_{2n+1}=\lim_{n\to\infty}(s_{2n}+u_{2n+1})=s,$$

所以 $\lim\limits_{n\to\infty} s_n=s$，从而题设级数收敛于和 s，且 $s\leq u_1$. ■

推论1 若交错级数满足莱布尼茨定理的条件，则以部分和 s_n 作为级数和的近似值时，其误差 r_n 不超过 u_{n+1}，即

$$|r_n|=|s-s_n|\leq u_{n+1}.$$

证明 交错级数 $\sum\limits_{n=1}^{\infty}(-1)^{n-1}u_n$ 的余项的绝对值

$$\begin{aligned}|r_n|&=\left|(-1)^n u_{n+1}+(-1)^{n+1}u_{n+2}+\cdots\right|\\&=u_{n+1}-u_{n+2}+u_{n+3}-u_{n+4}+\cdots\leq u_{n+1}.\end{aligned}$$ ■

例1 判断级数 $\sum_{n=1}^{\infty}\frac{(-1)^{n-1}}{n}$ 的敛散性.

解 易见题设级数的一般项为 $(-1)^{n-1}u_n=\frac{(-1)^{n-1}}{n}$，满足

(1) $\frac{1}{n}\ge\frac{1}{n+1}$ $(n=1,2,3,\cdots)$; (2) $\lim\limits_{n\to\infty}\frac{1}{n}=0$.

计算实验

所以级数 $\sum_{n=1}^{\infty}\frac{(-1)^{n-1}}{n}$ 收敛，其和 $s\le1$，用 s_n 近似 s 产生的误差

$$|r_n|\le\frac{1}{n+1}.$$

■

注: 判别交错级数 $\sum_{n=1}^{\infty}(-1)^{n-1}f(n)$（其中 $f(n)>0$）的敛散性时，如果数列 $\{f(n)\}$ 单调减少不容易判断，可通过讨论当 x 充分大时 $f'(x)$ 的符号来判断当 n 充分大时数列 $\{f(n)\}$ 是否单调减少；如果直接求极限 $\lim\limits_{n\to\infty}f(n)$ 有困难，亦可通过求极限 $\lim\limits_{x\to+\infty}f(x)$（假定它存在）来求 $\lim\limits_{n\to\infty}f(n)$.

例2 判断 $\sum_{n=1}^{\infty}(-1)^{n-1}\frac{\ln n}{n}$ 的敛散性.

解 题设级数 $\sum_{n=1}^{\infty}(-1)^{n-1}\frac{\ln n}{n}$ 为交错级数. 令 $f(x)=\frac{\ln x}{x}$ $(x>3)$，则

$$f'(x)=\frac{1-\ln x}{x^2}<0\ (x>3),$$

即 $n>3$ 时，$\left\{\frac{\ln n}{n}\right\}$ 是递减数列，又利用洛必达法则，有

$$\lim_{n\to\infty}\frac{\ln n}{n}=\lim_{x\to+\infty}\frac{\ln x}{x}=\lim_{x\to+\infty}\frac{1}{x}=0,$$

计算实验

故由莱布尼茨定理知该级数收敛. ■

注: 微信扫描右侧二维码，即可进行计算实验（详见教材配套的网络学习空间）.

二、绝对收敛与条件收敛

现在，我们来讨论一般的常数项级数

$$\sum_{n=1}^{\infty}u_n=u_1+u_2+u_3+\cdots+u_n+\cdots, \tag{3.1}$$

其中 u_n 可以是正数、负数或零. 对应于此级数，可以构造一个正项级数

$$\sum_{n=1}^{\infty}|u_n|=|u_1|+|u_2|+|u_3|+\cdots+|u_n|+\cdots, \tag{3.2}$$

称级数 (3.2) 为原级数 (3.1) 的**绝对值级数**.

上述两个级数的敛散性有一定的联系.

定理 2　如果 $\sum\limits_{n=1}^{\infty}|u_n|$ 收敛，则 $\sum\limits_{n=1}^{\infty}u_n$ 收敛.

证明　由于 $0 \le u_n + |u_n| \le 2|u_n|$，且级数 $\sum\limits_{n=1}^{\infty}2|u_n|$ 收敛，故由比较判别法知 $\sum\limits_{n=1}^{\infty}(u_n + |u_n|)$ 收敛，又

$$\sum_{n=1}^{\infty}u_n = \sum_{n=1}^{\infty}[(u_n + |u_n|) - |u_n|],$$

所以级数 $\sum\limits_{n=1}^{\infty}u_n$ 收敛. ■

根据本定理，我们可以将许多一般常数项级数的敛散性判别问题转化为正项级数的敛散性判别问题. 即当一个一般常数项级数所对应的绝对值级数收敛时，这个一般常数项级数必收敛. 对于级数的这种收敛性，我们给出以下定义：

定义 1　设 $\sum\limits_{n=1}^{\infty}u_n$ 为一般常数项级数，则

(1) 当 $\sum\limits_{n=1}^{\infty}|u_n|$ 收敛时，称 $\sum\limits_{n=1}^{\infty}u_n$ **绝对收敛**；

(2) 当 $\sum\limits_{n=1}^{\infty}|u_n|$ 发散，但 $\sum\limits_{n=1}^{\infty}u_n$ 收敛时，称 $\sum\limits_{n=1}^{\infty}u_n$ **条件收敛**.

根据上述定义，对于一般常数项级数，我们应当判别它是绝对收敛、条件收敛，还是发散. 而判断一般常数项级数的绝对收敛性时，我们可以借助于正项级数的判别法来讨论.

例 3　判别级数 $\sum\limits_{n=1}^{\infty}\dfrac{(-1)^{n-1}}{n^p}$ $(p>0)$ 的敛散性.

解　由 $\sum\limits_{n=1}^{\infty}\left|\dfrac{(-1)^{n-1}}{n^p}\right| = \sum\limits_{n=1}^{\infty}\dfrac{1}{n^p}$，易见当 $p>1$ 时，题设级数绝对收敛；当 $0<p\le 1$ 时，由莱布尼茨定理知 $\sum\limits_{n=1}^{\infty}\dfrac{(-1)^{n-1}}{n^p}$ 收敛，但是 $\sum\limits_{n=1}^{\infty}\dfrac{1}{n^p}$ 发散，故题设级数条件收敛. ■

例 4　判别级数 $\sum\limits_{n=1}^{\infty}\dfrac{\sin n}{n^2}$ 的敛散性.

解　因为 $\left|\dfrac{\sin n}{n^2}\right| \le \dfrac{1}{n^2}$，而级数 $\sum\limits_{n=1}^{\infty}\dfrac{1}{n^2}$ 收敛，故级数 $\sum\limits_{n=1}^{\infty}\left|\dfrac{\sin n}{n^2}\right|$ 收敛，从而题设级数绝对收敛. ■

计算实验

例 5 判别级数 $\sum\limits_{n=1}^{\infty}(-1)^n\dfrac{n^{n+1}}{(n+1)!}$ 的敛散性.

解 这是一个交错级数，其一般项为

$$u_n=(-1)^n\frac{n^{n+1}}{(n+1)!}.$$

先判断 $\sum\limits_{n=1}^{\infty}|u_n|$ 是否收敛. 利用比值判别法. 因为

$$\begin{aligned}\lim_{n\to\infty}\frac{|u_{n+1}|}{|u_n|}&=\lim_{n\to\infty}\frac{(n+1)^{n+2}}{[(n+1)+1]!}\cdot\frac{(n+1)!}{n^{n+1}}\\&=\lim_{n\to\infty}\left(\frac{n+1}{n}\right)^n\cdot\frac{(n+1)^2}{n(n+2)}=\lim_{n\to\infty}\left(1+\frac{1}{n}\right)^n=\mathrm{e}>1,\end{aligned}$$

所以级数 $\sum\limits_{n=1}^{\infty}|u_n|$ 发散，亦即题设级数非绝对收敛.

其次，由 $\lim\limits_{n\to\infty}\dfrac{|u_{n+1}|}{|u_n|}>1$ 知，当 n 充分大时，有 $|u_{n+1}|>|u_n|$，故

$$\lim_{n\to\infty}u_n\neq 0,$$

所以题设级数发散. ■

*数学实验

实验 7.3 试用计算软件判断下列级数的敛散性：

(1) $\sum\limits_{n=1}^{\infty}(-1)^n\dfrac{n-1}{n+1}\cdot\dfrac{1}{\sqrt[10]{n}}$；　　(2) $\sum\limits_{n=1}^{\infty}\sin\left(n\pi+\dfrac{1}{n}\right)$；

(3) $\sum\limits_{n=1}^{\infty}(-1)^n\int_n^{n+1}\dfrac{1}{\sqrt{x}}\mathrm{d}x$；　　(4) $\sum\limits_{n=1}^{\infty}\dfrac{(-1)^n}{\ln^2(n+1)}\left(1-\cos\dfrac{1}{\sqrt{n}}\right)$.

计算实验

详见教材配套的网络学习空间.

习题 7-3

1. 判别下列级数的敛散性. 若收敛，是条件收敛还是绝对收敛？

(1) $\sum\limits_{n=1}^{\infty}(-1)^{n-1}\dfrac{1}{\sqrt{n}}$；　　(2) $\sum\limits_{n=1}^{\infty}(-1)^n\dfrac{n}{3^{n-1}}$；

(3) $\sum\limits_{n=1}^{\infty}\dfrac{\sin na}{(n+1)^2}$；　　(4) $\sum\limits_{n=1}^{\infty}\dfrac{(-1)^n}{na^n}\ (a>0)$；

(5) $\dfrac{1}{2}-\dfrac{3}{10}+\dfrac{1}{2^2}-\dfrac{3}{10^2}+\dfrac{1}{2^3}-\dfrac{3}{10^3}+\cdots$；　　(6) $\dfrac{1}{2}+\sum\limits_{n=1}^{\infty}(-1)^{\frac{n(n-1)}{2}}\dfrac{(2n+1)^2}{2^{n+1}}$.

2. 判别级数 $\sum_{n=2}^{\infty}\frac{(-1)^n\sqrt{n}}{n-1}$ 的敛散性.

3. 级数 $\sum_{n=2}^{\infty}\sin\left(n\pi+\frac{1}{\ln n}\right)$ 是绝对收敛、条件收敛，还是发散？

4. 判别级数 $\sum_{n=1}^{\infty}\frac{(-1)^{n-1}}{[n+(-1)^n]^p}\ (p>0)$ 的敛散性.

5. 若 $\sum_{n=1}^{\infty}a_n$ 和 $\sum_{n=1}^{\infty}b_n$ 绝对收敛，证明下列级数也绝对收敛：

(1) $\sum_{n=1}^{\infty}(a_n+b_n)$；　　(2) $\sum_{n=1}^{\infty}(a_n-b_n)$；　　(3) $\sum_{n=1}^{\infty}ka_n$.

§7.4 幂级数

一、函数项级数的一般概念

设 $\{u_n(x)\}$ 是定义在数集 I 上的函数列，表达式

$$u_1(x)+u_2(x)+\cdots+u_n(x)+\cdots=\sum_{n=1}^{\infty}u_n(x) \tag{4.1}$$

称为定义在 I 上的**函数项级数**，而

$$s_n(x)=u_1(x)+u_2(x)+\cdots+u_n(x) \tag{4.2}$$

称为函数项级数 (4.1) 的**部分和**.

对于 $x_0\in I$，如果常数项级数 $\sum_{n=1}^{\infty}u_n(x_0)$ 收敛，即 $\lim_{n\to\infty}s_n(x_0)$ 存在，则称函数项级数 $\sum_{n=1}^{\infty}u_n(x)$ 在点 x_0 处**收敛**，x_0 称为该函数项级数的**收敛点**. 如果 $\lim_{n\to\infty}s_n(x_0)$ 不存在，则称函数项级数 $\sum_{n=1}^{\infty}u_n(x)$ 在点 x_0 处**发散**. 函数项级数 $\sum_{n=1}^{\infty}u_n(x)$ 全体收敛点的集合称为该函数项级数的**收敛域**，而全体发散点的集合称为**发散域**.

设函数项级数 $\sum_{n=1}^{\infty}u_n(x)$ 的收敛域为 D，则对于 D 内的每一点 x，$\lim_{n\to\infty}s_n(x)$ 存在，记 $\lim_{n\to\infty}s_n(x)=s(x)$，它是 x 的函数，称为函数项级数 $\sum_{n=1}^{\infty}u_n(x)$ 的**和函数**，称

$$r_n(x)=s(x)-s_n(x)=u_{n+1}(x)+u_{n+2}(x)+\cdots$$

为函数项级数 $\sum_{n=1}^{\infty}u_n(x)$ 的余项. 对于收敛域上的每一点 x，有

$$\lim_{n\to\infty} r_n(x)=0.$$

根据上述定义可知，函数项级数在某区域的敛散性问题是指函数项级数在该区域内任意一点的敛散性问题，而函数项级数在某点 x 处的敛散性问题实质上是常数项级数的敛散性问题．这样，我们仍可利用常数项级数的敛散性判别法来判断函数项级数的敛散性．

例1 几何级数

$$\sum_{n=0}^{\infty} x^n = 1+x+x^2+x^3+\cdots+x^n+\cdots$$

就是一个函数项级数，根据 §7.1 例 3 的讨论知，当 $|x|<1$ 时，级数收敛；当 $|x|\geq 1$ 时，级数发散．因此，这个级数的收敛域是区间 $(-1,1)$，发散域是 $(-\infty,-1]\cup[1,+\infty)$．在收敛域 $(-1,1)$ 内，有

$$1+x+x^2+x^3+\cdots+x^n+\cdots=\frac{1}{1-x}, \tag{4.3}$$

即级数 $\sum\limits_{n=0}^{\infty} x^n$ 的和函数为 $\dfrac{1}{1-x}$，此结果在许多问题中均有重要应用． ■

二、幂级数及其敛散性

函数项级数中最简单且最常见的一类级数就是各项都是幂函数的函数项级数，即所谓的**幂级数**，它的形式为

$$\sum_{n=0}^{\infty} a_n x^n = a_0+a_1x+a_2x^2+\cdots+a_nx^n+\cdots, \tag{4.4}$$

其中常数 $a_0, a_1, a_2, \cdots, a_n, \cdots$ 称为**幂级数的系数**．例如

$$\sum_{n=0}^{\infty} x^n = 1+x+x^2+x^3+\cdots+x^n+\cdots,$$

$$\sum_{n=0}^{\infty} \frac{x^n}{n!} = 1+x+\frac{x^2}{2!}+\frac{x^3}{3!}+\cdots+\frac{x^n}{n!}+\cdots,$$

都是幂级数．

注：对于形如 $\sum\limits_{n=0}^{\infty} a_n(x-x_0)^n$ 的幂级数，可通过作变量代换 $t=x-x_0$ 转化为 $\sum\limits_{n=0}^{\infty} a_n t^n$ 的形式，所以，以后主要针对形如式 (4.4) 的级数展开讨论．

对于给定的幂级数，它的收敛域是怎样的呢？

显然，当 $x=0$ 时，幂级数 $\sum\limits_{n=0}^{\infty} a_n x^n$ 收敛于 a_0，这说明幂级数的收敛域总是非空的．几何级数 $\sum\limits_{n=0}^{\infty} x^n$ 的收敛域为 $(-1,1)$．这个例子表明，几何级数的收敛域是一个

区间. 事实上，这个结论对于一般的幂级数也是成立的.

定理 1（阿贝尔定理） 如果级数 $\sum_{n=0}^{\infty} a_n x_0^n\ (x_0 \neq 0)$ 收敛，则对于满足不等式 $|x|<|x_0|$ 的一切 x，级数 $\sum_{n=0}^{\infty} a_n x^n$ 绝对收敛；反之，如果级数 $\sum_{n=0}^{\infty} a_n x_0^n$ 发散，则对于满足不等式 $|x|>|x_0|$ 的一切 x，级数 $\sum_{n=0}^{\infty} a_n x^n$ 发散.

证明 (1) 设点 x_0 是收敛点，即 $\sum_{n=0}^{\infty} a_n x_0^n$ 收敛，根据级数收敛的必要条件，有 $\lim_{n\to\infty} a_n x_0^n = 0$，于是，存在常数 M，使得

$$|a_n x_0^n| \leq M \quad (n=0,1,2,\cdots).$$

因为

$$|a_n x^n| = \left| a_n x_0^n \cdot \frac{x^n}{x_0^n} \right| = |a_n x_0^n| \cdot \left| \frac{x}{x_0} \right|^n \leq M \left| \frac{x}{x_0} \right|^n,$$

而当 $\left|\frac{x}{x_0}\right|<1$ 时，等比级数 $\sum_{n=0}^{\infty} M\left|\frac{x}{x_0}\right|^n$ 收敛，所以，根据比较判别法知级数 $\sum_{n=0}^{\infty}|a_n x^n|$ 收敛，即级数 $\sum_{n=0}^{\infty} a_n x^n$ 绝对收敛.

(2) 采用反证法来证明第二部分. 设 $x=x_0$ 时发散，而另有一点 x_1 存在，它满足 $|x_1|>|x_0|$，并使得级数 $\sum_{n=0}^{\infty} a_n x_1^n$ 收敛，则根据 (1) 的结论，当 $x=x_0$ 时级数也应收敛，这与假设矛盾. 从而得证. ■

定理 1 的结论表明，如果幂级数在 $x=x_0\neq 0$ 处收敛，则可断定对于开区间 $(-|x_0|, |x_0|)$ 内的任意 x，幂级数必收敛；若已知幂级数在点 $x=x_1$ 处发散，则可断定对闭区间 $[-|x_1|, |x_1|]$ 外的任意 x，幂级数必发散. 这样，如果幂级数在数轴上既有收敛点(不仅是原点)也有发散点，则从数轴的原点出发沿正向走去，最初只遇到收敛点，越过一个分界点后，就只遇到发散点，这个分界点可能是收敛点，也可能是发散点. 从原点出发沿负向走去的情形也是如此，且两个边界点 P 与 P' 关于原点对称 (见图 7-4-1).

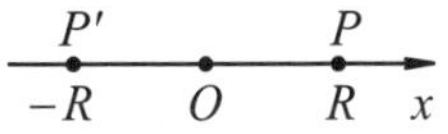

图 7-4-1

根据上述分析，可得到以下重要结论：

推论 1 如果幂级数 $\sum_{n=0}^{\infty} a_n x^n$ 不是仅在 $x=0$ 一点收敛，也不是在整个数轴上都收敛，则必存在一个完全确定的正数 R，使得

(1) 当 $|x|<R$ 时，幂级数绝对收敛；

(2) 当 $|x|>R$ 时，幂级数发散；

(3) 当 $x=R$ 与 $x=-R$ 时，幂级数可能收敛，也可能发散．

上述推论中的正数 R 称为幂级数的**收敛半径**．$(-R,R)$ 称为幂级数的**收敛区间**．若幂级数的收敛域为 D，则

$$(-R,\ R)\subseteq D\subseteq[-R,\ R].$$

所以幂级数的收敛域 D 是收敛区间 $(-R,\ R)$ 与收敛端点的并集．

特别地，如果幂级数只在 $x=0$ 处收敛，则规定收敛半径 $R=0$，收敛域只有一个点 $x=0$；如果幂级数对一切 x 都收敛，则规定收敛半径 $R=+\infty$，此时收敛域为 $(-\infty,\ +\infty)$．

关于幂级数收敛半径的求法，我们有下面的定理．

定理2　设幂级数 $\sum\limits_{n=0}^{\infty}a_n x^n$ 的所有系数 $a_n\neq 0$，如果 $\lim\limits_{n\to\infty}\left|\dfrac{a_{n+1}}{a_n}\right|=\rho$，则

(1) 当 $\rho\neq 0$ 时，此幂级数的收敛半径 $R=\dfrac{1}{\rho}$；

(2) 当 $\rho=0$ 时，此幂级数的收敛半径 $R=+\infty$；

(3) 当 $\rho=+\infty$ 时，此幂级数的收敛半径 $R=0$．

证明　对绝对值级数 $\sum\limits_{n=0}^{\infty}|a_n x^n|$ 应用比值判别法，有

$$\lim_{n\to\infty}\frac{|a_{n+1}x^{n+1}|}{|a_n x^n|}=\lim_{n\to\infty}\frac{|a_{n+1}|}{|a_n|}|x|=\rho|x|.$$

(1) 若 $\lim\limits_{n\to\infty}\left|\dfrac{a_{n+1}}{a_n}\right|=\rho\ (\rho\neq 0)$ 存在，则当 $|x|<\dfrac{1}{\rho}$ 时，题设级数绝对收敛；当 $|x|>\dfrac{1}{\rho}$ 时，级数 $\sum\limits_{n=0}^{\infty}|a_n x^n|$ 发散，且当 n 充分大时，有

$$|a_{n+1}x^{n+1}|>|a_n x^n|,$$

故一般项 $|a_n x^n|$ 不趋于零，从而题设级数发散，即收敛半径 $R=\dfrac{1}{\rho}$．

(2) 若 $\rho=0$，则对任意 $x\neq 0$，有

$$\frac{|a_{n+1}x^{n+1}|}{|a_n x^n|}\to 0\quad(n\to\infty),$$

所以级数 $\sum\limits_{n=0}^{\infty}|a_n x^n|$ 收敛，从而题设级数绝对收敛，即收敛半径 $R=+\infty$．

(3) 若 $\rho=+\infty$，则对任意非零的 x，有

$$\rho|x|=+\infty,$$

所以幂级数 $\sum\limits_{n=0}^{\infty}|a_n x^n|$ 发散．于是 $R=0$．■

注: 根据幂级数的系数形式，有时，我们也可用根值判别法来求收敛半径，此时，有

$$\lim_{n\to\infty}\sqrt[n]{|a_n|}=\rho .$$

在定理 2 中，我们假设幂级数 $\sum_{n=0}^{\infty}a_n x^n$ 的所有系数 $a_n\neq 0$，这样幂级数的各项是依幂次 n 连续的．如果幂级数有缺项，如缺少奇数次幂的项等，则应直接利用比值判别法或根值判别法来判断幂级数的敛散性．

求幂级数 $\sum_{n=0}^{\infty}a_n x^n$ 收敛域的基本步骤：

(1) 求出收敛半径 R；

(2) 判别常数项级数 $\sum_{n=0}^{\infty}a_n R^n$，$\sum_{n=0}^{\infty}a_n(-R)^n$ 的敛散性；

(3) 写出幂级数的收敛域．

例 2 求下列幂级数的收敛域:

(1) $\sum_{n=1}^{\infty}(-1)^n\frac{x^n}{n}$；　(2) $\sum_{n=1}^{\infty}(-nx)^n$；　(3) $\sum_{n=1}^{\infty}\frac{x^n}{n!}$.

计算实验

解 (1) 因为

$$\rho=\lim_{n\to\infty}\left|\frac{a_{n+1}}{a_n}\right|=\lim_{n\to\infty}\frac{\frac{1}{n+1}}{\frac{1}{n}}=\lim_{n\to\infty}\frac{n}{n+1}=1,$$

所以收敛半径 $R=1$.

当 $x=1$ 时，级数成为 $\sum_{n=1}^{\infty}\frac{(-1)^n}{n}$，该级数收敛；当 $x=-1$ 时，级数成为 $\sum_{n=1}^{\infty}\frac{1}{n}$，该级数发散．从而所求收敛域为 $(-1, 1]$.

(2) 因为

$$\rho=\lim_{n\to\infty}\sqrt[n]{|a_n|}=\lim_{n\to\infty}n=+\infty ,$$

故收敛半径 $R=0$，即题设级数只在 $x=0$ 处收敛．

(3) 因为

$$\rho=\lim_{n\to\infty}\left|\frac{a_{n+1}}{a_n}\right|=\lim_{n\to\infty}\frac{\frac{1}{(n+1)!}}{\frac{1}{n!}}=\lim_{n\to\infty}\frac{1}{n+1}=0,$$

所以收敛半径 $R=+\infty$，所求收敛域为 $(-\infty, +\infty)$. ■

注: 微信扫描右侧二维码，即可进行计算实验(详见教材配套的网络学习空间).

例 3　求幂级数 $\sum_{n=1}^{\infty}(-1)^n\frac{2^n}{\sqrt{n}}\left(x-\frac{1}{2}\right)^n$ 的收敛域.

解　令 $t=x-\frac{1}{2}$，题设级数化为 $\sum_{n=1}^{\infty}(-1)^n\frac{2^n}{\sqrt{n}}t^n$，因为

$$\rho=\lim_{n\to\infty}\left|\frac{a_{n+1}}{a_n}\right|=\lim_{n\to\infty}\frac{2^{n+1}}{\sqrt{n+1}}\cdot\frac{\sqrt{n}}{2^n}=2,$$

计算实验

所以收敛半径 $R=\frac{1}{2}$，收敛区间为 $|t|<\frac{1}{2}$，即 $0<x<1$.

当 $x=0$ 时，级数成为 $\sum_{n=1}^{\infty}\frac{1}{\sqrt{n}}$，该级数发散；当 $x=1$ 时，级数成为 $\sum_{n=1}^{\infty}\frac{(-1)^n}{\sqrt{n}}$，该级数收敛．从而所求收敛域为 $(0, 1]$. ■

例 4　求幂级数 $\sum_{n=1}^{\infty}\frac{x^{2n-1}}{2^n}$ 的收敛域.

解　题设级数缺少偶数次幂，此时不能用定理 2 中的方法求收敛半径，但可直接利用比值判别法来求，由于

$$\lim_{n\to\infty}\left|\frac{u_{n+1}(x)}{u_n(x)}\right|=\lim_{n\to\infty}\frac{x^{2n+1}}{2^{n+1}}\cdot\frac{2^n}{x^{2n-1}}=\frac{1}{2}|x|^2,$$

所以，当 $\frac{1}{2}|x|^2<1$，即 $|x|<\sqrt{2}$ 时，级数收敛.

计算实验

当 $\frac{1}{2}|x|^2>1$，即 $|x|>\sqrt{2}$ 时，级数发散．所以收敛半径 $R=\sqrt{2}$.

当 $x=\sqrt{2}$ 时，级数成为 $\sum_{n=1}^{\infty}\frac{1}{\sqrt{2}}$，该级数发散.

当 $x=-\sqrt{2}$ 时，级数成为 $\sum_{n=1}^{\infty}\frac{-1}{\sqrt{2}}$，该级数发散．故所求收敛域为 $(-\sqrt{2},\sqrt{2})$. ■

注：微信扫描右侧二维码，即可进行计算实验（详见教材配套的网络学习空间）.

三、幂级数的运算

设幂级数 $\sum_{n=0}^{\infty}a_nx^n$ 和 $\sum_{n=0}^{\infty}b_nx^n$ 的收敛半径分别为 R_1 和 R_2，记

$$R=\min\{R_1, R_2\},$$

则根据常数项级数的相应运算性质知，这两个幂级数可进行下列代数运算.

(1) 加减法：

$$\sum_{n=0}^{\infty}a_nx^n\pm\sum_{n=0}^{\infty}b_nx^n=\sum_{n=0}^{\infty}c_nx^n,$$

其中 $c_n=a_n\pm b_n$，$x\in(-R, R)$.

(2) 乘法：

$$\left(\sum_{n=0}^{\infty} a_n x^n\right)\cdot\left(\sum_{n=0}^{\infty} b_n x^n\right)=\sum_{n=0}^{\infty} c_n x^n,$$

其中 $c_n = a_0 \cdot b_n + a_1 \cdot b_{n-1} + \cdots + a_n \cdot b_0$, $x \in (-R, R)$.

例 5 求幂级数 $\sum_{n=1}^{\infty}\left[\frac{(-1)^n}{n}+\frac{1}{4^n}\right]x^n$ 的收敛域.

解 从例 2 的 (1) 知，级数 $\sum_{n=1}^{\infty}\frac{(-1)^n}{n}x^n$ 的收敛域为 $(-1,1]$.

计算实验

对于级数 $\sum_{n=1}^{\infty}\frac{1}{4^n}x^n$，有

$$\rho=\lim_{n\to\infty}\left|\frac{a_{n+1}}{a_n}\right|=\lim_{n\to\infty}\frac{1}{4^{n+1}}\cdot\frac{4^n}{1}=\frac{1}{4},$$

所以，其收敛半径 $R_2 = 4$. 易见当 $x = \pm 4$ 时，该级数发散. 因此级数 $\sum_{n=1}^{\infty}\frac{1}{4^n}x^n$ 的收敛域为 $(-4, 4)$.

根据幂级数的代数运算性质，题设级数的收敛域为 $(-1, 1]$. ■

注: 微信扫描右侧二维码, 即可进行计算实验(详见教材配套的网络学习空间).

我们知道，幂级数的和函数是在其收敛域内定义的一个函数，关于这类函数的连续性、可导性及可积性，我们有下列定理:

定理 3 设幂级数 $\sum_{n=0}^{\infty} a_n x^n$ 的收敛半径为 R，则

(1) 幂级数的和函数 $s(x)$ 在其收敛域 I 上连续;

(2) 幂级数的和函数 $s(x)$ 在其收敛域 I 上可积，并在 I 上有逐项积分公式

$$\int_0^x s(x)\,dx=\int_0^x\left(\sum_{n=0}^{\infty} a_n x^n\right)dx=\sum_{n=0}^{\infty}\int_0^x a_n x^n\,dx=\sum_{n=0}^{\infty}\frac{a_n}{n+1}x^{n+1},$$

且逐项积分后得到的幂级数和原级数有相同的收敛半径;

(3) 幂级数的和函数 $s(x)$ 在其收敛区间 $(-R, R)$ 内可导, 并在 $(-R, R)$ 内有逐项求导公式

$$s'(x)=\left(\sum_{n=0}^{\infty} a_n x^n\right)'=\sum_{n=0}^{\infty}(a_n x^n)'=\sum_{n=1}^{\infty} n a_n x^{n-1},$$

且逐项求导后得到的幂级数和原级数有相同的收敛半径.

注: 反复应用结论 (3) 可得, 幂级数的和函数 $s(x)$ 在其收敛区间 $(-R, R)$ 内具有任意阶导数.

证明 略. ■

上述运算性质称为幂级数的**分析运算性质**. 它常用于求幂级数的和函数. 此外, 几何级数的和函数

$$1+x+x^2+\cdots+x^n+\cdots=\frac{1}{1-x}\ \ (-1<x<1)$$

是幂级数求和中的一个基本结果．我们讨论的许多级数求和的问题都可以利用幂级数的运算性质转化为几何级数的求和问题来解决．

例 6　求幂级数$\sum\limits_{n=1}^{\infty}(-1)^{n-1}\dfrac{x^n}{n}$的和函数．

解　由例 2 (1)的结果知，题设级数的收敛域为$(-1,1]$，设其和函数为$s(x)$，即

$$s(x)=x-\frac{x^2}{2}+\frac{x^3}{3}-\frac{x^4}{4}+\cdots+(-1)^{n-1}\frac{x^n}{n}+\cdots,$$

显然$s(0)=0$，且

$$s'(x)=1-x+x^2-x^3+\cdots+(-1)^{n-1}x^{n-1}+\cdots$$
$$=\frac{1}{1-(-x)}=\frac{1}{1+x}\ (-1<x<1).$$

计算实验

由积分公式$\int_0^x s'(x)\,\mathrm{d}x=s(x)-s(0)$，得

$$s(x)=s(0)+\int_0^x s'(x)\,\mathrm{d}x=\int_0^x\frac{1}{1+x}\,\mathrm{d}x=\ln(1+x),$$

因题设级数在$x=1$时收敛，所以

$$\sum_{n=1}^{\infty}(-1)^{n-1}\frac{x^n}{n}=\ln(1+x)\ \ (-1<x\leq 1).$$

图7－4－2 分别给出了前2项、前4项与和函数的图形．■

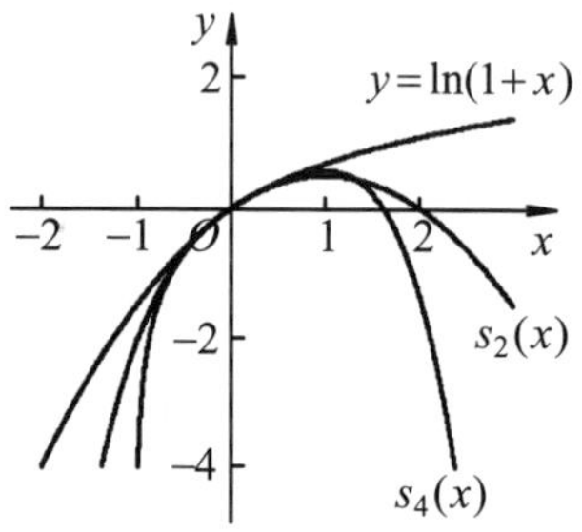

图 7－4－2

注：微信扫描右侧二维码，即可进行计算实验(详见教材配套的网络学习空间)．

例 7　求幂级数$\sum\limits_{n=0}^{\infty}(n+1)^2x^n$的和函数．

解　因为

$$\left|\frac{a_{n+1}}{a_n}\right|=\frac{(n+2)^2}{(n+1)^2}\to 1\quad(n\to\infty),$$

故题设级数的收敛半径 $R=1$，易见当 $x=\pm 1$时，题设级数发散，所以题设级数的收敛域为$(-1,1)$．设 $s(x)=\sum\limits_{n=0}^{\infty}(n+1)^2x^n\ (|x|<1)$，则

$$\int_0^x s(x)\,\mathrm{d}x=\sum_{n=0}^{\infty}(n+1)x^{n+1}=x\sum_{n=0}^{\infty}(x^{n+1})'$$
$$=x\left(\sum_{n=0}^{\infty}x^{n+1}\right)'=x\left(\frac{x}{1-x}\right)'=\frac{x}{(1-x)^2},$$

计算实验

在上式两端求导，得所求和函数为

$$s(x)=\frac{1+x}{(1-x)^3}\quad(|x|<1).$$

*数学实验

实验 7.4 试用计算软件计算下列级数的收敛域与和函数：

(1) $\sum\limits_{n=1}^{\infty}\frac{4^{2n}(x-3)^n}{n+1}$； (2) $\sum\limits_{n=1}^{\infty}\frac{(x-1)^{2n+1}}{(-5)^n}$；

(3) $\sum\limits_{n=1}^{\infty}\frac{(n+1)^5x^{2n}}{2n+1}$； (4) $x+\sum\limits_{n=1}^{\infty}(-1)^n\frac{2n+2}{(2n-1)!}x^{2n+1}$；

(5) $\sum\limits_{n=1}^{\infty}\frac{(-1)^n(2n^2+1)x^{2n+1}}{(2n+1)!}$.

详见教材配套的网络学习空间 .

计算实验

习题 7-4

1. 求下列幂级数的收敛域：

(1) $\sum\limits_{n=1}^{\infty}(-1)^{n-1}\frac{x^n}{n^2}$； (2) $\sum\limits_{n=1}^{\infty}\frac{x^n}{n\cdot 3^n}$； (3) $\sum\limits_{n=1}^{\infty}\frac{x^n}{2\cdot 4\cdot\cdots\cdot(2n)}$；

(4) $\sum\limits_{n=1}^{\infty}\frac{2^n}{n^2+1}x^n$； (5) $\sum\limits_{n=1}^{\infty}(-1)^n\frac{x^n}{5^n\sqrt{n+1}}$； (6) $\sum\limits_{n=1}^{\infty}\frac{\ln(n+1)}{n+1}x^{n+1}$；

(7) $\sum\limits_{n=1}^{\infty}\frac{(x-2)^n}{n^2}$； (8) $\sum\limits_{n=1}^{\infty}\frac{(x-5)^n}{\sqrt{n}}$； (9) $\sum\limits_{n=1}^{\infty}(-1)^n\frac{x^{2n+1}}{2n+1}$.

2. 求下列幂级数的收敛半径：

(1) $\sum\limits_{n=1}^{\infty}\frac{(n+1)^n}{n!}x^n$； (2) $\sum\limits_{n=1}^{\infty}\frac{(-1)^n}{\sqrt[n]{n!}}x^n$.

3. 级数 $e^x=1+x+\frac{x^2}{2!}+\frac{x^3}{3!}+\frac{x^4}{4!}+\cdots$ 对所有 x 收敛到 e^x.

(1) 求 $\frac{\mathrm{d}}{\mathrm{d}x}e^x$ 的级数 . 是否得到 e^x 的级数？说明理由 .

(2) 求 $\int e^x\mathrm{d}x$ 的级数 . 是否得到 e^x 的级数？说明理由 .

4. 求下列幂级数的和函数：

(1) $\sum\limits_{n=1}^{\infty}nx^{n-1}$； (2) $\sum\limits_{n=1}^{\infty}\frac{x^n}{n(n+1)}$； (3) $\sum\limits_{n=1}^{\infty}\frac{x^{2n-1}}{2n-1}$.

5. 求幂级数 $\sum\limits_{n=0}^{\infty}\frac{x^{2n+1}}{n!}$ 的和函数，并求数项级数 $\sum\limits_{n=0}^{\infty}\frac{2n+1}{n!}$ 的和 .

6. 试求极限 $\lim\limits_{n\to\infty}\left(\frac{1}{a}+\frac{2}{a^2}+\cdots+\frac{n}{a^n}\right)$，其中 $a>1$.

§7.5　函数展开成幂级数

前面几节我们讨论了幂级数的收敛域以及幂级数在收敛域上的和函数．现在我们要考虑相反的问题，即对给定的函数 $f(x)$，要确定它能否在某一区间上“表示成幂级数”，或者说，能否找到这样的幂级数，它在某一区间内收敛，且其和恰好等于给定的函数 $f(x)$. 如果能找到这样的幂级数，我们就称**函数 $f(x)$ 在该区间内能展开成幂级数**，而此幂级数在该区间内就表达了函数 $f(x)$.

一、泰勒级数的概念

由泰勒公式知，如果函数 $f(x)$ 在点 x_0 的某邻域内有 $n+1$ 阶导数，则对于该邻域内的任意一点，有

$$f(x)=f(x_0)+f'(x_0)(x-x_0)+\frac{f''(x_0)}{2!}(x-x_0)^2+\cdots+\frac{f^{(n)}(x_0)}{n!}(x-x_0)^n+R_n(x),$$

其中 $R_n(x)=\dfrac{f^{(n+1)}(\xi)}{(n+1)!}(x-x_0)^{n+1}$，这里 ξ 是介于 x_0 与 x 之间的某个值．

如果 $f(x)$ 存在任意阶导数，且 $\sum\limits_{n=0}^{\infty}\dfrac{f^{(n)}(x_0)}{n!}(x-x_0)^n$ 的收敛半径为 R，则

$$f(x)=\lim_{n\to\infty}\left[f(x_0)+f'(x_0)(x-x_0)+\frac{f''(x_0)}{2!}(x-x_0)^2+\cdots+\frac{f^{(n)}(x_0)}{n!}(x-x_0)^n+R_n(x)\right].$$

于是，有下面的定理.

定理 1　设 $f(x)$ 在区间 $|x-x_0|<R$ 内存在任意阶导数，幂级数

$$\sum_{n=0}^{\infty}\frac{f^{(n)}(x_0)}{n!}(x-x_0)^n$$

的收敛区间为 $|x-x_0|<R$，则在区间 $|x-x_0|<R$ 内，

$$f(x)=\sum_{n=0}^{\infty}\frac{f^{(n)}(x_0)}{n!}(x-x_0)^n \tag{5.1}$$

成立的充分必要条件是：在该区间内，

$$\lim_{n\to\infty}R_n(x)=\lim_{n\to\infty}\frac{f^{(n+1)}(\xi)}{(n+1)!}(x-x_0)^{n+1}=0. \tag{5.2}$$

式 (5.1) 右端的级数称为 $f(x)$ 在点 $x=x_0$ 处的**泰勒级数**．而

$$P_n(x)=\sum_{i=0}^{n}\frac{f^{(i)}(x_0)}{i!}(x-x_0)^i$$

称为由 f 在 $x=x_0$ 处产生的 **n 阶泰勒多项式**.

当 $x_0=0$ 时，泰勒级数为

$$f(0)+f'(0)x+\frac{f''(0)}{2!}x^2+\cdots+\frac{f^{(n)}(0)}{n!}x^n+\cdots, \tag{5.3}$$

称其为$f(x)$的**麦克劳林级数**.

注: 由§7.4 的定理 3 中的结论 (3) 可知，如果函数 $f(x)$ 能在某个区间内展开成幂级数，则它必定在这个区间内的每一点处具有任意阶导数，即**没有任意阶导数的函数是不可能展开成幂级数的**.

函数的麦克劳林级数是 x 的幂级数，可以证明，如果 $f(x)$ 能展开成 x 的幂级数，则这种展开式是唯一的，它一定等于 $f(x)$ 的麦克劳林级数（证明见配套的网络学习空间）.

由函数 $f(x)$ 展开式的唯一性可知，如果 $f(x)$ 能展开成 x 的幂级数，则这个幂级数就是 $f(x)$的麦克劳林级数. 下面我们将具体讨论把函数 $f(x)$ 展开成 x的幂级数的方法.

二、函数展开成幂级数的方法

1. 直接法

把函数 $f(x)$ 展开成泰勒级数，可按下列步骤进行：

(1) 计算 $f^{(n)}(x_0)$, $n=0,1,2,\cdots$;

(2) 写出对应的泰勒级数 $\sum\limits_{n=0}^{\infty}\frac{f^{(n)}(x_0)}{n!}(x-x_0)^n$, 并求出其收敛半径 R;

(3) 验证在 $|x-x_0|<R$ 内，$\lim\limits_{n\to\infty}R_n(x)=0$;

(4) 写出所求函数 $f(x)$ 的泰勒级数及其收敛区间

$$f(x)=\sum_{n=0}^{\infty}\frac{f^{(n)}(x_0)}{n!}(x-x_0)^n,\ |x-x_0|<R.$$

下面我们来讨论基本初等函数的麦克劳林级数 .

例 1 将函数 $f(x)=\mathrm{e}^x$ 展开成 x 的幂级数.

解 由 $f^{(n)}(x)=\mathrm{e}^x$, 得 $f^{(n)}(0)=1\ (n=0,1,2,\cdots)$, 于是 $f(x)$ 的麦克劳林级数为

$$1+x+\frac{1}{2!}x^2+\cdots+\frac{1}{n!}x^n+\cdots,$$

该级数的收敛半径为 $R=+\infty$.

对于任意有限的数 x, ξ (ξ 介于 0 与 x 之间)，有

$$|R_n(x)|=\left|\frac{\mathrm{e}^{\xi}}{(n+1)!}x^{n+1}\right|<\mathrm{e}^{|x|}\cdot\frac{|x|^{n+1}}{(n+1)!}.$$

计算实验

因 $e^{|x|}$ 有限，而 $\frac{|x|^{n+1}}{(n+1)!}$ 是收敛级数 $\sum_{n=0}^{\infty}\frac{|x|^{n+1}}{(n+1)!}$ 的一般项，所以

$$e^{|x|}\cdot\frac{|x|^{n+1}}{(n+1)!}\to 0\quad(n\to\infty),$$

即有 $\lim_{n\to\infty}R_n(x)=0$，于是

$$e^x=1+x+\frac{1}{2!}x^2+\cdots+\frac{1}{n!}x^n+\cdots,\ x\in(-\infty,+\infty).$$ ■(5.4)

例 2 将函数 $f(x)=\sin x$ 展开成 x 的幂级数.

解 题设函数的各阶导数为

$$f^{(n)}(x)=\sin\left(x+\frac{n\pi}{2}\right)\ (n=0,1,2,\cdots),$$

$f^{(n)}(0)$ 按顺序循环地取 $0,1,0,-1,\cdots\ (n=0,1,2,\cdots)$，于是，$f(x)$ 的麦克劳林级数为

$$x-\frac{1}{3!}x^3+\frac{1}{5!}x^5-\cdots+(-1)^n\frac{x^{2n+1}}{(2n+1)!}+\cdots,$$

该级数的收敛半径为 $R=+\infty$.

计算实验

对于任意有限的数 x，ξ（ξ 介于 0 与 x 之间），有

$$|R_n(x)|=\left|\frac{\sin\left[\xi+\frac{(n+1)\pi}{2}\right]}{(n+1)!}x^{n+1}\right|<\frac{|x|^{n+1}}{(n+1)!}\to 0\quad(n\to\infty).$$

于是

$$\sin x=x-\frac{1}{3!}x^3+\cdots+(-1)^n\frac{x^{2n+1}}{(2n+1)!}+\cdots,\ x\in(-\infty,+\infty).$$ ■(5.5)

注：微信扫描右侧二维码，即可进行计算实验(详见教材配套的网络学习空间).

例 3 将函数 $f(x)=\cos x$ 展开成 x 的幂级数.

解 利用幂级数的运算性质，对展开式(5.5)逐项求导，得

$$\cos x=1-\frac{x^2}{2!}+\frac{x^4}{4!}-\cdots+(-1)^n\frac{x^{2n}}{(2n)!}+\cdots,\ x\in(-\infty,+\infty).$$ ■(5.6)

例 4 将函数 $f(x)=\ln(1+x)$ 展开成 x 的幂级数.

解 因为 $f'(x)=\frac{1}{1+x}$，而

$$\frac{1}{1+x}=1-x+x^2-x^3+\cdots+(-1)^n x^n+\cdots,\ x\in(-1,1).$$

计算实验

在上式两端从 0 到 x 逐项积分，得

$$\ln(1+x)=x-\frac{x^2}{2}+\frac{x^3}{3}-\cdots+(-1)^n\frac{x^{n+1}}{n+1}+\cdots,\ x\in(-1,1).\tag{5.7}$$

上式对 $x=1$ 也成立．因为式(5.7)右端的幂级数当 $x=1$ 时收敛，而左端的函数 $\ln(1+x)$ 在 $x=1$ 处有定义且连续． ■

例 5 利用直接法和幂级数的运算性质，我们可得到关于函数

$$f(x)=(1+x)^{\alpha},\quad \alpha\in\mathbf{R}$$

的麦克劳林展开式

$$(1+x)^{\alpha}=1+\alpha x+\frac{\alpha(\alpha-1)}{2!}x^2+\cdots+\frac{\alpha(\alpha-1)\cdots(\alpha-n+1)}{n!}x^n+\cdots,$$

$$x\in(-1,1).\quad(5.8)$$

在区间的端点 $x=\pm1$ 处，展开式(5.8)是否成立要视 α 的取值而定．可以证明：当 $\alpha\leq-1$ 时，收敛域为 $(-1,1)$；当 $-1<\alpha<0$ 时，收敛域为 $(-1,1]$；当 $\alpha>0$ 时，收敛域为 $[-1,1]$. ■

公式(5.8)称为**牛顿二项展开式**．特别地，当 α 为正整数时，级数成为 x 的 α 次多项式，它就是初等代数中的二项式定理．

例如，对应于 $\alpha=\frac{1}{2}$，$\alpha=-\frac{1}{2}$ 的二项展开式分别为

$$\sqrt{1+x}=1+\frac{1}{2}x-\frac{1}{2\cdot4}x^2+\frac{1\cdot3}{2\cdot4\cdot6}x^3+\cdots,\quad x\in[-1,1],$$

$$\frac{1}{\sqrt{1+x}}=1-\frac{1}{2}x+\frac{1\cdot3}{2\cdot4}x^2-\frac{1\cdot3\cdot5}{2\cdot4\cdot6}x^3+\cdots,\quad x\in(-1,1].$$

综合例 1 至例 5 的结果，得到 5 个常用的麦克劳林展开式：

$$e^x=1+x+\frac{x^2}{2!}+\cdots+\frac{x^n}{n!}+\cdots,\qquad x\in(-\infty,+\infty);$$

$$\sin x=x-\frac{x^3}{3!}+\cdots+(-1)^n\frac{x^{2n+1}}{(2n+1)!}+\cdots,\qquad x\in(-\infty,+\infty);$$

$$\cos x=1-\frac{x^2}{2!}+\frac{x^4}{4!}-\cdots+(-1)^n\frac{x^{2n}}{(2n)!}+\cdots,\quad x\in(-\infty,+\infty);$$

$$\ln(1+x)=x-\frac{x^2}{2}+\frac{x^3}{3}-\cdots+(-1)^n\frac{x^{n+1}}{n+1}+\cdots,\quad x\in(-1,1];$$

$$(1+x)^{\alpha}=1+\alpha x+\frac{\alpha(\alpha-1)}{2!}x^2+\cdots+\frac{\alpha(\alpha-1)\cdots(\alpha-n+1)}{n!}x^n+\cdots,\ x\in(-1,1).$$

此外，利用几何级数的结果，可导出两个更为常用的函数的麦克劳林展开式：

$$\frac{1}{1-x}=1+x+x^2+x^3+\cdots+x^n+\cdots,\qquad x\in(-1,1);$$

$$\frac{1}{1+x}=1-x+x^2-x^3+\cdots+(-1)^n x^n+\cdots,\quad x\in(-1,1).$$

2. 间接法

一般情况下，只有少数简单函数的幂级数展开式能利用直接法得到它的麦克劳林展开式. 更多的函数是根据唯一性定理，利用已知函数的展开式(尤其是上面总结的7个基本函数的麦克劳林展开式)，通过线性运算法则、变量代换、恒等变形、逐项求导或逐项积分等方法间接地求得幂级数的展开式. 这种方法我们称为函数展开成幂级数的**间接法**. 实质上函数的幂级数展开是求幂级数和函数的逆过程.

例 6　将函数 $f(x)=\arctan x$ 展开成 x 的幂级数.

解　$$\arctan x=\int_0^x\frac{\mathrm{d}x}{1+x^2}=\int_0^x[1-x^2+x^4-\cdots+(-1)^n x^{2n}+\cdots]\mathrm{d}x$$
$$=x-\frac{1}{3}x^3+\frac{1}{5}x^5-\cdots+(-1)^n\frac{x^{2n+1}}{2n+1}+\cdots,\ x\in(-1,1).$$

计算实验

当 $x=1$ 时，级数 $\sum\limits_{n=0}^{\infty}\frac{(-1)^n}{2n+1}$ 收敛；当 $x=-1$ 时，级数 $\sum\limits_{n=0}^{\infty}\frac{(-1)^{n+1}}{2n+1}$ 也收敛. 且当 $x=\pm1$ 时，函数 $\arctan x$ 连续，所以

$$\arctan x=x-\frac{1}{3}x^3+\frac{1}{5}x^5-\cdots+(-1)^n\frac{x^{2n+1}}{2n+1}+\cdots,\ x\in[-1,1].$$ ■

例 7　将函数 $3^{\frac{x+1}{2}}$ 展开成 x 的幂级数.

解　$$3^{\frac{x+1}{2}}=3^{\frac{1}{2}}\cdot3^{\frac{x}{2}}=\sqrt{3}\,\mathrm{e}^{\frac{x}{2}\ln3}$$
$$=\sqrt{3}\left[1+\frac{\ln3}{2}x+\frac{1}{2!}\left(\frac{\ln3}{2}\right)^2x^2+\cdots\right],\ x\in(-\infty,+\infty).$$ ■

计算实验

注：微信扫描右侧二维码，即可进行计算实验(详见教材配套的网络学习空间).

掌握了函数展开成麦克劳林级数的方法后，当要把函数展开成 $x-x_0$ 的幂级数时，只需把 $f(x)$ 转化成 $x-x_0$ 的表达式，把 $x-x_0$ 看成变量 t，展开成 t 的幂级数，即得 $x-x_0$ 的幂级数. 对于较复杂的函数，可作变量替换 $x-x_0=t$，于是

$$f(x)=f(x_0+t)=\sum_{n=0}^{\infty}a_n t^n=\sum_{n=0}^{\infty}a_n(x-x_0)^n.$$

例 8　将函数 $f(x)=\dfrac{1}{x^2+4x+3}$ 展开成 $(x-1)$ 的幂级数.

解　$$f(x)=\frac{1}{x^2+4x+3}=\frac{1}{(x+1)(x+3)}=\frac{1}{2(1+x)}-\frac{1}{2(3+x)}$$
$$=\frac{1}{4\left(1+\dfrac{x-1}{2}\right)}-\frac{1}{8\left(1+\dfrac{x-1}{4}\right)},$$

计算实验

而

$$\frac{1}{4\left(1+\frac{x-1}{2}\right)}=\frac{1}{4}\sum_{n=0}^{\infty}\frac{(-1)^n}{2^n}(x-1)^n\ (-1<x<3),$$

$$\frac{1}{8\left(1+\frac{x-1}{4}\right)}=\frac{1}{8}\sum_{n=0}^{\infty}\frac{(-1)^n}{4^n}(x-1)^n\ (-3<x<5),$$

所以

$$\frac{1}{x^2+4x+3}=\sum_{n=0}^{\infty}(-1)^n\left(\frac{1}{2^{n+2}}-\frac{1}{2^{2n+3}}\right)(x-1)^n\ (-1<x<3).$$ ■

利用函数的幂级数展开式和唯一性定理，还可以求函数 $f(x)$ 在点 $x=x_0$ 处的高阶导数.

***数学实验**

实验 7.5 试用计算软件将下列函数展开成幂级数：

(1) $\frac{1+x+x^2}{1-x+x^2}$ (至 x^4 项)； (2) $\frac{\ln(x+\sqrt{1+x^2})}{\sqrt{1+x^2}}$ (至 x^7 项)；

(3) $\ln(x^2+3x+2)$ (至 x^4 项)； (4) $\frac{1}{x^2-5x+6}$ (至 $(x-6)^5$ 项).

计算实验

详见教材配套的网络学习空间.

*三、函数的幂级数展开式的应用

1. 函数值的近似计算

在函数的幂级数展开式中，用泰勒多项式代替泰勒级数，就可得到函数的近似公式，这对于计算复杂函数的值是非常方便的，可以把函数近似表示为 x 的多项式，而多项式的计算只需用到四则运算，非常简便.

例如，当 $|x|$ 很小时，由正弦函数的幂级数展开式，可得到下列近似计算公式：

$$\sin x\approx x,\quad \sin x\approx x-\frac{x^3}{3!},\quad \sin x\approx x-\frac{x^3}{3!}+\frac{x^5}{5!}.$$

级数的主要应用之一是利用它来进行数值计算，常用的三角函数表、对数表等都是利用级数计算出来的. 如果将未知数 A 表示成级数

$$A=a_1+a_2+\cdots+a_n+\cdots, \tag{5.9}$$

而取其部分和 $A_n=a_1+a_2+\cdots+a_n$ 作为 A 的近似值，此时所产生的误差源于两个方面：一是级数的余项

$$r_n=A-A_n=a_{n+1}+a_{n+2}+\cdots, \tag{5.10}$$

称为**截断误差**；二是在计算 A_n 时，由于四舍五入而产生的误差，称为**舍入误差**.

如果级数(5.9)是交错级数，并且满足莱布尼茨定理，则

$$|r_n| \le |a_{n+1}|.$$

如果所考虑的级数(5.9)不是交错级数，一般可通过适当放大余项中的各项，设法找出一个比原级数稍大且容易估计余项的新级数(如等比级数等)，从而可取新级数余项r_n'的数值作为原级数的截断误差r_n的估计值，且有$r_n \le r_n'$.

例 9　利用$\sin x \approx x - \dfrac{x^3}{3!}$，求$\sin 9^\circ$的近似值，并估计误差.

解　利用所给的近似公式

$$\sin 9^\circ = \sin\frac{\pi}{20} \approx \frac{\pi}{20} - \frac{1}{3!}\left(\frac{\pi}{20}\right)^3.$$

因为$\sin x$的展开式是收敛的交错级数，且各项的绝对值单调减少，所以

$$|r_2| \le \frac{1}{5!}\left(\frac{\pi}{20}\right)^5 < \frac{1}{120}(0.2)^5 < \frac{1}{300\,000} < 10^{-5},$$

因此，若取$\dfrac{\pi}{20} \approx 0.157\,080$，$\left(\dfrac{\pi}{20}\right)^3 \approx 0.003\,876$，则

计算实验

$$\sin 9^\circ \approx 0.157\,080 - 0.000\,646 \approx 0.156\,434.$$

其误差不超过10^{-5}. ■

注：微信扫描右侧二维码，即可进行计算实验(详见教材配套的网络学习空间).

2. 计算定积分

许多函数，如e^{-x^2}，$\dfrac{\sin x}{x}$，$\dfrac{1}{\ln x}$等，其原函数不能用初等函数表示，但若被积函数在积分区间上能展开成幂级数，则可通过幂级数展开式的逐项积分，用积分后的级数近似计算所给定的积分.

例 10　计算$\displaystyle\int_0^1 \frac{\sin x}{x}\,dx$的近似值，精确到$10^{-4}$.

解　利用$\sin x$的麦克劳林展开式，得

$$\frac{\sin x}{x} = 1 - \frac{1}{3!}x^2 + \frac{1}{5!}x^4 - \frac{1}{7!}x^6 + \cdots,\quad x \in (-\infty, +\infty),$$

所以

计算实验

$$\int_0^1 \frac{\sin x}{x}\,dx = 1 - \frac{1}{3\cdot 3!} + \frac{1}{5\cdot 5!} - \frac{1}{7\cdot 7!} + \cdots.$$

这是一个收敛的交错级数，因其第 4 项中

$$\frac{1}{7\cdot 7!} < \frac{1}{30\,000} < 10^{-4},$$

故取前 3 项作为积分的近似值，得

$$\int_0^1 \frac{\sin x}{x}\,dx \approx 1 - \frac{1}{3\cdot 3!} + \frac{1}{5\cdot 5!} \approx 0.946\,1.$$ ■

3. 求常数项级数的和

在本章的前三节中，我们已经熟悉了常数项级数求和的几种常用方法，包括利用定义和已知公式直接求和、对所给数拆项重新组合后再求和、利用推导得到的递推公式求和等方法.

这里，我们再介绍一种借助于幂级数的和函数来求常数项级数的和的方法，即所谓的**阿贝尔方法**，其基本步骤如下：

(1) 对于所给数项级数 $\sum\limits_{n=0}^{\infty} a_n$，构造幂级数 $\sum\limits_{n=0}^{\infty} a_n x^n$；

(2) 利用幂级数的运算性质，求出 $\sum\limits_{n=0}^{\infty} a_n x^n$ 的和函数 $s(x)$；

(3) 所求数项级数 $\sum\limits_{n=0}^{\infty} a_n = \lim\limits_{x\to 1^-} s(x)$.

例 11 求级数 $\sum\limits_{n=1}^{\infty} \dfrac{2n-1}{2^n}$ 的和.

解 构造幂级数 $\sum\limits_{n=1}^{\infty} \dfrac{2n-1}{2^n} x^{2n-2}$，利用比值判别法知，该级数的收敛区间为 $(-\sqrt{2},\sqrt{2})$. 设

$$s(x) = \sum_{n=1}^{\infty} \frac{2n-1}{2^n} x^{2n-2},\ \ x\in(-\sqrt{2},\sqrt{2}),$$

因为

$$\begin{aligned} s(x) &= \left(\sum_{n=1}^{\infty} \int_0^x \frac{2n-1}{2^n} x^{2n-2}\,dx\right)' = \left(\sum_{n=1}^{\infty} \frac{x^{2n-1}}{2^n}\right)' \\ &= \left(\frac{1}{x}\sum_{n=1}^{\infty}\left(\frac{x^2}{2}\right)^n\right)' = \left(\frac{1}{x}\cdot\frac{x^2}{2-x^2}\right)' \\ &= \left(\frac{x}{2-x^2}\right)' = \frac{x^2+2}{(2-x^2)^2},\ \ x\in(-\sqrt{2},\sqrt{2}), \end{aligned}$$

计算实验

所以

$$\sum_{n=1}^{\infty} \frac{2n-1}{2^n} = \lim_{x\to 1^-} s(x) = \lim_{x\to 1^-} \frac{x^2+2}{(2-x^2)^2} = 3.$$ ■

注：微信扫描右侧二维码，即可进行计算实验(详见教材配套的网络学习空间).

***数学实验**

实验 7.6 试用计算软件完成下列各题：

(1) 试求 ln1.1 的近似值，精确到 0.001；

(2) 计算积分 $\int_0^{1/2}\frac{1-e^{-x}}{x}dx$ 的近似值，精确到 0.001；

(3) 构造级数 $\sum_{n=1}^{\infty}\frac{n}{3^n}$ 的和函数，并求此级数的和；

(4) 用级数展开，验证：当 $|x|\le 0.1$ 时，

$$\int_0^x e^{-t^2}dt\approx \arctan x-\frac{x^5}{10},$$

其误差不超过 10^{-7}.

计算实验

详见教材配套的网络学习空间 .

习题 7−5

1. 将下列函数展开成 x 的幂级数，并求其成立的区间：

(1) $f(x)=\ln(a+x)$;　(2) $f(x)=a^x$;　(3) $f(x)=e^{-x^2}$;

(4) $f(x)=\cos^2 x$;　(5) $f(x)=\frac{x}{\sqrt{1+x^2}}$;　(6) $f(x)=\frac{x}{x^2-2x-3}$.

2. 将函数 $\sqrt[3]{x}$ 展开成 $x+1$ 的幂级数.

3. 将函数 $f(x)=\frac{1}{1+x}$ 展开成 $x-3$ 的幂级数.

4. 将函数 $f(x)=\ln(3x-x^2)$ 在 $x=1$ 处展开成 x 的幂级数.

5. 将函数 $f(x)=\frac{1}{(1+x)(1+x^2)(1+x^4)(1+x^8)}$ 展开成 x 的幂级数.

6. 将函数 $f(x)=\arctan\frac{1+x}{1-x}$ 展开成 x 的幂级数.

7. 如果二次可导函数 $f(x)$ 在 $x=a$ 处有一个拐点，证明：f 在 $x=a$ 处的线性化是 f 在 $x=a$ 处的二阶泰勒多项式.

*8. 利用函数的幂级数展开式求下列各数的近似值：

(1) $\sqrt[9]{522}$（精确到 0.000 01）;　(2) $\cos 2^\circ$（精确到 0.000 1）.

*9. 利用被积函数的幂级数展开式求定积分 $\int_0^{0.5}\frac{1}{1+x^4}dx$ 的近似值（精确到 0.000 1）.

*10. 利用被积函数的幂级数展开式求定积分 $\int_0^{0.1}\cos\sqrt{t}\,dt$ 的近似值（精确到 0.000 1）.

总 习 题 七

1. 求级数 $\sum_{n=1}^{\infty}\frac{1}{\sqrt{n(n+1)}\left(\sqrt{n}+\sqrt{n+1}\right)}$ 的和.

2. 求级数 $\dfrac{1}{3}+\dfrac{3}{3^2}+\dfrac{5}{3^3}+\cdots+\dfrac{2n-1}{3^n}+\cdots$ 之和.

3. 已知 $\lim\limits_{n\to\infty} nu_n=0$, 级数 $\sum\limits_{n=1}^{\infty}(n+1)(u_{n+1}-u_n)$ 收敛, 证明级数 $\sum\limits_{n=1}^{\infty}u_n$ 也收敛.

4. 判断下列级数的敛散性:

(1) $\sum\limits_{n=1}^{\infty}(\sqrt[n]{a}-1)\ (a\geq 1)$; (2) $\sum\limits_{n=1}^{\infty}\dfrac{2^n\cdot n!}{n^n}$; (3) $\sum\limits_{n=1}^{\infty} n\tan\dfrac{\pi}{2^{n+1}}$;

(4) $\sum\limits_{n=1}^{\infty}\dfrac{(n!)^2}{2n^2}$; (5) $\sum\limits_{n=1}^{\infty}\dfrac{[(n+1)!]^n}{2!4!\cdots(2n)!}$; (6) $\sum\limits_{n=1}^{\infty}\dfrac{n^2}{\left(n+\dfrac{1}{n}\right)^n}$.

5. 证明: $\lim\limits_{n\to\infty}\dfrac{n^n}{(n!)^2}=0$.

6. 求极限 $\lim\limits_{n\to\infty}\dfrac{(a+1)(2a+1)\cdots(na+1)}{(b+1)(2b+1)\cdots(nb+1)}$, $b>a>0$.

7. 讨论级数 $\sum\limits_{n=1}^{\infty}\dfrac{\sqrt{n+2}-\sqrt{n-2}}{n^a}$ 的敛散性.

8. 设数列 $S_1=1, S_2, S_3, \cdots$ 由公式 $2S_{n+1}=S_n+\sqrt{S_n^2+u_n}$ 确定, 其中 u_n 是正项级数 $\sum\limits_{n=1}^{\infty}u_n$ 的一般项, 且 $u_n>0$, 证明: 级数 $\sum\limits_{n=1}^{\infty}u_n$ 收敛的充分必要条件是数列 $\{S_n\}$ 也收敛.

9. 判别下列级数的敛散性. 若收敛, 是条件收敛还是绝对收敛?

(1) $\sum\limits_{n=1}^{\infty}\dfrac{(-1)^{n-1}}{\ln(1+n)}$; (2) $\sum\limits_{n=1}^{\infty}(-1)^{n+1}\dfrac{2^{n^2}}{n!}$; (3) $\sum\limits_{n=1}^{\infty}(-1)^{n+1}\dfrac{(n+1)^n}{2n^{n+1}}$.

10. 设 $|a_n|\leq 1\ (n=1,2,3,\cdots)$, $|a_n-a_{n-1}|\leq\dfrac{1}{4}|a_{n-1}^2-a_{n-2}^2|\ (n=3,4,5,\cdots)$, 证明:

(1) 级数 $\sum\limits_{n=2}^{\infty}(a_n-a_{n-1})$ 绝对收敛; (2) 数列 $\{a_n\}$ 收敛.

11. 设 $f(x)$ 在 $x=0$ 的某一邻域具有二阶连续导数, 且 $\lim\limits_{x\to 0}\dfrac{f(x)}{x}=0$, 试证明: 级数 $\sum\limits_{n=1}^{\infty}\sqrt{n}f\left(\dfrac{1}{n}\right)$ 绝对收敛.

12. 求下列幂级数的收敛区间:

(1) $\sum\limits_{n=1}^{\infty}n!\left(\dfrac{x}{n}\right)^n$; (2) $\sum\limits_{n=1}^{\infty}\dfrac{n}{2^n}x^{2n}$; (3) $\sum\limits_{n=1}^{\infty}(-1)^n\dfrac{(x-2)^{2n+1}}{2n+1}$.

13. 求下列幂级数的和函数:

(1) $\sum\limits_{n=1}^{\infty}\dfrac{x^{4n+1}}{4n+1}$; (2) $\sum\limits_{n=0}^{\infty}\dfrac{n^2+1}{2^n n!}x^n$.

14. 将函数 $x\arctan x-\ln\sqrt{1+x^2}$ 展开成麦克劳林级数.

15. 将函数 $\dfrac{1}{(2-x)^2}$ 展开成 x 的幂级数.

16. 将函数 $f(x)=\dfrac{1}{x^2+3x+2}$ 展开成 $x+4$ 的幂级数.

17. 将函数 $f(x)=\ln(1+x+x^2+x^3)$ 展开成 x 的幂级数.

18. 用幂级数求下列极限:

(1) $\lim\limits_{x\to 0}\dfrac{\sin x-\tan x}{x^3}$;　　(2) $\lim\limits_{x\to 0}\left(\dfrac{1}{\sin x}-\dfrac{1}{x}\right)$.

19. 求级数 $\sum\limits_{n=1}^{\infty}(n+1)(x-1)^n$ 的收敛域及和函数.

20. 利用幂级数求数项级数 $\sum\limits_{n=0}^{\infty}\dfrac{1}{2^n}\cdot\dfrac{2n+1}{n!}$ 的和.

*21. 利用函数的幂级数展开式求 $\sqrt{e}$ 的近似值(精确到 0.001).

*22. 利用被积函数的幂级数展开式求定积分 $\int_0^{0.5}\dfrac{\arctan x}{x}\mathrm{d}x$ 的近似值(精确到 0.000 1).

*23. 已知 $\sum\limits_{n=1}^{\infty}\dfrac{1}{n^2}=\dfrac{\pi^2}{6}$, 求积分 $\int_0^1\dfrac{\ln x}{1+x}\mathrm{d}x$.

24. 已知级数 $\sum\limits_{n=1}^{\infty}a_n^2$ 收敛, 且 $a_n>0$, 证明 $\sum\limits_{n=1}^{\infty}\dfrac{a_n}{n}$ 也收敛.

25. 证明: 若 $\lim\limits_{n\to\infty}(n^{2n\sin\frac{1}{n}}\cdot a_n)=1$, 则级数 $\sum\limits_{n=1}^{\infty}a_n$ 收敛.

26. 求极限 $\lim\limits_{n\to\infty}\dfrac{1}{n}\sum\limits_{k=1}^{n}\dfrac{1}{3^k}\left(1+\dfrac{1}{k}\right)^{k^2}$.

27. 设函数 $f(x)=\begin{cases}\dfrac{\sin x}{x}, & x\neq 0\\ 1, & x=0\end{cases}$, 求 $f^{(n)}(0)$, $n=1,2,\cdots$.

28. 把边长为$2b$的等边三角形“正放”, 如图所示,“倒放”的等边三角形从原来的三角形中挖去. 从原来三角形中挖去的面积之和形成一个无穷级数.

(1) 求这个无穷级数.

(2) 求这个无穷级数的和, 从而求出从原来三角形中挖去的总面积.

(3) 是否原来三角形的每个点都被挖去了? 为什么?

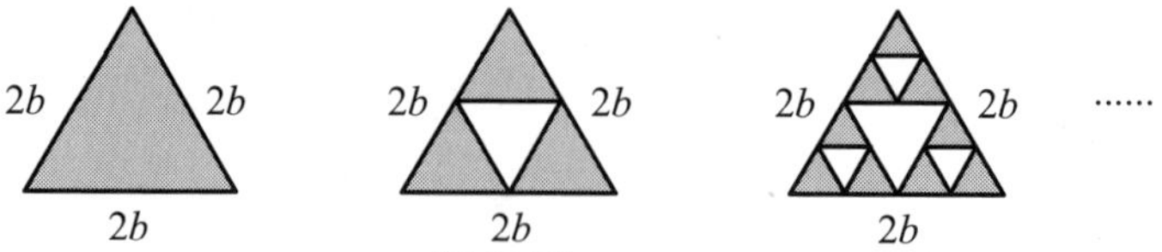

题 28 图

数学家简介 [7]

欧　　拉

——数学家之英雄

欧拉(Euler), 1707 年 4月15日生于瑞士巴塞尔, 1783 年 9 月 18 日卒于俄国彼得堡, 18 世纪最杰出的数学家和物理学家之一.

欧拉出生于牧师家庭，自幼聪敏早慧，并受他父亲的影响酷爱数学. 1720 年秋，年仅 13 岁的欧拉入读巴塞尔大学，当时著名的数学家约翰 · 伯努利 (Johann Bernoulli) 任该校数学教授，他每天讲授基础数学课程，同时还给少数高材生开设更高深的数学、物理学讲座，欧拉便是约翰 · 伯努利最忠实的听众. 他勤奋地学习所有科目，但是仍不满足. 欧拉后来在自传中写道："不久，我找到了一个把自己介绍给著名的约翰 · 伯努利教授的机会 …… 他确实太忙了，因此断然拒绝给我个别授课. 但是，他给了我许多更加宝贵的忠告，使我开始独立地学习更高深的数学著作，尽我所能努力去研究它们. 如果我遇到什么障碍或困难，他允许我每周六下午自由地去找他，他总是和蔼地为我解答一切疑难 …… 无疑，这是在数学学科上获得成功的最好方法."勤奋努力的欧拉 15 岁就获得了巴塞尔大学的学士学位，16 岁获得该校的哲学硕士学位. 1723 年秋，为了满足他父亲的愿望，欧拉又入读该校的神学系，但他在神学和希腊语等方面的学习并不成功，两年后，他彻底放弃了当牧师的想法.

欧　拉

欧拉 18 岁开始其数学生涯. 翌年，就因研究巴黎科学院当年的有奖征文课题而获得荣誉提名. 1738 年至 1772 年，欧拉共获得过 12 次巴黎科学院奖金.

在瑞士，当时青年数学家的工作条件非常艰苦，而俄国新组建的圣彼得堡科学院正在网罗人才，欧拉接受了圣彼得堡科学院的邀请，于 1727 年 4 月 5 日告别了故乡，5 月 24 日抵达了圣彼得堡. 从那时起，欧拉的一生与他的科学工作都紧密地同圣彼得堡科学院和俄国联系在一起. 他再也没有回过瑞士，但是，出于对祖国的深厚感情，欧拉始终保留了他的瑞士国籍.

在圣彼得堡的头 14 年，欧拉以无可匹敌的工作效率在数学和力学等领域作出了许多辉煌的发现，研究硕果累累，声望与日俱增，赢得了各国科学家的尊敬. 1738 年，由于过度劳累欧拉在一场疾病之后右眼失明了，但他仍旧坚持工作. 1740 年末，因俄国局势不稳，欧拉应邀前往柏林科学院工作，担任科学院数学部主任和院务委员等职，但在此期间，欧拉一直保留着圣彼得堡科学院院士资格，领取年俸. 1765 年，欧拉重返圣彼得堡科学院. 1766 年，欧拉的左眼也失明了. 但双目失明的科学老人依然奋斗不止，他的论著几乎有一半是 1765 年以后出版的.

欧拉是 18 世纪数学界的中心人物，他是继牛顿之后最杰出的数学家之一. 欧拉研究的领域遍及力学、天文学、物理学、航海学、地理学、大地测量学、流体力学、弹道学、保险学和人口统计学等方面. 但在欧拉的全部科学贡献中，其数学成就占据最突出的地位. 欧拉是数学界最多产的科学家，一生共发表论文和专著 500 多种，到他逝世时，还有 400 种未发表的手稿. 1909 年瑞士科学院开始出版《欧拉全集》，共 74 卷，直到 20 世纪 80 年代仍尚未出齐.

欧拉的多产还得益于他一生非凡的记忆力和心算能力. 他 70 岁时还能准确地回忆起他年轻时读过的荷马史诗《伊利亚特》每页的头行和末行. 他能够背诵出当时数学领域的主要公式. 有一个例子足以说明欧拉的心算本领：他的两个学生把一个颇为复杂的收敛级数的 17 项相加起来，算到第 50 位数字时因相差一个单位而产生了争执，为了确定谁正确，欧拉对整个计算过程仅凭心算即判明了他们的正误. 1771 年，一场无情的大火曾把欧拉的大部分藏书和手稿焚为灰烬，但晚年的欧拉凭借其非凡的毅力、超人的才智、渊博的知识、惊人的记忆和心算能力，以由他口授、儿女笔录的形式进行着特殊的科学研究工作.

欧拉的著述浩瀚，不仅包含科学创见，而且富有科学思想，他给后人留下了极其丰富的科学遗产和为科学献身的精神. 历史学家把欧拉同阿基米德、牛顿、高斯并列为数学史上的"四杰". 如今，在数学的许多分支中经常可以看到以他的名字命名的重要常数、公式和定理.

第 8 章　微分方程与差分方程

对自然界的深刻研究是数学最富饶的源泉.

—— **傅里叶**①

微积分研究的对象是函数关系，但在实际问题中，往往很难直接得到所研究的变量之间的函数关系，却比较容易建立起这些变量与它们的导数或微分之间的联系，从而得到一个关于未知函数的导数或微分的方程，即**微分方程**. 通过求解这种方程，同样可以找到指定未知量之间的函数关系. 因此，微分方程是数学联系实际并应用于实际的重要途径和桥梁，是各个学科进行科学研究的强有力的工具.

如果说"数学是一门理性思维的科学，是研究、了解和知晓现实世界的工具"，那么微分方程就是数学的这种威力和价值的一种体现. 现实世界中的许多实际问题都可以抽象为微分方程问题. 例如，物体的冷却、人口的增长、琴弦的振动、电磁波的传播等都可以归结为微分方程问题. 这时微分方程也称为所研究的问题的**数学模型**.

微分方程是一门独立的数学学科，有完整的理论体系. 本章我们主要介绍微分方程的一些基本概念、几种常用的微分方程的求解方法，以及线性微分方程解的理论；并介绍差分方程的一些基本概念及一阶、二阶常系数线性差分方程.

§8.1　微分方程的基本概念

一般地，含有未知函数及未知函数的导数或微分的方程称为**微分方程**. 微分方程中出现的未知函数的最高阶导数的阶数称为微分方程的**阶**.

在物理学、力学、经济管理科学等领域，我们可以看到许多表述自然定律和运行机理的微分方程的例子.

例 1　设一物体的温度为100℃，将其放置在空气温度为20℃的环境中冷却. 根据冷却定律：物体温度的变化率与物体温度和当时空气温度之差成正比. 设物体的温度 T 与时间 t 的函数关系为 $T=T(t)$，则可建立起函数 $T(t)$ 满足的微分方程

$$\frac{\mathrm{d}T}{\mathrm{d}t}=-k(T-20), \tag{1.1}$$

其中 $k\,(k>0)$ 为比例常数. 这就是**物体冷却的数学模型**.

① 傅里叶 (J. B. J. Fourier，1768－1830)，法国数学家.

根据题意，$T=T(t)$ 还需满足条件

$$T|_{t=0}=100. \quad ■ \tag{1.2}$$

例 2　设一质量为 m 的物体只受重力的作用由静止开始自由垂直降落. 根据牛顿第二定律：物体所受的力 F 等于物体的质量 m 与物体运动的加速度 α 的乘积，即 $F=m\alpha$，若取物体降落的铅垂线为 x 轴，其正向朝下，物体下落的起点为原点，并设开始下落的时间 $t=0$，物体下落的距离 x 与时间 t 的函数关系为 $x=x(t)$，则可建立起函数 $x(t)$ 满足的微分方程

$$\frac{\mathrm{d}^2 x}{\mathrm{d}t^2}=g, \tag{1.3}$$

其中 g 为重力加速度常数. 这就是**自由落体运动的数学模型**.

根据题意，$x=x(t)$ 还需满足条件

$$x(0)=0, \quad \left.\frac{\mathrm{d}x}{\mathrm{d}t}\right|_{t=0}=0. \quad ■ \tag{1.4}$$

例 3　如果某商品在时刻 t 的售价为 P，社会对该商品的需求量和供给量分别是 P 的函数 $Q(P)$，$S(P)$，则在时刻 t 的价格 $P(t)$ 对于时间 t 的变化率可认为与该商品在同一时刻的超额需求量 $Q(P)-S(P)$ 成正比，即有微分方程

$$\frac{\mathrm{d}P}{\mathrm{d}t}=k[Q(P)-S(P)] \quad (k>0),$$

在 $Q(P)$ 和 $S(P)$ 确定的情况下，可解出价格 $P(t)$ 与时间 t 的函数关系. 这就是商品的**价格调整模型**. ■

我们把未知函数为一元函数的微分方程称为**常微分方程**. 如例 1 中的微分方程 (1.1) 称为一阶常微分方程，例 2 中的微分方程 (1.3) 称为二阶常微分方程. 类似地，未知函数为多元函数的微分方程称为**偏微分方程**，例如，方程

$$x\frac{\partial z}{\partial x}+y\frac{\partial z}{\partial y}=z, \quad \frac{\partial^2 u}{\partial x^2}+\frac{\partial^2 u}{\partial y^2}+\frac{\partial^2 u}{\partial z^2}=0$$

分别是一阶和二阶偏微分方程.

本章我们只讨论常微分方程. n 阶常微分方程的一般形式为

$$F(x, y, y', y'', \cdots, y^{(n)})=0, \tag{1.5}$$

其中 x 为自变量，$y=y(x)$ 是未知函数. 在方程 (1.5) 中，$y^{(n)}$ 必须出现，而其余变量可以不出现. 例如，在 n 阶微分方程 $y^{(n)}+1=0$ 中，其余变量都没有出现.

如果能从方程 (1.5) 中解出最高阶导数，就得到微分方程

$$y^{(n)}=f(x, y, y', \cdots, y^{(n-1)}). \tag{1.6}$$

以后我们讨论的微分方程主要是形如式(1.6)的微分方程，并且假设式(1.6)右端的函数 f 在所讨论的范围内连续.

如果方程 (1.6) 可表示为如下形式：

$$y^{(n)}+a_1(x)y^{(n-1)}+\cdots+a_{n-1}(x)y'+a_n(x)y=g(x), \tag{1.7}$$

则称方程 (1.7) 为 **n 阶线性微分方程**. 其中 $a_1(x)$, $a_2(x)$, $\cdots$, $a_n(x)$ 和 $g(x)$ 均为自变量 x 的已知函数.

我们把不能表示成形如式 (1.7) 的方程, 统称为**非线性微分方程**.

例 4　试指出下列方程是什么方程, 并指出微分方程的阶数.

(1) $\dfrac{\mathrm{d}y}{\mathrm{d}x}=x^2+y$;　　(2) $x\left(\dfrac{\mathrm{d}y}{\mathrm{d}x}\right)^2-2\dfrac{\mathrm{d}y}{\mathrm{d}x}+4x=0$;

(3) $x\dfrac{\mathrm{d}^2y}{\mathrm{d}x^2}-2\left(\dfrac{\mathrm{d}y}{\mathrm{d}x}\right)^3+5xy=0$;　　(4) $\cos(y'')+\ln y=x+1$.

解　方程 (1) 是一阶线性微分方程, 因为方程中含有的 $\dfrac{\mathrm{d}y}{\mathrm{d}x}$ 和 y 都是一次的;

方程 (2) 是一阶非线性微分方程, 因为方程中含有 $\dfrac{\mathrm{d}y}{\mathrm{d}x}$ 的平方项;

方程 (3) 是二阶非线性微分方程, 因为方程中含有 $\dfrac{\mathrm{d}y}{\mathrm{d}x}$ 的三次方;

方程 (4) 是二阶非线性微分方程, 因为方程中含有非线性函数 $\cos(y'')$ 和 $\ln y$. ■

下面我们引入微分方程的解的概念.

在研究实际问题时, 首先要建立表达该问题的微分方程, 然后找出满足该微分方程的函数 (即解微分方程), 也就是说, 把这个函数代入微分方程能使方程成为恒等式, 我们称此函数为该**微分方程的解**. 更确切地说, 设函数 $y=\varphi(x)$ 在区间 I 上有 n 阶连续导数, 如果在区间 I 上, 有

$$F(x,\ \varphi(x),\ \varphi'(x),\ \varphi''(x),\ \cdots,\ \varphi^{(n)}(x))\equiv 0,$$

则称函数 $y=\varphi(x)$ 为微分方程 (1.5) 在区间 I 上的解.

例如, 可以验证函数

(a) $T=20+80\mathrm{e}^{-kt}$　和　(b) $T=20+C\mathrm{e}^{-kt}$

都是微分方程 (1.1) 的解, 其中 C 为任意常数; 而函数

(c) $x=\dfrac{1}{2}gt^2$　　和　(d) $x=\dfrac{1}{2}gt^2+C_1t+C_2$

都是微分方程 (1.3) 的解, 其中 C_1, C_2 均为任意常数.

从上述例子可见, 微分方程的解可能含有也可能不含有任意常数. 一般地, 把微分方程中不含有任意常数的解称为微分方程的**特解**. 含有相互独立的任意常数, 且任意常数的个数与微分方程的阶数相等的解称为微分方程的**通解(一般解)**. 所谓通解是指, 当其中的任意常数取遍所有实数时, 就可以得到微分方程的所有解 (至多有个别例外).

注: 这里所说的相互独立的任意常数, 是指它们不能通过合并而使得通解中的任意常数的个数减少.

例如, 上述 (a) 和 (c) 分别为微分方程 (1.1) 和 (1.3) 的特解, 而 (b) 和 (d) 分别为微分方程 (1.1) 和 (1.3) 的通解.

许多实际问题都要求寻找满足某些附加条件的解，此时，这类附加条件就可以用来确定通解中的任意常数，这类附加条件称为**初始条件**，也称为**定解条件**．例如，条件 (1.2) 和 (1.4) 是微分方程 (1.1) 和 (1.3) 的初始条件．

一般地，一阶微分方程 $y'=f(x,y)$ 的初始条件为

$$y|_{x=x_0}=y_0, \tag{1.8}$$

其中 x_0，y_0 都是已知常数．

二阶微分方程 $y''=f(x,y,y')$ 的初始条件为

$$y|_{x=x_0}=y_0,\qquad y'|_{x=x_0}=y'_0, \tag{1.9}$$

其中 x_0，y_0 和 y'_0 都是已知常数．

带有初始条件的微分方程称为微分方程的**初值问题**．

例如，一阶微分方程的初值问题，记为

$$\begin{cases} y'=f(x,y) \\ y|_{x=x_0}=y_0 \end{cases}. \tag{1.10}$$

微分方程的解的图形是一条曲线，称为微分方程的**积分曲线**．初值问题 (1.10) 的几何意义是：求微分方程的通过点 (x_0,y_0) 的那条积分曲线． 二阶微分方程的初值问题，记为

$$\begin{cases} y''=f(x,y,y') \\ y|_{x=x_0}=y_0,\quad y'|_{x=x_0}=y'_0 \end{cases}, \tag{1.11}$$

其几何意义是：求微分方程的通过点 (x_0,y_0) 且在该点处的切线斜率为 y'_0 的那条积分曲线．

例 5　求曲线族 $x^2+Cy^2=1$ 满足的微分方程，其中 C 为任意常数．

解　求曲线族所满足的方程，就是求一微分方程，使所给的曲线族正好是该微分方程的积分曲线族．因此，所求的微分方程的阶数应与已知曲线族中任意常数的个数相等．这里，我们通过消去任意常数的方法来得到所求的微分方程．

在等式 $x^2+Cy^2=1$ 两端对 x 求导，得

$$2x+2Cyy'=0.$$

再从 $x^2+Cy^2=1$ 解出 $C=\dfrac{1-x^2}{y^2}$，代入上式得

$$2x+2\cdot\frac{1-x^2}{y^2}y\cdot y'=0,$$

化简即得到所求的微分方程

$$xy+(1-x^2)y'=0.$$

■

例 6　验证函数 $y=(x^2+C)\sin x$（C 为任意常数）是方程

$$\frac{\mathrm{d}y}{\mathrm{d}x}-y\cot x-2x\sin x=0$$

的通解，并求满足初始条件 $y\big|_{x=\frac{\pi}{2}}=0$ 的特解.

解 要验证一个函数是否为方程的通解，只需将函数代入方程，验证是否恒等，再看函数式中所含的独立的任意常数的个数是否与方程的阶数相同.

对 $y=(x^2+C)\sin x$ 求一阶导数, 得

$$\frac{\mathrm{d}y}{\mathrm{d}x}=2x\sin x+(x^2+C)\cos x.$$

把 y 和 $\frac{\mathrm{d}y}{\mathrm{d}x}$ 代入方程左边, 得

$$\frac{\mathrm{d}y}{\mathrm{d}x}-y\cot x-2x\sin x=2x\sin x+(x^2+C)\cos x-(x^2+C)\sin x\cot x-2x\sin x\equiv 0.$$

因方程两边恒等, 且 y 中含有一个任意常数, 故 $y=(x^2+C)\sin x$ 是题设方程的通解.

将初始条件 $y\big|_{x=\frac{\pi}{2}}=0$ 代入通解 $y=(x^2+C)\sin x$ 中, 得

$$0=\frac{\pi^2}{4}+C,\ \text{即}\ C=-\frac{\pi^2}{4}.$$

从而所求特解为 $y=\left(x^2-\frac{\pi^2}{4}\right)\sin x$. ■

*数学实验

一阶微分方程的方向场: 一般地, 我们可以把一阶微分方程写为

$$y'=f(x,y),$$

式中 $f(x,y)$ 是已知函数. 上述微分方程表明: 未知函数 y 在点 x 处的斜率等于函数 f 在点 (x,y) 处的函数值. 因此, 可在 xOy 平面上的每点处作出过该点的以 $f(x,y)$ 为斜率的一条很短的直线(即未知函数 y 的切线). 这样得到的一个图形就是上述**一阶微分方程的方向场**. 为了便于观察, 实际上只要在 xOy 平面上取适当多的点, 作出在这些点处的函数的切线, 顺着斜率的走向画出符合初始条件的解, 就可以得到上述微分方程的近似的积分曲线.

实验 8.1 验证 $\frac{1}{15}(-5x^3-30y+3y^5)=C$ 是微分方程 $y'=\frac{x^2}{y^4-2}$ 的通解, 并利用计算软件绘制出该微分方程的积分曲线与方向场.

事实上, 在方程

$$\frac{1}{15}(-5x^3-30y+3y^5)=C$$

两边对 x 求导, 得

$$-x^2-2y'+y^4y'=0\Rightarrow y'=\frac{x^2}{y^4-2},$$

计算实验

从而完成了验证.

下面三个图分别绘制了题设微分方程的积分曲线(a)、方向场(b)以及在同一坐标系下的积分曲线和方向场(c).

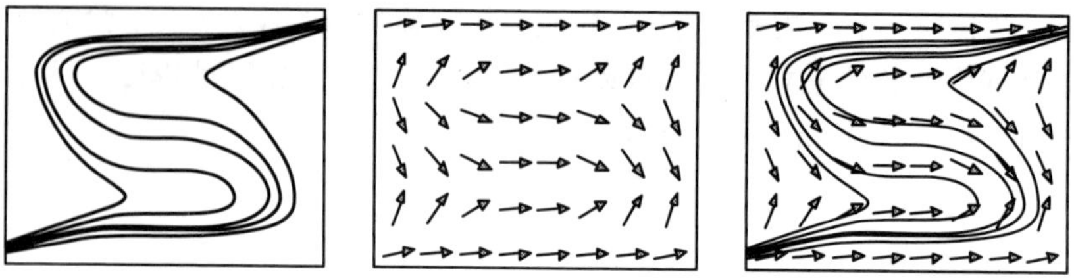

(a)　　(b)　　(c)

微信扫描上页二维码，即可进行重复实验或修改实验(详见教材配套的网络学习空间).

习题 8-1

1. 指出下列微分方程的阶数:

(1) $x(y')^2-4yy'+3xy=0$;　　(2) $xy''+2y'+x^2y=0$;

(3) $xy'''+5y''+2y=0$;　　(4) $(7x-6y)\mathrm{d}x+(x+y)\mathrm{d}y=0$.

2. 指出下列各题中的函数是否为所给微分方程的解:

(1) $xy'=2y,\ y=5x^2$;

(2) $y''+\omega^2y=0,\ y=C_1\cos\omega x+C_2\sin\omega x$;

(3) $y''-\dfrac{2}{x}y'+\dfrac{2y}{x^2}=0,\ y=C_1x+C_2x^2$;

(4) $y''-(\lambda_1+\lambda_2)y'+\lambda_1\lambda_2y=0,\ y=C_1\mathrm{e}^{\lambda_1x}+C_2\mathrm{e}^{\lambda_2x}$.

3. 验证由方程 $y=\ln(xy)$ 确定的函数为微分方程 $(xy-x)y''+xy'^2+yy'-2y'=0$ 的解.

4. 验证 $y=Cx+\dfrac{1}{C}$ (C是任意常数)是方程 $x(y')^2-yy'+1=0$ 的通解，并求满足初始条件 $y|_{x=0}=2$ 的特解.

5. 验证 $y=(C_1+C_2x)\mathrm{e}^{-x}$ (C_1,C_2为任意常数) 是方程 $y''+2y'+y=0$ 的通解，并求满足初始条件 $y|_{x=0}=4,\ y'|_{x=0}=-2$ 的特解.

6. 设函数 $y=(1+x)^2u(x)$ 是方程 $y'-\dfrac{2}{x+1}y=(x+1)^3$ 的通解，求 $u(x)$.

7. 设曲线上点 $P(x,y)$ 处的法线与 x 轴的交点为 Q，且线段 PQ 被 y 轴平分，试写出该曲线所满足的微分方程.

8. 求连续函数 $f(x)$，使它满足 $\int_0^1 f(tx)\,\mathrm{d}t=f(x)+x\sin x$.

§8.2 可分离变量的微分方程

微分方程的类型是多种多样的，它们的解法也各不相同．从本节开始我们将根据微分方程的不同类型，给出相应的解法．本节我们将介绍可分离变量的微分方程以及一些可以化为这类方程的微分方程，如齐次方程等．

一、可分离变量的微分方程

设有一阶微分方程

$$\frac{dy}{dx}=F(x, y),$$

如果其右端函数能分解成 $F(x, y)=f(x)g(y)$，即有

$$\frac{dy}{dx}=f(x)g(y), \tag{2.1}$$

则称方程 (2.1) 为**可分离变量的微分方程**，其中 $f(x)$，$g(y)$ 都是连续函数．根据这种方程的特点，我们可通过积分来求解．

设 $g(y)\neq 0$，用 $g(y)$ 除方程的两端，用 dx 乘以方程的两端，使得未知函数与自变量置于等号的两边，得

$$\frac{1}{g(y)}dy=f(x)dx.$$

再对上述等式两边积分，即得

$$\int\frac{1}{g(y)}dy=\int f(x)dx.$$

如果 $g(y_0)=0$，则易知 $y=y_0$ 也是方程 (2.1) 的解．

上述求解可分离变量的微分方程的方法称为**分离变量法**．

一般地，用分离变量法求解微分方程得到的是由 $F(x, y)=0$ 表示的隐函数解，称其为微分方程的**隐式解**．

例 1 求微分方程 $\frac{dy}{dx}=2xy$ 的通解．

解 题设方程是可分离变量的，分离变量得

$$\frac{dy}{y}=2xdx,$$

两端积分 $\int\frac{dy}{y}=\int 2xdx$，得

$$\ln|y|=x^2+C_1,$$

从而

$$y = \pm e^{x^2 + C_1} = \pm e^{C_1} \cdot e^{x^2}.$$

记 $C = \pm e^{C_1}$，则得到题设方程的通解

$$y = Ce^{x^2}.$$ ■

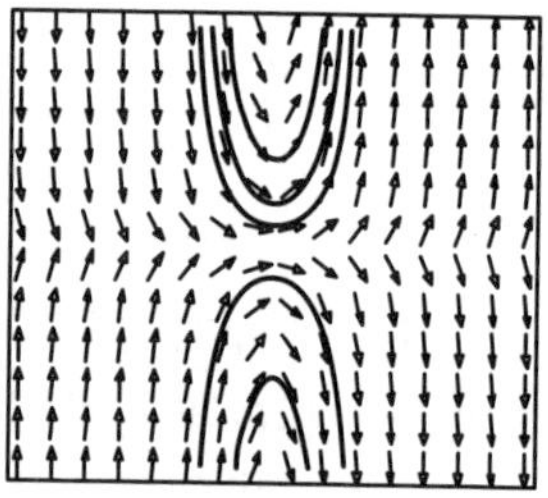
图 8-2-1

注：利用计算软件易绘制出例1中微分方程的方向场和积分曲线(见图8-2-1).

微信扫描右侧二维码，即可进行重复实验或修改实验(详见教材配套的网络学习空间).

计算实验

例 2　求微分方程 $dx + xydy = y^2 dx + ydy$ 的通解.

解　先合并 dx 及 dy 的各项，得

$$y(x-1)\,dy = (y^2-1)\,dx.$$

设 $y^2 - 1 \neq 0$，$x - 1 \neq 0$，分离变量得

$$\frac{y}{y^2-1}\,dy = \frac{1}{x-1}\,dx.$$

两端积分

$$\int \frac{y}{y^2-1}\,dy = \int \frac{1}{x-1}\,dx$$

得

$$\frac{1}{2}\ln|y^2-1| = \ln|x-1| + \ln|C_1|.$$

计算实验

于是

$$y^2 - 1 = \pm C_1^2 (x-1)^2.$$

记 $C = \pm C_1^2$，则得到题设方程的通解

$$y^2 - 1 = C(x-1)^2.$$ ■

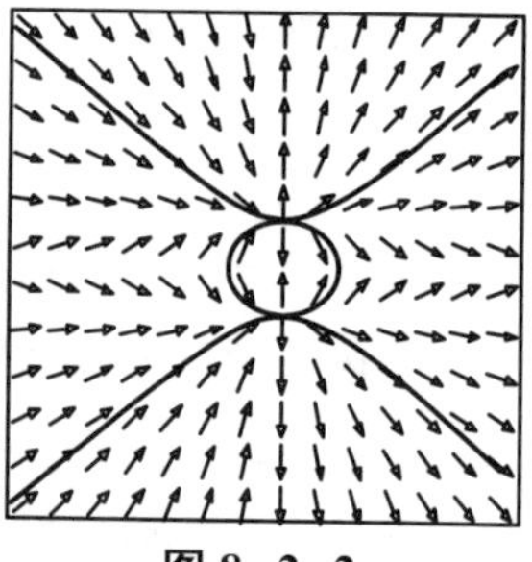
图 8-2-2

注：利用计算软件易绘制出例2中微分方程的方向场和积分曲线(见图8-2-2).

微信扫描右侧二维码，即可进行重复实验或修改实验(详见教材配套的网络学习空间).

在用分离变量法解可分离变量的微分方程的过程中，我们在假定 $g(y) \neq 0$ 的前提下，用它除方程两边，这样得到的通解不包含使 $g(y) = 0$ 的特解. 但是，有时如果我们扩大任意常数 C 的取值范围，则其失去的解仍包含在通解中. 如在例 2 中，我们得到的通解中应该有 $C \neq 0$，但这样方程就失去特解 $y = \pm 1$，而如果允许 $C = 0$，则 $y = \pm 1$ 仍包含在通解 $y^2 - 1 = C(x-1)^2$ 中.

例 3　在一次谋杀发生后，尸体的温度从原来的 37 ℃ 按照牛顿冷却定律开始下降. 假设两小时后尸体温度变为35℃，并且假定周围空气的温度保持 20 ℃ 不变，试

求出尸体温度 T 随时间 t 的变化规律. 又如果尸体被发现时的温度是30℃, 时间是下午4点整, 那么谋杀是何时发生的(见图8-2-3)?

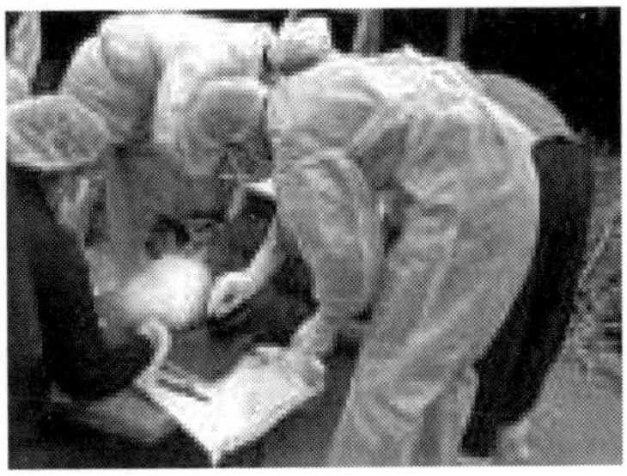

图 8-2-3

解　根据物体冷却的数学模型, 有

$$\begin{cases}\dfrac{dT}{dt}=-k(T-20), \quad k>0,\\ T(0)=37.\end{cases}$$

其中 $k>0$ 是常数. 分离变量并求解得

$$T-20=Ce^{-kt},$$

代入初始条件 $T(0)=37$, 可求得 $C=17$. 于是得该初值问题的解为

$$T=20+17e^{-kt}.$$

为求出 k 值, 根据两小时后尸体温度为35℃这一条件, 有

$$35=20+17e^{-k\cdot 2},$$

求得 $k\approx 0.063$, 于是温度函数为

$$T=20+17e^{-0.063t}, \tag{2.2}$$

将 $T=30$ 代入式(2.2)求解 t, 有

$$\frac{10}{17}=e^{-0.063t}, \text{ 即得 } t\approx 8.4\text{ (小时)}.$$

于是, 可以判定谋杀发生在下午4点尸体被发现前的8.4小时, 即8小时24分钟, 所以谋杀是在上午7点36分发生的. ■

例4　某公司 t 年净资产有 $W(t)$ (百万元), 并且资产本身以每年 5% 的速度连续增长, 同时该公司每年要以30(百万元)的数额连续支付职工工资.

(1) 给出描述净资产 $W(t)$ 的微分方程;

(2) 求解方程, 这时假设初始净资产为 W_0;

(3) 讨论在 $W_0=500, 600, 700$ 三种情况下, $W(t)$ 的变化特点.

解　(1) 利用平衡法, 即由

净资产增长速度 = 资产本身增长速度 − 职工工资支付速度

得到所求微分方程

$$\frac{dW}{dt}=0.05W-30.$$

(2) 分离变量, 得

$$\frac{dW}{W-600}=0.05dt,$$

两边积分, 得

$$\ln|W-600|=0.05t+\ln C_1 \quad (C_1\text{ 为正常数}),$$

于是

$$|W-600|=C_1\mathrm{e}^{0.05t},$$

或
$$W-600=C\mathrm{e}^{0.05t}\quad (C=\pm C_1).$$

将 $W(0)=W_0$ 代入，得方程的通解：

$$W=600+(W_0-600)\mathrm{e}^{0.05t}.$$

上式推导过程中 $W\neq 600$，当 $W=600$ 时，由 $\dfrac{\mathrm{d}W}{\mathrm{d}t}=0$ 可知

$$W=600=W_0,$$

通常称此为平衡解，仍包含在通解表达式中.

(3) 由通解表达式可知，当 $W_0=500$(百万元)时，净资产额单调递减，公司将在第36年破产；当 $W_0=600$(百万元)时，公司收支平衡，资产将保持在600(百万元)不不变；当 $W_0=700$(百万元)时，公司净资产将按指数不断增大. ■

二、齐次方程

形如
$$\frac{\mathrm{d}y}{\mathrm{d}x}=f\left(\frac{y}{x}\right) \tag{2.3}$$

的一阶微分方程称为**齐次微分方程**，简称**齐次方程**.

齐次方程 (2.3) 通过变量替换，可化为可分离变量的方程来求解，即令

$$u=y/x\ \text{或}\ y=ux,$$

其中 $u=u(x)$ 是新的未知函数，则有

$$\frac{\mathrm{d}y}{\mathrm{d}x}=u+x\frac{\mathrm{d}u}{\mathrm{d}x}.$$

将其代入式 (2.3)，得

$$u+x\frac{\mathrm{d}u}{\mathrm{d}x}=f(u). \tag{2.4}$$

分离变量，得

$$\frac{\mathrm{d}u}{f(u)-u}=\frac{\mathrm{d}x}{x}.$$

两边积分

$$\int\frac{\mathrm{d}u}{f(u)-u}=\int\frac{\mathrm{d}x}{x}.$$

求出积分后，再将 $u=\dfrac{y}{x}$ 回代，便得到方程(2.3)的通解.

注：如果有 u_0，使得 $f(u_0)-u_0=0$，则显然 $u=u_0$ 也是方程 (2.4) 的解，从而 $y=u_0x$ 也是方程 (2.3) 的解；如果 $f(u)-u\equiv 0$，则方程 (2.3) 变成 $\dfrac{\mathrm{d}y}{\mathrm{d}x}=\dfrac{y}{x}$，这是一个可分离变量的方程.

例 5　求微分方程 $\dfrac{\mathrm{d}y}{\mathrm{d}x}=\dfrac{y}{x}+\tan\dfrac{y}{x}$ 满足初始条件 $y\big|_{x=1}=\dfrac{\pi}{6}$ 的特解.

解　题设方程为齐次方程, 设 $u=\dfrac{y}{x}$, 有

$$\frac{\mathrm{d}y}{\mathrm{d}x}=u+x\frac{\mathrm{d}u}{\mathrm{d}x},$$

代入原方程, 得

$$u+x\frac{\mathrm{d}u}{\mathrm{d}x}=u+\tan u,$$

分离变量得 $\cot u\mathrm{d}u=\dfrac{1}{x}\mathrm{d}x$. 两边积分, 得

$$\ln|\sin u|=\ln|x|+\ln|C|,$$

即 $\sin u=Cx$, 将 $u=\dfrac{y}{x}$ 回代, 则得到题设方程的通解为

$$\sin\frac{y}{x}=Cx.$$

利用初始条件 $y\big|_{x=1}=\dfrac{\pi}{6}$, 得到 $C=\dfrac{1}{2}$. 从而题设方程的特解为

$$\sin\frac{y}{x}=\frac{1}{2}x. \qquad ■$$

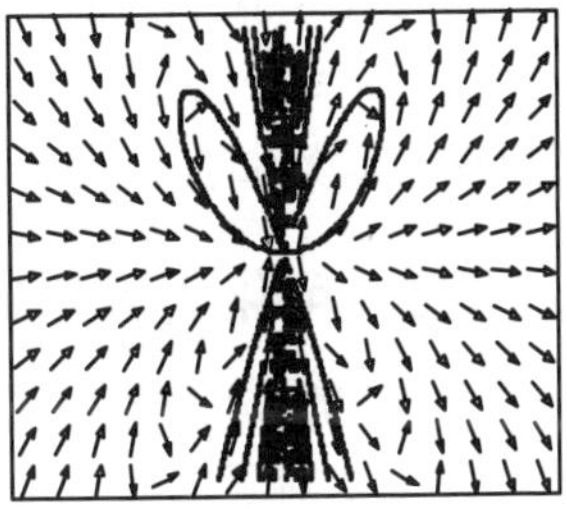
图 8-2-4

注: 利用计算软件易绘制出例5中微分方程的方向场和积分曲线(见图8-2-4).

微信扫描右侧二维码, 即可进行重复实验或修改实验(详见教材配套的网络学习空间).

计算实验

例 6　求解微分方程 $y^2+x^2\dfrac{\mathrm{d}y}{\mathrm{d}x}=xy\dfrac{\mathrm{d}y}{\mathrm{d}x}$.

解　原方程可写成

$$\frac{\mathrm{d}y}{\mathrm{d}x}=\frac{y^2}{xy-x^2}=\frac{\left(\dfrac{y}{x}\right)^2}{\dfrac{y}{x}-1},$$

易见题设方程是齐次方程. 令 $\dfrac{y}{x}=u$, 则

$$y=ux,\quad \frac{\mathrm{d}y}{\mathrm{d}x}=u+x\frac{\mathrm{d}u}{\mathrm{d}x},$$

于是, 原方程变为

$$u+x\frac{\mathrm{d}u}{\mathrm{d}x}=\frac{u^2}{u-1},\quad 即\quad x\frac{\mathrm{d}u}{\mathrm{d}x}=\frac{u}{u-1}.$$

分离变量，得

$$\left(1-\frac{1}{u}\right)\mathrm{d}u=\frac{\mathrm{d}x}{x}.$$

两端积分，得

$$u-\ln|u|+C=\ln|x| \text{ 或 } \ln|xu|=u+C.$$

将 $u=\dfrac{y}{x}$ 回代，则得到题设方程的通解为

$$\ln|y|=\frac{y}{x}+C.$$ ■

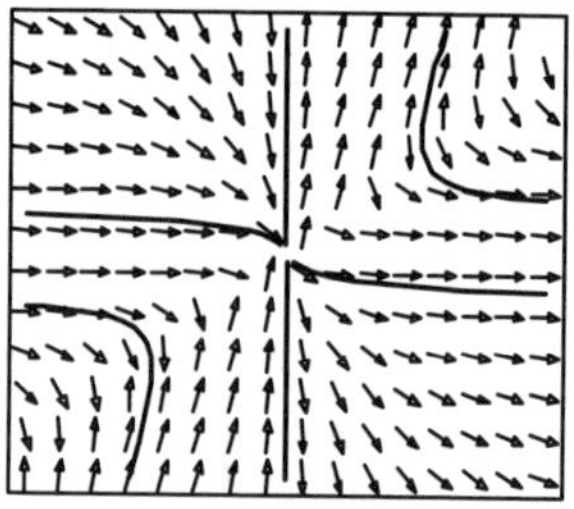

图 8-2-5

注：利用计算软件易绘制出例6中微分方程的方向场和积分曲线(见图8-2-5)。

微信扫描右侧二维码，即可进行重复实验或修改实验(详见教材配套的网络学习空间)。

计算实验

*三、可化为齐次方程的微分方程

有些方程本身虽然不是齐次的，但通过适当变换，可以化为齐次方程。

例如，对于形如

$$\frac{\mathrm{d}y}{\mathrm{d}x}=f\left(\frac{a_1x+b_1y+c_1}{a_2x+b_2y+c_2}\right)$$

的方程，先求出两条直线

$$a_1x+b_1y+c_1=0,\ a_2x+b_2y+c_2=0$$

的交点 (x_0,y_0)，然后作平移变换

$$\begin{cases}X=x-x_0\\Y=y-y_0\end{cases}，\text{即}\quad\begin{cases}x=X+x_0\\y=Y+y_0\end{cases}.$$

这时，$\dfrac{\mathrm{d}y}{\mathrm{d}x}=\dfrac{\mathrm{d}Y}{\mathrm{d}X}$，于是，原方程就化为齐次方程

$$\frac{\mathrm{d}Y}{\mathrm{d}X}=f\left(\frac{a_1X+b_1Y}{a_2X+b_2Y}\right).$$

例 7　求 $\dfrac{\mathrm{d}y}{\mathrm{d}x}=\dfrac{x-y+1}{x+y-3}$ 的通解。

解　直线 $x-y+1=0$ 和直线 $x+y-3=0$ 的交点是 $(1,2)$，因此作变换 $x=X+1$，$y=Y+2$。代入题设方程，得

$$\frac{\mathrm{d}Y}{\mathrm{d}X}=\frac{X-Y}{X+Y}=\left(1-\frac{Y}{X}\right)\Big/\left(1+\frac{Y}{X}\right).$$

令 $u=\dfrac{Y}{X}$，则 $Y=uX$，$\dfrac{\mathrm{d}Y}{\mathrm{d}X}=u+X\dfrac{\mathrm{d}u}{\mathrm{d}X}$，代入上式，得

$$u+X\frac{\mathrm{d}u}{\mathrm{d}X}=\frac{1-u}{1+u},$$

分离变量，得

$$\frac{1+u}{1-2u-u^2}\mathrm{d}u=\frac{\mathrm{d}x}{X},$$

两边积分，得

$$-\frac{1}{2}\ln|1-2u-u^2|=\ln|X|+\ln C_1,$$

即

$$1-2u-u^2=\frac{C}{X^2}\quad (C=C_1^{-2}).$$

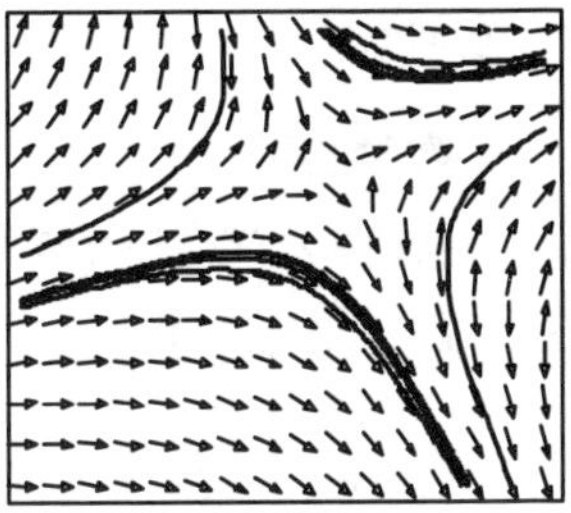

图 8-2-6

计算实验

将 $u=\dfrac{Y}{X}$ 回代得

$$X^2-2XY-Y^2=C,$$

再将 $X=x-1$, $Y=y-2$ 回代，则可整理得到所求题设方程的通解

$$x^2-2xy-y^2+2x+6y=C.$$

■

注：利用计算软件易绘制出例 7 中微分方程的方向场和积分曲线（见图8-2-6）.

微信扫描右侧二维码，即可进行重复实验或修改实验（详见教材配套的网络学习空间）.

此外，对具体问题应具体分析，根据所给方程的特点，有时可作变量代换将方程化为齐次方程或可分离变量的方程.

例 8 利用变量代换法求方程 $\dfrac{\mathrm{d}y}{\mathrm{d}x}=(x+y)^2$ 的通解.

解 令 $x+y=u$，则 $\dfrac{\mathrm{d}y}{\mathrm{d}x}=\dfrac{\mathrm{d}u}{\mathrm{d}x}-1$，代入题设方程，得

$$\frac{\mathrm{d}u}{\mathrm{d}x}=1+u^2.$$

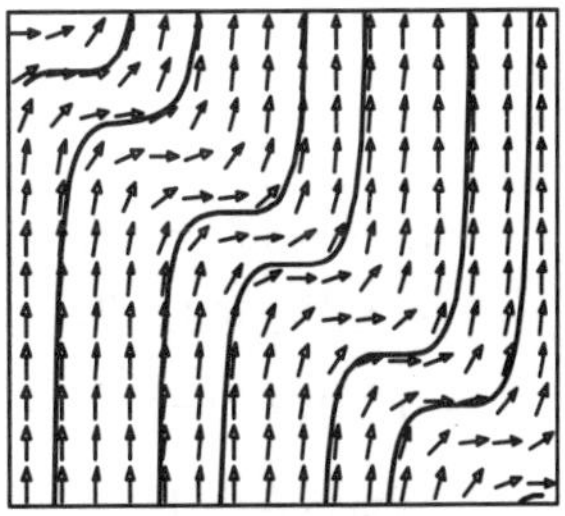

图 8-2-7

计算实验

分离变量，得

$$\frac{\mathrm{d}u}{1+u^2}=\mathrm{d}x,$$

两边积分，得

$$\arctan u=x+C,$$

回代 $x+y=u$，得

$$\arctan(x+y)=x+C,$$

于是，所求题设方程的通解为

$$y=\tan(x+C)-x.$$

■

注：利用计算软件易绘制出例 8 中微分方程的方向场和积分曲线（见图8-2-7）.

微信扫描右侧二维码，即可进行重复实验或修改实验（详见教材配套的网络学

习空间).

*数学实验

实验 8.2 试用计算软件求解下列微分方程，并画出积分曲线和方向场：

(1) $\dfrac{\mathrm{d}y}{\mathrm{d}x}=1-y^2,\ y(0)=0$;　　(2) $(x^3+1)y^3y'+1=5y^2$;

(3) $3x^3y'=y(4x^2-5y^2),\ y|_{x=1}=1$;　　(4) $\dfrac{\mathrm{d}y}{\mathrm{d}x}=\dfrac{3x-2y+3}{2x+y+5}$;

计算实验

(5) 求解初值问题 $(1+xy)y+(1-xy)y'=0,\ y|_{x=1.2}=1$ 在区间 [1.2, 4] 上的近似解并作图.

微信扫描右侧二维码，即可进行重复实验或修改实验（详见教材配套的网络学习空间）.

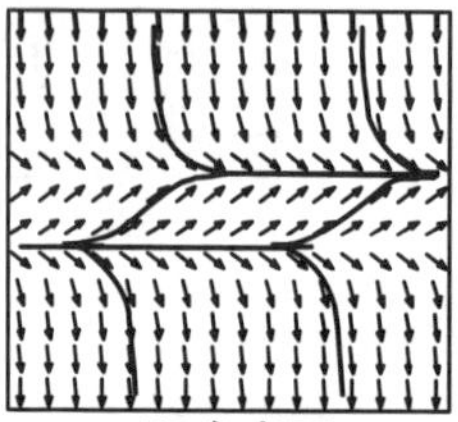

(1) 参考图

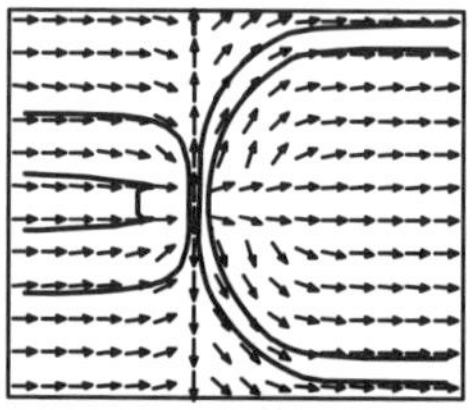

(2) 参考图

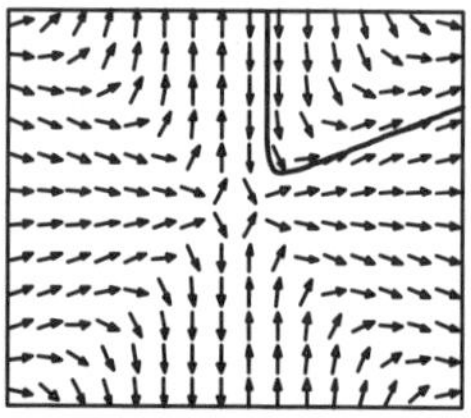

(3) 参考图

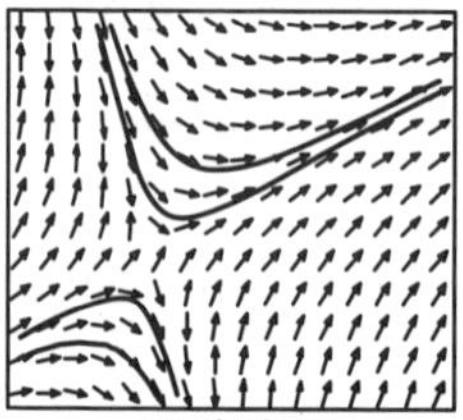

(4) 参考图

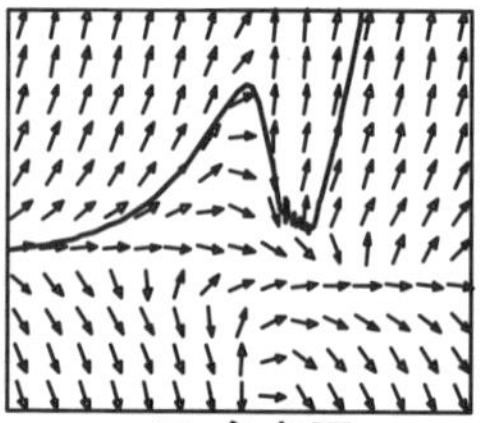

(5) 参考图

习题 8-2

1. 求下列微分方程的通解：

(1) $xy'-y\ln y=0$;　　(2) $x(y^2-1)\mathrm{d}x+y(x^2-1)\mathrm{d}y=0$

(3) $xy\mathrm{d}x+\sqrt{1-x^2}\mathrm{d}y=0$;　　(4) $x\mathrm{d}y+\mathrm{d}x=\mathrm{e}^y\mathrm{d}x$;

(5) $\tan x\dfrac{\mathrm{d}y}{\mathrm{d}x}=1+y$;　　(6) $\dfrac{\mathrm{d}y}{\mathrm{d}x}=10^{x+y}$;

(7) $x^2y\,\mathrm{d}x=(1-y^2+x^2-x^2y^2)\mathrm{d}y$;　　(8) $y'+\sin\dfrac{x+y}{2}=\sin\dfrac{x-y}{2}$.

2. 求下列齐次方程的通解：

(1) $xy'-y-\sqrt{y^2-x^2}=0$;　　(2) $x\dfrac{\mathrm{d}y}{\mathrm{d}x}=y\ln\dfrac{y}{x}$;

(3) $\left(x+y\cos\dfrac{y}{x}\right)\mathrm{d}x-x\cos\dfrac{y}{x}\mathrm{d}y=0$;　　(4) $y'=\mathrm{e}^{\frac{y}{x}}+\dfrac{y}{x}$;

(5) $y(x^2-xy+y^2)\mathrm{d}x+x(x^2+xy+y^2)\mathrm{d}y=0$.

3. 求下列各初值问题的解：

(1) $\frac{x}{1+y}\mathrm{d}x-\frac{y}{1+x}\mathrm{d}y=0$, $y|_{x=0}=0$;　　(2) $y'=\frac{x}{y}+\frac{y}{x}$, $y|_{x=-1}=2$.

4. 化下列方程为齐次方程，并求出其通解：

(1) $\frac{\mathrm{d}y}{\mathrm{d}x}=\frac{2y-x+5}{2x-y-4}$;　　(2) $(x-y-1)\mathrm{d}x+(4y+x-1)\mathrm{d}y=0$.

5. 利用变量代换法求 $(x+y)\mathrm{d}x+(3x+3y-4)\mathrm{d}y=0$ 的通解.

6. 求一曲线的方程，该曲线通过点 $(0,1)$ 且曲线上任一点处的切线垂直于此点与原点的连线.

7. 某林区现有木材 10 万米^3，如果在每一瞬时木材的变化率与当时木材数成正比，假设 10 年内该林区能有木材 20 万米^3，试确定木材数 p 与时间 t 的关系.

8. 一个煮熟了的鸡蛋有 98℃，把它放在18℃ 的水池里，5分钟后，鸡蛋的温度是38℃. 假定没有感到水变热，鸡蛋冷却到20℃ 需多长时间？

9. 某商品的需求量 x 对价格 p 的弹性为 $\eta=-3p^3$，市场对该产品的最大需求量为1(万件)，求需求函数.

10. 在某池塘内养鱼，该池塘最多能养鱼1 000尾. 在时刻 t，鱼数 y 是时间 t 的函数 $y=y(t)$，其变化率与鱼数 y 及 $1\,000-y$ 成正比. 已知在池塘内放养鱼100尾，3 个月后池塘内有鱼250尾，求放养 t 月后池塘内鱼数 $y(t)$ 的公式.

§8.3 一阶线性微分方程

一、一阶线性微分方程

形如

$$\frac{\mathrm{d}y}{\mathrm{d}x}+P(x)y=Q(x) \tag{3.1}$$

的方程称为**一阶线性微分方程**. 其中函数 $P(x)$，$Q(x)$ 是某一区间 I 上的连续函数. 当 $Q(x)\equiv 0$ 时，方程 (3.1) 变为

$$\frac{\mathrm{d}y}{\mathrm{d}x}+P(x)y=0, \tag{3.2}$$

这个方程称为**一阶齐次线性方程**. 相应地，方程 (3.1) 称为**一阶非齐次线性方程**.

一阶齐次线性方程 (3.2) 是可分离变量的方程，分离变量，得

$$\frac{\mathrm{d}y}{y}=-P(x)\mathrm{d}x,$$

两边积分，得

$$\ln|y|=-\int P(x)\mathrm{d}x+C_1,$$

由此得到方程 (3.2) 的通解

$$y=C\mathrm{e}^{-\int P(x)\mathrm{d}x}, \tag{3.3}$$

其中 $C\,(C=\pm e^{C_1})$ 为任意常数.

下面再来讨论一阶非齐次线性方程 (3.1) 的通解.

将方程 (3.1) 变形为

$$\frac{dy}{y}=\left[\frac{Q(x)}{y}-P(x)\right]dx,$$

两边积分, 得

$$\ln|y|=\int\frac{Q(x)}{y}dx-\int P(x)\,dx.$$

若记 $\int\frac{Q(x)}{y}dx=v(x)$, 则

$$\ln|y|=v(x)-\int P(x)dx,$$

即

$$y=\pm e^{v(x)}e^{-\int P(x)dx}=u(x)e^{-\int P(x)dx}. \tag{3.4}$$

将此解与齐次方程的通解式 (3.3) 相比较, 易见其表达形式一致, 只需将式 (3.3) 中的常数 C 换为函数 $u(x)$. 由此我们引入求解一阶非齐次线性微分方程的 **常数变易法**, 即在求出对应的齐次方程的通解式 (3.3) 后, 将通解中的常数 C 变易为待定函数 $u(x)$, 并设一阶非齐次方程的通解为

$$y=u(x)e^{-\int P(x)dx},$$

求导, 得

$$y'=u'e^{-\int P(x)dx}+u[-P(x)]e^{-\int P(x)dx}.$$

将 y 和 y' 代入方程 (3.1), 得

$$u'(x)e^{-\int P(x)dx}=Q(x),$$

积分, 得

$$u(x)=\int Q(x)e^{\int P(x)dx}dx+C,$$

从而一阶非齐次线性方程 (3.1) 的通解为

$$y=\left[\int Q(x)e^{\int P(x)dx}dx+C\right]e^{-\int P(x)dx}. \tag{3.5}$$

公式 (3.5) 可写成

$$y=Ce^{-\int P(x)dx}+e^{-\int P(x)dx}\cdot\int Q(x)e^{\int P(x)dx}dx.$$

从中可以看出, 一阶非齐次线性方程的通解是对应的齐次线性方程的通解与其本身的一个特解之和. 以后还可看到, 这个结论对高阶非齐次线性方程亦成立.

例 1　求方程 $y'+\frac{1}{x}y=\frac{\sin x}{x}$ 的通解.

解　题设方程是一阶非齐次线性方程, 这里

$$P(x)=\frac{1}{x},\quad Q(x)=\frac{\sin x}{x},$$

于是, 所求通解为

$$y=\mathrm{e}^{-\int\frac{1}{x}\mathrm{d}x}\left(\int\frac{\sin x}{x}\cdot\mathrm{e}^{\int\frac{1}{x}\mathrm{d}x}\mathrm{d}x+C\right)$$

$$=\mathrm{e}^{-\ln x}\left(\int\frac{\sin x}{x}\cdot\mathrm{e}^{\ln x}\mathrm{d}x+C\right)$$

$$=\frac{1}{x}\left(\int\sin x\mathrm{d}x+C\right)=\frac{1}{x}(-\cos x+C).\quad\blacksquare$$

计算实验

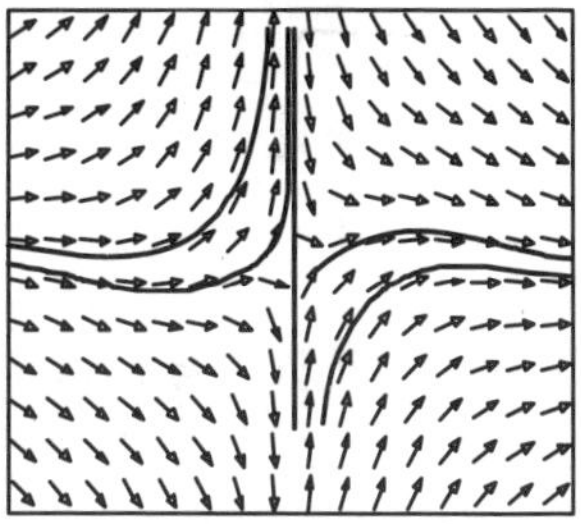

图 8-3-1

注: 利用计算软件易绘制出例1中微分方程的方向场和积分曲线(见图8-3-1).

微信扫描右侧二维码, 即可进行重复实验或修改实验(详见教材配套的网络学习空间).

例 2 求方程 $\frac{\mathrm{d}y}{\mathrm{d}x}-\frac{2y}{x+1}=(x+1)^{5/2}$ 的通解.

解 题设方程是一阶非齐次线性方程. 下面我们不直接套用公式(3.5), 而采用常数变易法来求解.

先求对应的齐次方程的通解. 由 $\frac{\mathrm{d}y}{\mathrm{d}x}-\frac{2}{x+1}y=0$, 分离变量, 得

$$\frac{\mathrm{d}y}{y}=\frac{2\mathrm{d}x}{x+1}.$$

两端积分, 得对应的齐次方程的通解为

$$y=C_1(x+1)^2,\ \text{其中 } C_1 \text{ 为任意常数}.$$

计算实验

利用常数变易法, 设题设方程的通解为

$$y=u(x)(x+1)^2,\tag{3.6}$$

求导, 得

$$\frac{\mathrm{d}y}{\mathrm{d}x}=u'(x)(x+1)^2+2u(x)(x+1),$$

代入题设方程, 得

$$u'(x)=(x+1)^{1/2}.$$

两端积分, 得

$$u(x)=\frac{2}{3}(x+1)^{3/2}+C.$$

将上式代入式(3.6), 即得到题设方程的通解为

$$y=(x+1)^2\left[\frac{2}{3}(x+1)^{3/2}+C\right].\quad\blacksquare$$

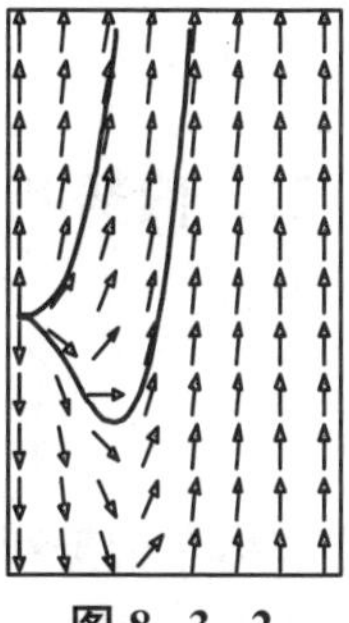

图 8-3-2

注: 利用计算软件易绘制出例2中微分方程的方向场和积分曲线(见图8-3-2).

微信扫描题中右侧二维码，即可进行重复实验或修改实验（详见教材配套的网络学习空间）.

例 3　求方程 $y^3\mathrm{d}x+(2xy^2-1)\mathrm{d}y=0$ 的通解.

解　如果将 y 看作 x 的函数，则方程变为

$$\frac{\mathrm{d}y}{\mathrm{d}x}=\frac{y^3}{1-2xy^2},$$

这个方程不是一阶线性微分方程，不便求解. 如果将 x 看作 y 的函数，则方程可改写为

$$y^3\frac{\mathrm{d}x}{\mathrm{d}y}+2y^2x=1,$$

它是一阶线性微分方程，其对应的齐次方程为

$$y^3\frac{\mathrm{d}x}{\mathrm{d}y}+2y^2x=0.$$

分离变量，并积分得 $\int\frac{\mathrm{d}x}{x}=-\int\frac{2\mathrm{d}y}{y}$，即 $x=C_1\frac{1}{y^2}$，其中 C_1 为任意常数. 利用常数变易法，设题设方程的通解为

$$x=u(y)\frac{1}{y^2},$$

计算实验

代入原方程，得

$$u'(y)=\frac{1}{y},$$

积分，得

$$u(y)=\ln|y|+C.$$

于是，原方程的通解为

$$x=\frac{1}{y^2}(\ln|y|+C),\ \text{其中 } C \text{ 为任意常数}.\quad ■$$

注：利用计算软件易绘制出例 3 中微分方程的方向场和积分曲线（见图 8-3-3）.

微信扫描右侧二维码，即可进行重复实验或修改实验（详见教材配套的网络学习空间）.

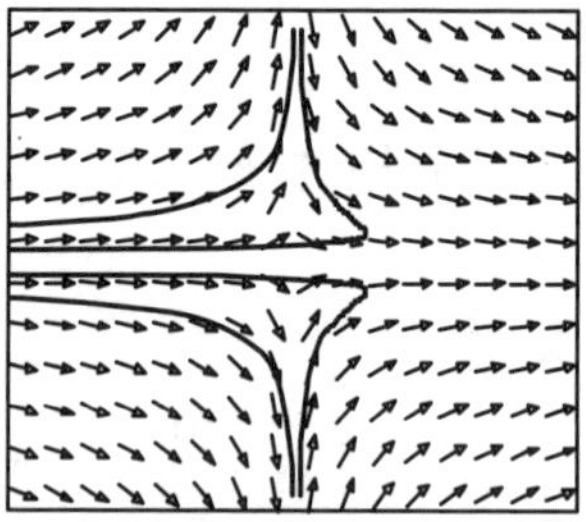

图 8-3-3

*二、伯努利方程

形如

$$\frac{\mathrm{d}y}{\mathrm{d}x}+P(x)y=Q(x)y^n \tag{3.7}$$

的方程称为**伯努利方程**，其中 n 为常数，且 $n\neq 0,1$.

伯努利方程是一类非线性方程，但是通过适当的变换，就可以把它化为线性方程. 事实上，在方程 (3.7) 两端除以 y^n，得

$$y^{-n}\frac{\mathrm{d}y}{\mathrm{d}x}+P(x)y^{1-n}=Q(x),$$

或
$$\frac{1}{1-n}\cdot(y^{1-n})'+P(x)y^{1-n}=Q(x).$$

于是，令 $z=y^{1-n}$，就得到关于变量 z 的一阶线性方程

$$\frac{\mathrm{d}z}{\mathrm{d}x}+(1-n)P(x)z=(1-n)Q(x).$$

利用线性方程的求解方法求出通解后，再回代原变量，便可得到伯努利方程 (3.7) 的通解为

$$y^{1-n}=\mathrm{e}^{-\int(1-n)P(x)\mathrm{d}x}\left(\int Q(x)(1-n)\mathrm{e}^{\int(1-n)P(x)\mathrm{d}x}\mathrm{d}x+C\right).$$

例 4 求方程 $\frac{\mathrm{d}y}{\mathrm{d}x}+\frac{y}{x}=(a\ln x)y^2$ 的通解.

解 以 y^2 除方程的两端，得

$$y^{-2}\frac{\mathrm{d}y}{\mathrm{d}x}+\frac{1}{x}y^{-1}=a\ln x,$$

即
$$-\frac{\mathrm{d}(y^{-1})}{\mathrm{d}x}+\frac{1}{x}y^{-1}=a\ln x.$$

令 $z=y^{-1}$，则上述方程变为

$$\frac{\mathrm{d}z}{\mathrm{d}x}-\frac{1}{x}z=-a\ln x.$$

计算实验

解此线性微分方程，得

$$z=x\left[C-\frac{a}{2}(\ln x)^2\right].$$

以 y^{-1} 代替 z，得所求通解为

$$yx\left[C-\frac{a}{2}(\ln x)^2\right]=1.$$ ■

注：利用计算软件易绘制出例4中微分方程的方向场和积分曲线(见图8–3–4).

微信扫描右侧二维码，即可进行重复实验或修改实验(详见教材配套的网络学习空间).

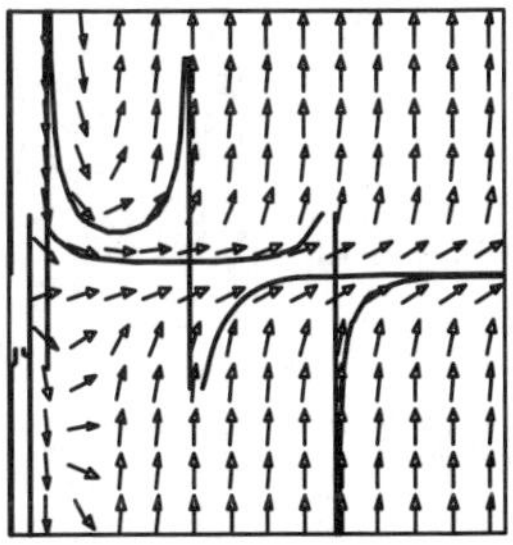

图 8–3–4

利用变量代换把一个微分方程化为可分离变量的微分方程或一阶线性微分方程等已知可解的方程，这是解微分方程最常用的方法. 下面再通过两个例题加以说明.

例 5 求方程 $\frac{\mathrm{d}y}{\mathrm{d}x}+x(y-x)+x^3(y-x)^2=1$ 的通解.

解 令 $y-x=u$，则 $\frac{\mathrm{d}y}{\mathrm{d}x}=\frac{\mathrm{d}u}{\mathrm{d}x}+1$，于是得到伯努利方程

$$\frac{du}{dx}+xu=-x^3u^2.$$

令 $z=u^{1-2}=\frac{1}{u}$, 上式即变为一阶线性方程

$$\frac{dz}{dx}-xz=x^3.$$

其通解为

$$z=e^{\frac{x^2}{2}}\left(\int x^3e^{-\frac{x^2}{2}}dx+C\right)=Ce^{\frac{x^2}{2}}-x^2-2.$$

回代原变量, 即得到题设方程的通解为

$$y=x+\frac{1}{z}=x+\frac{1}{Ce^{\frac{x^2}{2}}-x^2-2}.$$

此外, 由于 $u=0$ 也是 $\frac{du}{dx}+xu=-x^3u^2$ 的解, 故 $y=x$ 也是题设方程的解. ■

计算实验

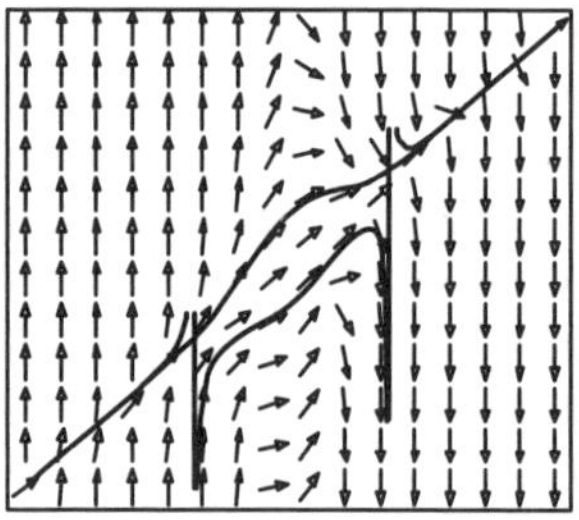

图 8-3-5

注: 利用计算软件易绘制出例5中微分方程的方向场和积分曲线(见图8-3-5).

微信扫描右侧二维码, 即可进行重复实验或修改实验(详见教材配套的网络学习空间).

例 6　求解微分方程 $\frac{dy}{dx}=\frac{1}{x\sin^2(xy)}-\frac{y}{x}$.

解　令 $z=xy$, 则有 $\frac{dz}{dx}=y+x\frac{dy}{dx}$, 所以

$$\frac{dz}{dx}=y+x\left(\frac{1}{x\sin^2(xy)}-\frac{y}{x}\right)=\frac{1}{\sin^2 z}.$$

分离变量, 得

$$\sin^2 z dz=dx,$$

两端积分, 得

$$2z-\sin 2z=4x+C,$$

回代原变量, 即得到题设微分方程的通解

$$2xy-\sin(2xy)=4x+C.$$ ■

计算实验

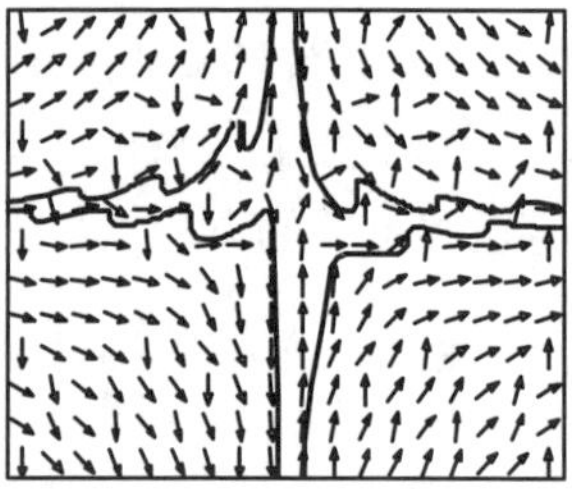

图 8-3-6

注: 利用计算软件易绘制出例6中微分方程的方向场和积分曲线(见图8-3-6).

微信扫描右侧二维码, 即可进行重复实验或修改实验(详见教材配套的网络学习空间).

*数学实验

实验 8.3 试用计算软件求解下列微分方程，并作出其方向场和积分曲线：

(1) $(1-2xy)y'=x^2+y^2-2$；　(2) $y'+\dfrac{2x}{x^2-5}y=3x^5-x+1$；

(3) $4y'=y^5\cos x+y\tan x$；　(4) $(x+1)\dfrac{dy}{dx}-ny=e^x(x+1)^{n+1}$.

计算实验

微信扫描右侧二维码，即可进行重复实验或修改实验（详见教材配套的网络学习空间）.

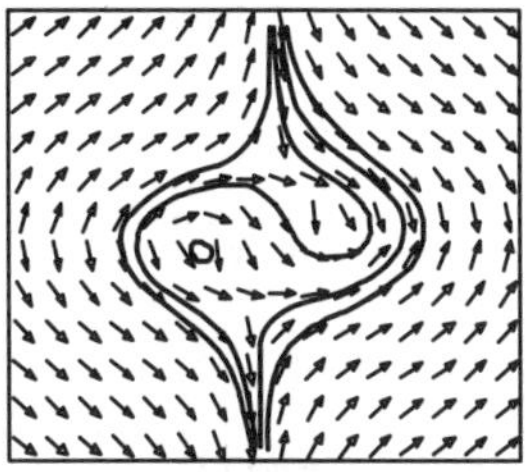

(1) 参考图

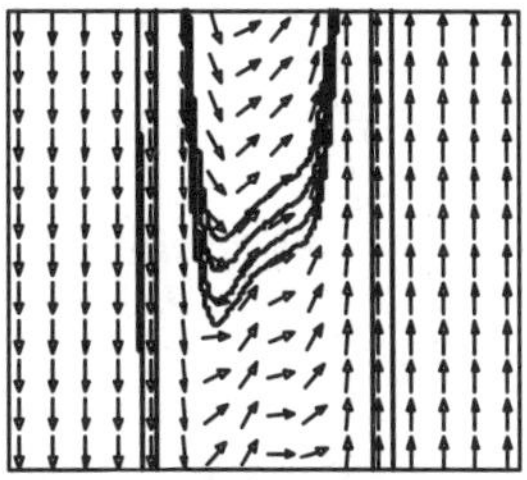

(2) 参考图

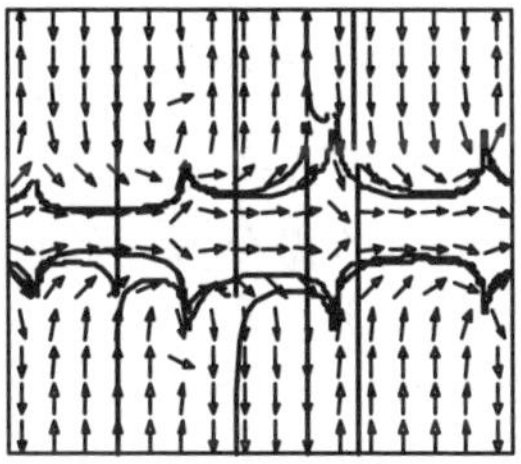

(3) 参考图

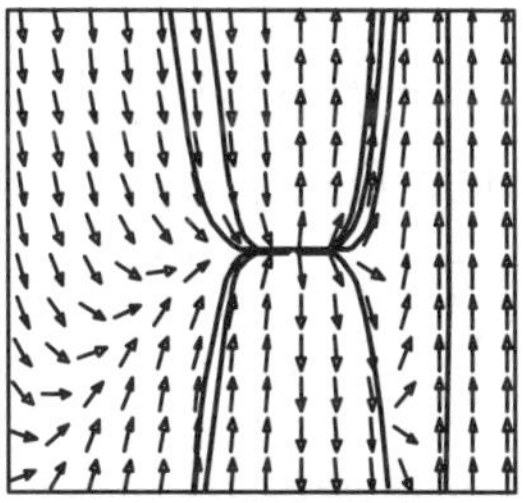

(4) 参考图

习题 8-3

1. 求下列微分方程的解：

(1) $\dfrac{dy}{dx}+2xy=4x$；　(2) $\dfrac{dy}{dx}-\dfrac{1}{x}y=2x^2$；

(3) $(x-2)\dfrac{dy}{dx}=y+2(x-2)^3$；　(4) $(x^2+1)y'+2xy=4x^2$；

(5) $(y^2-6x)y'+2y=0$；　(6) $y\,dx+(1+y)x\,dy=e^y\,dy$；

(7) $\dfrac{dy}{dx}=\dfrac{1}{x\cos y+\sin 2y}$；　(8) $(x-2xy-y^2)\dfrac{dy}{dx}+y^2=0$；

(9) $y'+f'(x)y=f(x)f'(x)$.

2. 求下列微分方程满足初始条件的特解：

(1) $\dfrac{dy}{dx}+3y=8,\ y\big|_{x=0}=2$；　(2) $\dfrac{dy}{dx}-y\tan x=\sec x,\ y\big|_{x=0}=0$.

*3. 求下列伯努利方程的通解：

(1) $y'-3xy=xy^2$；　(2) $3xy'-y-3xy^4\ln x=0$；

(3) $\frac{dy}{dx}+\frac{1}{3}y=\frac{1}{3}(1-2x)y^4$;　　(4) $\frac{dy}{dx}=\frac{\ln x}{x}y^2-\frac{1}{x}y$;

(5) $y'+\frac{2}{x}y=x^2y^{\frac{4}{3}}$.

4. 求一曲线的方程，该曲线通过原点，并且它在点 (x, y) 处的切线斜率等于 $2x+y$.

5. 设连续函数 $y(x)$ 满足方程 $y(x)=\int_0^x y(t)\,dt+e^x$，求 $y(x)$.

6. 做适当的变换求下列方程的通解：

(1) $x\frac{dy}{dx}+x+\sin(x+y)=0$;　　(2) $\frac{dy}{dx}=\frac{1}{x-y}+1$;

(3) $(y+xy^2)\,dx+(x-x^2y)\,dy=0$.

*§ 8.4　可降阶的二阶微分方程

对于一般的二阶微分方程没有普遍的解法，本节讨论三种特殊形式的二阶微分方程，它们有的可以通过积分求得，有的经过适当的变量替换可降为一阶微分方程，求解一阶微分方程后，再将变量回代，从而求得所给二阶微分方程的解.

一、$y''=f(x)$ 型

这是最简单的二阶微分方程，求解方法是逐次积分.

在方程 $y''=f(x)$ 两端积分，得

$$y'=\int f(x)\,dx+C_1,$$

再次积分，得

$$y=\int\left[\int f(x)\,dx+C_1\right]dx+C_2.$$

注：这种类型的方程的解法可推广到 n 阶微分方程

$$y^{(n)}=f(x),$$

只要连续积分 n 次，就可得到此方程含有 n 个任意常数的通解.

例 1　求方程 $y''=e^{2x}-\cos x$ 满足 $y(0)=0$, $y'(0)=1$ 的特解.

解　对所给方程连续积分两次，得

$$y'=\frac{1}{2}e^{2x}-\sin x+C_1, \tag{4.1}$$

$$y=\frac{1}{4}e^{2x}+\cos x+C_1x+C_2, \tag{4.2}$$

在式 (4.1) 中代入条件 $y'(0)=1$，得 $C_1=1/2$，在式 (4.2) 中代入条件 $y(0)=0$，得 $C_2=-5/4$，从而所求题设方程的特解为

$$y=\frac{1}{4}\mathrm{e}^{2x}+\cos x+\frac{1}{2}x-\frac{5}{4}.$$

二、$y''=f(x, y')$ 型

这种方程的特点是不显含未知函数 y，求解的方法是：

令 $y'=p(x)$，则 $y''=p'(x)$，原方程化为以 $p(x)$ 为未知函数的一阶微分方程

$$p'=f(x, p).$$

设其通解为

$$p=\varphi(x, C_1),$$

然后再根据关系式 $y'=p$，又得到一个一阶微分方程

$$\frac{\mathrm{d}y}{\mathrm{d}x}=\varphi(x, C_1).$$

对它积分，即可得到原方程的通解

$$y=\int\varphi(x,C_1)\mathrm{d}x+C_2.$$

例 2 求方程 $(1+x^2)\frac{\mathrm{d}^2y}{\mathrm{d}x^2}-2x\frac{\mathrm{d}y}{\mathrm{d}x}=0$ 的通解 .

解 这是一个不显含未知函数 y 的方程. 令 $\frac{\mathrm{d}y}{\mathrm{d}x}=p(x)$，则

$$\frac{\mathrm{d}^2y}{\mathrm{d}x^2}=\frac{\mathrm{d}p}{\mathrm{d}x},$$

于是，题设方程降阶为

$$(1+x^2)\frac{\mathrm{d}p}{\mathrm{d}x}-2px=0，即 \frac{\mathrm{d}p}{p}=\frac{2x}{1+x^2}\mathrm{d}x.$$

计算实验

两边积分，得

$$\ln|p|=\ln(1+x^2)+\ln|C_1|,$$

即
$$p=C_1(1+x^2) 或 \frac{\mathrm{d}y}{\mathrm{d}x}=C_1(1+x^2).$$

再积分一次，得原方程的通解为

$$y=C_1\left(x+\frac{x^3}{3}\right)+C_2.$$

注：利用计算软件易绘制出例 2 中微分方程的积分曲线（见图 8-4-1）.

微信扫描右侧二维码，即可进行重复实验或修改实验（详见教材配套的网络学习空间）.

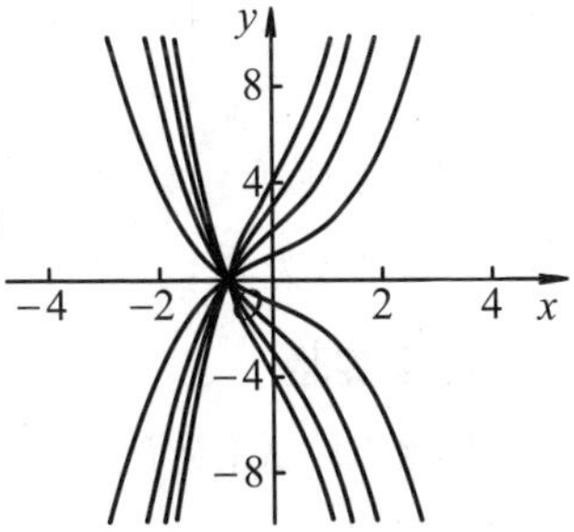

图 8-4-1

三、$y''=f(y,y')$ 型

这种方程的特点是不显含自变量 x. 解决的方法是: 把 y 暂时看作自变量, 并作变换 $y'=p(y)$, 于是, 由复合函数的求导法则, 有

$$y''=\frac{\mathrm{d}p}{\mathrm{d}x}=\frac{\mathrm{d}p}{\mathrm{d}y}\cdot\frac{\mathrm{d}y}{\mathrm{d}x}=p\frac{\mathrm{d}p}{\mathrm{d}y},$$

这样就将原方程化为

$$p\frac{\mathrm{d}p}{\mathrm{d}y}=f(y,p).$$

这是一个关于变量 y 和 p 的一阶微分方程. 设它的通解为

$$y'=p=\varphi(y,C_1),$$

这是可分离变量的方程, 对其积分即得到原方程的通解

$$\int\frac{\mathrm{d}y}{\varphi(y,C_1)}=x+C_2.$$

例 3　求方程 $yy''-y'^2=0$ 的通解.

解　所给方程不显含自变量 x. 设 $y'=p(y)$, 则 $y''=p\dfrac{\mathrm{d}p}{\mathrm{d}y}$, 代入题设方程得

$$y\cdot p\frac{\mathrm{d}p}{\mathrm{d}y}-p^2=0,$$

即

$$p\left(y\cdot\frac{\mathrm{d}p}{\mathrm{d}y}-p\right)=0.$$

当 $y\neq 0$, $p\neq 0$ 时, 约去 p 并分离变量, 得

$$\frac{\mathrm{d}p}{p}=\frac{\mathrm{d}y}{y},$$

两端积分, 得

$$\ln|p|=\ln|y|+\ln|C_1|,$$

即

$$p=C_1y \quad 或 \quad y'=C_1y,$$

再分离变量并在两端积分, 就可得到所给方程的通解

$$y=C_2\mathrm{e}^{C_1x}.$$

■

注: 上述通解实际上也包含了 $p=0$ (即 $C_1=0$ 的情形) 和 $y=0$ (即 $C_2=0$ 的情形) 这两个平凡解.

*数学实验

实验 8.4　试用计算软件求解下列微分方程, 并作出其积分曲线:

(1) $\dfrac{\mathrm{d}^2y}{\mathrm{d}x^2}=a\sin(bx+c)+\mathrm{e}^{nx}$;

(2) $\dfrac{d^2y}{dx^2}+\dfrac{2}{t}\dfrac{dy}{dx}+x=0,\ y(0)=0,\ y'(0)=1$;

(3) $yy''-(y')^2-y^2y'=0$.

微信扫描右侧二维码，即可进行重复实验或修改实验(详见教材配套的网络学习空间).

计算实验

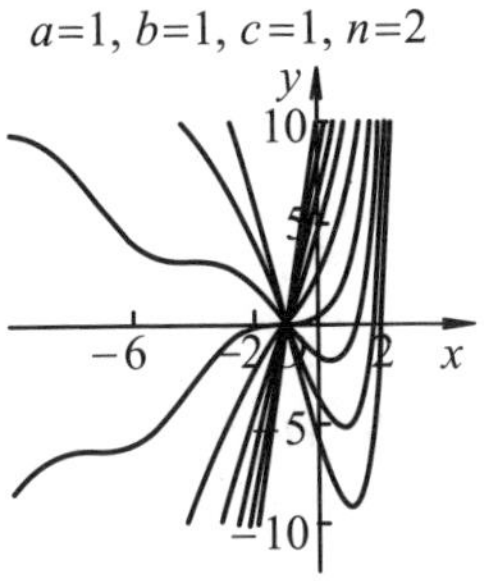

(1) 参考图

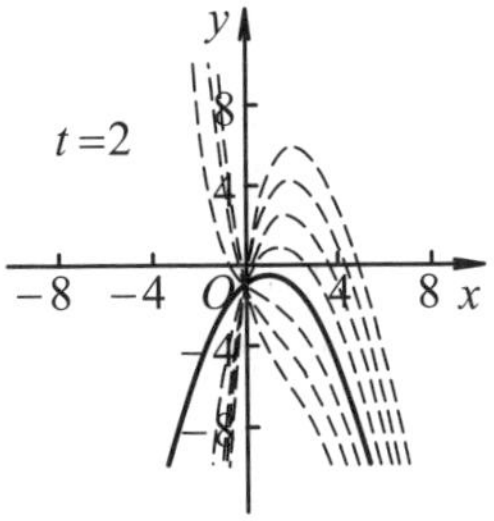

(2) 参考图

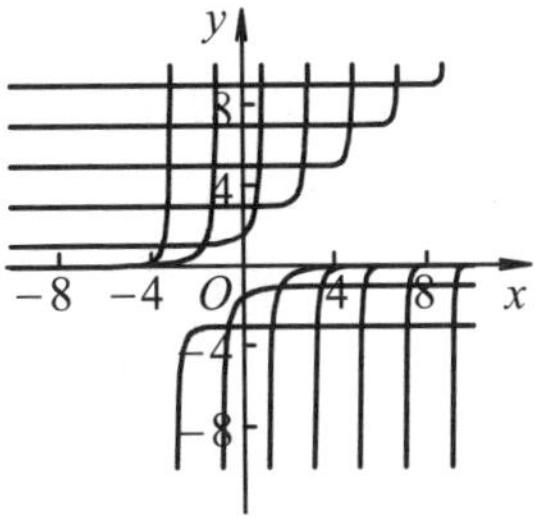

(3) 参考图

习题 8-4

1. 求下列微分方程的通解：

(1) $y''=e^{3x}+\sin x$;　　(2) $y''=y'+x$;　　(3) $y''+\dfrac{y'^2}{1-y}=0$;

(4) $xy''=y'+x\sin\dfrac{y'}{x}$;　　(5) $y''=y'^3+y'$.

2. 求微分方程 $y''=\dfrac{3}{2}y^2$ 满足初始条件 $y|_{x=0}=1,\ y'|_{x=0}=1$ 的特解.

3. 试求 $y''=x$ 的经过点 $M(0,1)$ 且在此点与直线 $y=\dfrac{x}{2}+1$ 相切的积分曲线.

§8.5　二阶线性微分方程解的结构

二阶线性微分方程的一般形式是

$$\frac{d^2y}{dx^2}+P(x)\frac{dy}{dx}+Q(x)y=f(x), \tag{5.1}$$

其中 $P(x)$，$Q(x)$ 及 $f(x)$ 是自变量 x 的已知函数，函数 $f(x)$ 称为方程 (5.1) 的**自由项**. 当 $f(x)=0$ 时，方程(5.1)变为

$$\frac{d^2y}{dx^2}+P(x)\frac{dy}{dx}+Q(x)y=0, \tag{5.2}$$

称此方程为**二阶齐次线性微分方程**，相应地，称方程 (5.1) 为**二阶非齐次线性微分方程**.

本节所讨论的二阶线性微分方程的解的一些性质，还可以推广到 n 阶线性微分方程

$$y^{(n)}+P_1(x)y^{(n-1)}+\cdots+P_{n-1}(x)y'+P_n(x)y=f(x).$$

对于二阶齐次线性微分方程，有下述两个定理.

定理 1 如果函数 $y_1(x)$ 与 $y_2(x)$ 是方程 (5.2) 的两个解，则

$$y=C_1y_1(x)+C_2y_2(x) \tag{5.3}$$

也是方程 (5.2) 的解，其中 C_1, C_2 是任意常数.

证明 将式 (5.3) 代入方程 (5.2) 的左端，有

$$\begin{aligned}&(C_1y_1+C_2y_2)''+P(x)(C_1y_1+C_2y_2)'+Q(x)(C_1y_1+C_2y_2)\\&=(C_1y_1''+C_2y_2'')+P(x)(C_1y_1'+C_2y_2')+Q(x)(C_1y_1+C_2y_2)\\&=C_1[y_1''+P(x)y_1'+Q(x)y_1]+C_2[y_2''+P(x)y_2'+Q(x)y_2]\\&=0,\end{aligned}$$

所以式 (5.3) 是方程 (5.2) 的解. ■

齐次线性方程的这个性质表明它的解符合**叠加原理**.

虽然将齐次线性方程 (5.2) 的两个解 y_1 与 y_2 按式 (5.3) 叠加起来仍是该方程的解，并且形式上也含有两个任意常数 C_1 与 C_2，但它却不一定是方程 (5.2) 的通解，这是因为定理的条件中并没有保证 $y_1(x)$ 与 $y_2(x)$ 这两个函数是相互独立的. 为了解决这个问题，我们要引入一个新的概念，即函数的线性相关与线性无关的概念.

定义 1 设 $y_1(x), y_2(x)$ 是定义在区间 I 内的两个函数. 如果存在两个不全为零的常数 k_1, k_2，使得在区间 I 内恒有

$$k_1y_1(x)+k_2y_2(x)\equiv 0,$$

则称这两个函数在区间 I 内**线性相关**，否则称为**线性无关**.

根据定义 1 可知，在区间 I 内两个函数是否线性相关，只需看它们的比是否为常数. 如果比为常数，则它们线性相关，否则线性无关.

例如，函数 $y_1(x)=\sin 2x$，$y_2(x)=6\sin x\cos x$ 是两个线性相关的函数，因为

$$\frac{y_2(x)}{y_1(x)}=\frac{6\sin x\cos x}{\sin 2x}=3;$$

而 $y_1(x)=\mathrm{e}^{4x}$，$y_2(x)=\mathrm{e}^{x}$ 是两个线性无关的函数，因为

$$\frac{y_2(x)}{y_1(x)}=\frac{\mathrm{e}^{x}}{\mathrm{e}^{4x}}=\mathrm{e}^{-3x}.$$

有了函数线性无关的概念后，我们就进一步有下面的定理.

定理 2 如果 $y_1(x)$ 与 $y_2(x)$ 是方程 (5.2) 的两个线性无关的特解，则

$$y=C_1y_1(x)+C_2y_2(x)$$

就是方程 (5.2) 的通解，其中 C_1, C_2 是任意常数.

证明 由定理1知，$y=C_1y_1(x)+C_2y_2(x)$ 是方程(5.2)的解，因为 $y_1(x)$ 与 $y_2(x)$ 线性无关，所以其中两个任意常数 C_1 与 C_2 不能合并，即它们是相互独立的，所以 $y=C_1y_1(x)+C_2y_2(x)$ 是方程 (5.2) 的通解. ■

例如，对于方程 $y''+y=0$，容易验证 $y_1=\cos x$ 与 $y_2=\sin x$ 是它的两个特解，又

$$\frac{y_2}{y_1}=\frac{\sin x}{\cos x}=\tan x\neq \text{常数},$$

所以 $y=C_1\cos x+C_2\sin x$ 就是该方程的通解.

在一阶线性微分方程的讨论中，我们已经看到，一阶非齐次线性微分方程的通解可以表示为对应的齐次方程的通解与一个非齐次方程的特解的和. 实际上，不仅一阶非齐次线性微分方程的通解具有这样的结构，而且二阶甚至更高阶的非齐次线性微分方程的通解也具有同样的结构.

定理3 设 y^* 是方程(5.1)的一个特解，而 Y 是其对应的齐次方程(5.2)的通解，则

$$y=Y+y^* \tag{5.4}$$

就是二阶非齐次线性微分方程(5.1)的通解.

证明 把式(5.4)代入方程(5.1)的左端，得

$$\begin{aligned}&(Y+y^*)''+P(x)(Y+y^*)'+Q(x)(Y+y^*)\\&=(Y''+y^{*''})+P(x)(Y'+y^{*'})+Q(x)(Y+y^*)\\&=[Y''+P(x)Y'+Q(x)Y]+[y^{*''}+P(x)y^{*'}+Q(x)y^*]\\&=0+f(x)=f(x),\end{aligned}$$

即 $y=Y+y^*$ 是方程(5.1)的解. 由于对应的齐次方程的通解

$$Y=C_1y_1(x)+C_2y_2(x)$$

含有两个相互独立的任意常数 C_1, C_2，所以 $y=Y+y^*$ 是方程 (5.1) 的通解. ■

例如，方程 $y''+y=x^2$ 是二阶非齐次线性微分方程，已知其对应的齐次方程 $y''+y=0$ 的通解为 $y=C_1\cos x+C_2\sin x$. 又容易验证 $y=x^2-2$ 是该方程的一个特解，故

$$y=C_1\cos x+C_2\sin x+x^2-2$$

是所给方程的通解.

类似地，还可证明下面两个定理.

定理4 设 y_1^* 与 y_2^* 分别是方程

$$y''+P(x)y'+Q(x)y=f_1(x)$$

与

$$y''+P(x)y'+Q(x)y=f_2(x)$$

的特解，则 $y_1^*+y_2^*$ 是方程

$$y''+P(x)y'+Q(x)y=f_1(x)+f_2(x) \tag{5.5}$$

的特解.

这个定理通常称为非齐次线性微分方程的解的**叠加原理**.

定理 5　设 $y_1+\mathrm{i}y_2$ 是方程

$$y''+P(x)y'+Q(x)y=f_1(x)+\mathrm{i}f_2(x) \tag{5.6}$$

的解，其中 $P(x)$, $Q(x)$, $f_1(x)$, $f_2(x)$ 为实值函数，i 为纯虚数，则 y_1 与 y_2 分别是方程

$$y''+P(x)y'+Q(x)y=f_1(x)$$

与

$$y''+P(x)y'+Q(x)y=f_2(x)$$

的解.

*数学实验

实验 8.5　试用计算软件求解下列各题：

(1) 求微分方程 $(x^2-2x)y''-(x^2-2)y'+(2x-2)y=6x-6$ 的通解；

(2) 求微分方程 $x^2y''-2xy'+2y=5x^3+\dfrac{2}{x^3}$ 的通解；

(3) 求初值问题 $\begin{cases} y''+y'\sin^2 x+y=\cos^2 x \\ y(0)=1,\ y'(0)=0 \end{cases}$ 的数值解，并作出数值解的图形.

计算实验

微信扫描右侧二维码，即可进行重复实验或修改实验（详见教材配套的网络学习空间）.

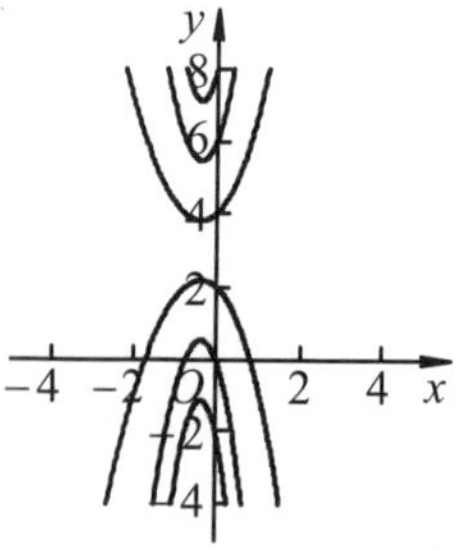

(1) 参考图

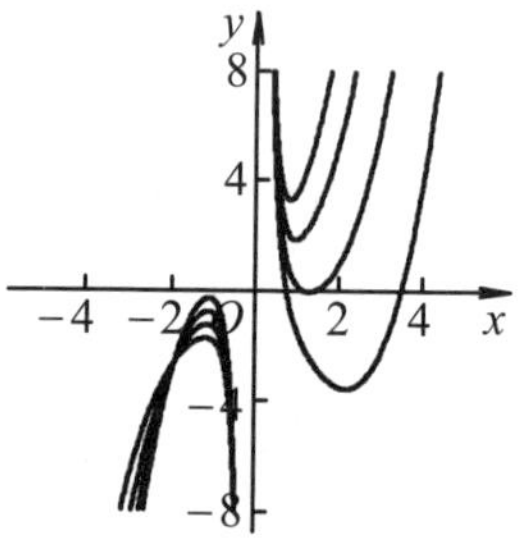

(2) 参考图

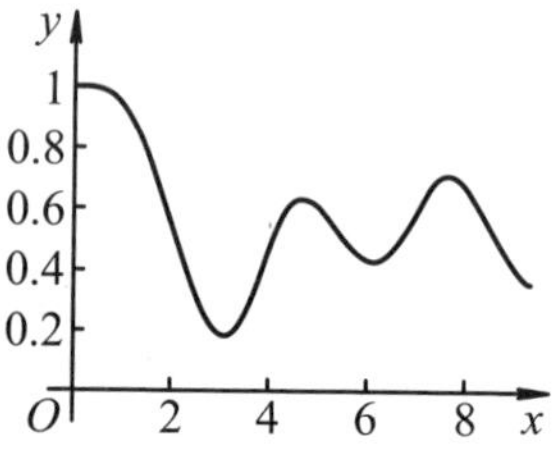

(3) 参考图

习题 8-5

1. 判断下列各组函数是否线性相关：

(1) x^2, x^3；　　(2) $\cos 3x$, $\sin 3x$；　　(3) $\ln x$, $x\ln x$；　　(4) e^{ax}, e^{bx} $(a\neq b)$.

2. 验证 $y_1=\cos\omega x$ 及 $y_2=\sin\omega x$ 都是方程 $y''+\omega^2 y=0$ 的解，并写出该方程的通解.

3. 验证 $y_1=\mathrm{e}^{x^2}$ 及 $y_2=x\mathrm{e}^{x^2}$ 都是方程 $y''-4xy'+(4x^2-2)y=0$ 的解，并写出该方程的通解.

4. 已知 $y_1=3$, $y_2=3+x^2$, $y_3=3+x^2+\mathrm{e}^x$ 都是微分方程

$$(x^2-2x)y''-(x^2-2)y'+(2x-2)y=6x-6$$

的解，求此方程的通解.

5. 验证 $y=C_1e^{C_2-3x}-1$ 是 $y''-9y=9$ 的解. 说明它不是通解, 其中 C_1, C_2 是两个任意常数.

§8.6　二阶常系数齐次线性微分方程

由二阶线性微分方程解的结构可知, 求解二阶线性微分方程关键在于如何求得二阶齐次方程的通解和非齐次方程的一个特解. 本节和下一节将讨论二阶线性方程的一种特殊类型, 即**二阶常系数线性微分方程**及其解法. 本节先讨论二阶常系数齐次线性微分方程及其解法.

一、二阶常系数齐次线性微分方程及其解法

设给定二阶常系数齐次线性方程为

$$y''+py'+qy=0, \tag{6.1}$$

其中 p, q 是常数, 根据§8.5的定理2, 要求方程(6.1)的通解, 只要求出其任意两个线性无关的特解 y_1, y_2 就可以了, 下面讨论这两个特解的求法.

先来分析方程(6.1)可能具有什么形式的特解, 从方程的形式上看, 它的特点是 y'', y' 与 y 各乘以常数因子后相加等于零. 如果能找到一个函数 y, 其中 y'', y' 与 y 之间只相差一个常数, 这样的函数就有可能是方程(6.1)的特解. 易知在初等函数中, 指数函数 e^{rx} 符合上述要求, 于是, 令

$$y=e^{rx}$$

来尝试求解, 其中 r 为待定常数. 将 $y=e^{rx}$, $y'=re^{rx}$, $y''=r^2e^{rx}$ 代入方程(6.1), 得

$$(r^2+pr+q)e^{rx}=0,$$

因为 $e^{rx}\neq 0$, 故有

$$r^2+pr+q=0, \tag{6.2}$$

由此可见, 如果 r 是二次方程 $r^2+pr+q=0$ 的根, 则 $y=e^{rx}$ 就是方程(6.1)的特解. 这样, 齐次方程(6.1)的求解问题就转化为代数方程(6.2)的求根问题. 我们称方程(6.2)为微分方程(6.1)的**特征方程**, 并称特征方程的两个根 r_1, r_2 为**特征根**. 根据初等代数的知识, 特征根有三种可能的情况, 下面分别进行讨论.

1. 特征方程(6.2)有两个不相等的实根 r_1, r_2

此时 $p^2-4q>0$, e^{r_1x}, e^{r_2x} 是方程(6.1)的两个特解, 因为

$$\frac{e^{r_1x}}{e^{r_2x}}=e^{(r_1-r_2)x}\neq \text{常数},$$

所以 e^{r_1x}, e^{r_2x} 为线性无关函数, 由解的结构定理知, 齐次方程(6.1)的通解为

$$y=C_1e^{r_1x}+C_2e^{r_2x}, \tag{6.3}$$

其中 C_1, C_2 为任意常数.

2. 特征方程 (6.2) 有两个相等的实根 $r_1 = r_2$

此时 $p^2-4q=0$，特征根 $r_1=r_2=-\dfrac{p}{2}$，这样只能得到方程 (6.1) 的一个特解 $y_1=\mathrm{e}^{r_1x}$. 因此，我们还要设法找出另一个特解 y_2，并使得 y_1 与 y_2 的比不是常数，为此可设

$$y_2=u\mathrm{e}^{r_1x},$$

其中 $u=u(x)$ 为待定函数. 将 y_2, y_2', y_2'' 的表达式代入方程 (6.1), 得

$$(r_1^2u+2r_1u'+u'')\mathrm{e}^{r_1x}+p(u'+r_1u)\mathrm{e}^{r_1x}+qu\mathrm{e}^{r_1x}=0,$$

合并整理, 并在方程两端消去非零因子 e^{r_1x}, 得

$$u''+(2r_1+p)u'+(r_1^2+pr_1+q)u=0.$$

因 r_1 是特征方程 (6.2) 的根, 所以, 在上述关于函数 u 的方程的第 2 项和第 3 项中的系数均等于零，于是上式成为 $u''=0$，取这个方程的最简单的一个解 $u(x)=x$，就得到方程 (6.1) 的另一个特解 $y_2=x\mathrm{e}^{r_1x}$, 且 y_1 与 y_2 线性无关, 从而得到方程 (6.1) 的通解为

$$y=(C_1+C_2x)\mathrm{e}^{r_1x}, \tag{6.4}$$

其中 C_1, C_2 为任意常数.

3. 特征方程 (6.2) 有一对共轭复根 $r_1=\alpha+\mathrm{i}\beta$，$r_2=\alpha-\mathrm{i}\beta$

此时 $p^2-4q<0$, 方程 (6.1) 有两个特解

$$y_1=\mathrm{e}^{(\alpha+\mathrm{i}\beta)x},\quad y_2=\mathrm{e}^{(\alpha-\mathrm{i}\beta)x},$$

所以, 方程 (6.1) 的通解为

$$y=C_1\mathrm{e}^{(\alpha+\mathrm{i}\beta)x}+C_2\mathrm{e}^{(\alpha-\mathrm{i}\beta)x}.$$

由于这种复数形式的解在应用上不方便，在求解实际问题时常常需要实数形式的通解. 为此可借助欧拉公式对上述两个特解重新组合，得到方程 (6.1) 的另外两个特解 $\bar{y}_1, \bar{y}_2$. 实际上, 令

$$\bar{y}_1=\frac{1}{2}(y_1+y_2)=\mathrm{e}^{\alpha x}\cos\beta x,\ \bar{y}_2=\frac{1}{2\mathrm{i}}(y_1-y_2)=\mathrm{e}^{\alpha x}\sin\beta x,$$

则由 § 8.5 的定理 1 知，$\bar{y}_1$, $\bar{y}_2$ 是方程 (6.1) 的两个特解，从而方程 (6.1)的通解又可表示为

$$y=\mathrm{e}^{\alpha x}(C_1\cos\beta x+C_2\sin\beta x), \tag{6.5}$$

其中 C_1, C_2 为任意常数.

综上所述, 求二阶常系数齐次线性微分方程 (6.1) 的通解，只需先求出其特征方程 (6.2) 的根, 再根据根的情况确定其通解，现列表总结如下:

特征方程 $r^2+pr+q=0$ 的根	微分方程 $y''+py'+qy=0$ 的通解
有两个不相等的实根 r_1, r_2	$y=C_1e^{r_1x}+C_2e^{r_2x}$
有二重根 $r_1=r_2$	$y=(C_1+C_2x)e^{r_1x}$
有一对共轭复根 $r_1=\alpha+i\beta$, $r_2=\alpha-i\beta$	$y=e^{\alpha x}(C_1\cos\beta x+C_2\sin\beta x)$

这种根据二阶常系数齐次线性方程的特征方程的根直接确定其通解的方法称为**特征方程法**.

例1 求方程 $y''-2y'-3y=0$ 的通解.

解 所给微分方程的特征方程为

$$r^2-2r-3=0,$$

它有两个不相等的实根 $r_1=-1$, $r_2=3$, 故所求通解为

$$y=C_1e^{-x}+C_2e^{3x}.$$

■

例2 求方程 $y''+4y'+4y=0$ 的通解.

解 所给微分方程的特征方程为

$$r^2+4r+4=0,$$

它有两个相等的实根 $r_1=r_2=-2$, 故所求通解为

$$y=(C_1+C_2x)e^{-2x}.$$

■

例3 求方程 $y''+2y'+5y=0$ 满足 $y|_{x=0}=3, y'|_{x=0}=1$ 的特解.

解 所给微分方程的特征方程为

$$r^2+2r+5=0,$$

它有一对共轭复根 $r_1=-1+2i$, $r_2=-1-2i$, 故所求通解为

$$y=e^{-x}(C_1\cos 2x+C_2\sin 2x).$$

求导得

$$y'=e^{-x}[(2C_2-C_1)\cos 2x-(C_2+2C_1)\sin 2x],$$

将 $y|_{x=0}=3, y'|_{x=0}=1$ 分别代入通解及其导数, 得

$$\begin{cases} 3=C_1 \\ 1=2C_2-C_1 \end{cases},$$

解得

$$\begin{cases} C_1=3 \\ C_2=2 \end{cases},$$

所以, 所求特解为

$$y=e^{-x}(3\cos 2x+2\sin 2x).$$

■

二、n 阶常系数齐次线性微分方程的解法

上面讨论的关于二阶常系数齐次线性微分方程所用的方法以及通解的形式,可推广到n 阶常系数齐次线性微分方程的情形. 这里, 我们不做详细讨论, 只简单叙述如下:

n 阶常系数齐次线性微分方程的一般形式为

$$y^{(n)}+p_1y^{(n-1)}+\cdots+p_{n-1}y'+p_ny=0, \tag{6.6}$$

其特征方程为

$$r^n+p_1r^{n-1}+\cdots+p_{n-1}r+p_n=0. \tag{6.7}$$

根据特征方程的根, 可按下表形式直接写出其对应的微分方程的解:

特征方程的根	通解中的对应项
是 k 重实根 r	$(C_0+C_1x+\cdots+C_{k-1}x^{k-1})e^{rx}$
是 k 重共轭复根 $\alpha\pm i\beta$	$[(C_0+C_1x+\cdots+C_{k-1}x^{k-1})\cos\beta x+(D_0+D_1x+\cdots+D_{k-1}x^{k-1})\sin\beta x]e^{\alpha x}$

注: n 次代数方程有 n 个根, 而特征方程的每一个根都对应着通解中的一项, 且每一项各含一个任意常数. 这样就得到 n 阶常系数齐次线性微分方程的通解为

$$y=C_1y_1+C_2y_2+\cdots+C_ny_n.$$

例 4　求方程 $y^{(4)}-2y'''+5y''=0$ 的通解.

解　特征方程为 $r^4-2r^3+5r^2=0$, 即

$$r^2(r^2-2r+5)=0.$$

它的特征根为 $r_1=r_2=0$ 和 $r_3=1+2i$, $r_4=1-2i$. 故所求通解为

$$y=C_1+C_2x+e^x(C_3\cos 2x+C_4\sin 2x).$$

■

例 5　已知一个四阶常系数齐次线性微分方程的 4 个线性无关的特解为

$$y_1=e^x,\quad y_2=xe^x,\quad y_3=\cos 2x,\quad y_4=3\sin 2x,$$

求此四阶微分方程及其通解.

解　由 y_1 与 y_2 可知, 它们对应的特征根为二重根 $r_1=r_2=1$, 由 y_3 与 y_4 可知, 它们对应的特征根为一对共轭复根 $r_{3,4}=\pm 2i$. 故所求的微分方程的特征方程为

$$(r-1)^2(r^2+4)=0,$$

即

$$r^4-2r^3+5r^2-8r+4=0,$$

从而它所对应的微分方程为

$$y^{(4)}-2y'''+5y''-8y'+4y=0,$$

这个方程的通解为

$$y=(C_1+C_2x)e^x+C_3\cos 2x+C_4\sin 2x.$$

■

*数学实验

实验8.6 试用计算软件求解下列微分方程，并作出积分曲线：

(1) $y''+3y'+2y=0$;

(2) $y''+4y'+29y=0,\ y(0)=0,\ y'(0)=15$;

(3) 求 $y''+xy'+y=0,\ y(1)=0,\ y'(1)=5$ 在区间 $[0,4]$ 上的近似解.

微信扫描右侧二维码，即可进行重复实验或修改实验（详见教材配套的网络学习空间）.

计算实验

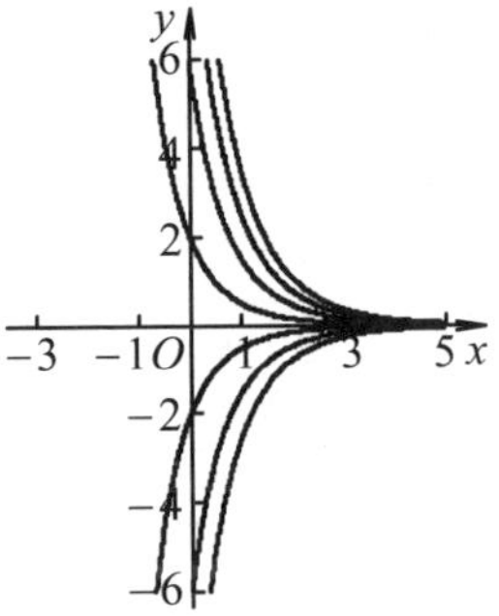

(1) 参考图

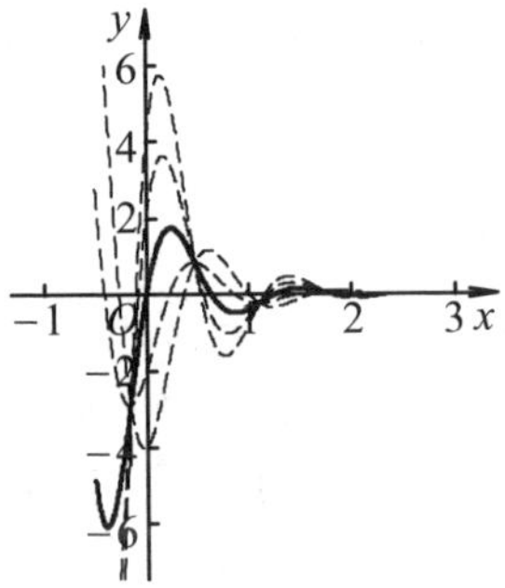

(2) 参考图

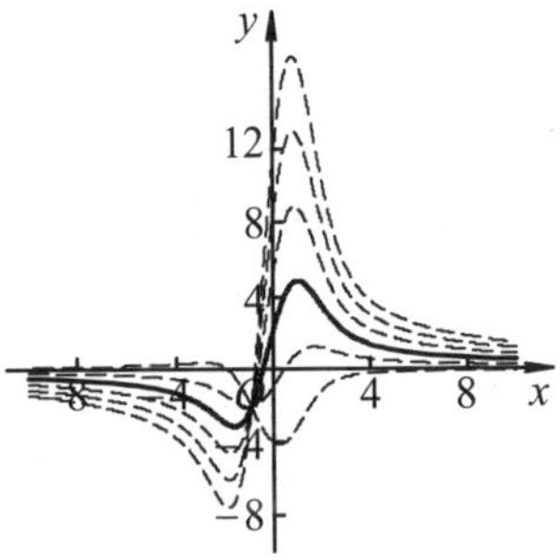

(3) 参考图

习题 8-6

1. 求下列微分方程的通解：

(1) $y''+5y'+6y=0$;　(2) $16y''-24y'+9y=0$;　(3) $y''+y=0$;

(4) $y''+8y'+25y=0$;　(5) $4\dfrac{\mathrm{d}^2x}{\mathrm{d}t^2}-20\dfrac{\mathrm{d}x}{\mathrm{d}t}+25x=0$;　(6) $y''-4y'+5y=0$;

(7) $y^{(4)}+5y''-36y=0$;　(8) $y'''-4y''+y'+6y=0$;　(9) $y^{(5)}+2y'''+y'=0$.

2. 求下列微分方程满足所给初始条件的特解：

(1) $4y''+4y'+y=0,\ y\big|_{x=0}=2,\ y'\big|_{x=0}=0$;

(2) $y''+4y'+29y=0,\ y\big|_{x=0}=0,\ y'\big|_{x=0}=15$.

3. 求微分方程 $yy''-(y')^2=y^2\ln y$ 的通解.

§8.7 二阶常系数非齐次线性微分方程

二阶常系数非齐次线性方程的一般形式为

$$y''+py'+qy=f(x). \tag{7.1}$$

根据线性微分方程的解的结构定理可知，要求方程 (7.1) 的通解，只需求出它的一个特解及其对应的齐次方程的通解，两个解相加就得到方程 (7.1) 的通解. 在§8.6 中我们已经得出了求其对应的齐次方程的通解的方法，因此，本节要解决的问题是如何求得方程 (7.1) 的一个特解 y^*.

方程 (7.1) 的特解的形式与右端的自由项 $f(x)$ 有关，在一般情形下，要求出方程(7.1) 的特解是非常困难的，所以，下面仅就 $f(x)$ 的两种常见的情形进行讨论.

(1) $f(x)=P_m(x)e^{\lambda x}$，其中 λ 是常数，$P_m(x)$ 是 x 的一个 m 次多项式：

$$P_m(x)=a_0x^m+a_1x^{m-1}+\cdots+a_{m-1}x+a_m\,;$$

(2) $f(x)=P_m(x)e^{\lambda x}\cos\omega x$ 或 $P_m(x)e^{\lambda x}\sin\omega x$，其中 λ,ω 是常数，$P_m(x)$ 是 x 的一个 m 次多项式.

一、$f(x)=P_m(x)e^{\lambda x}$ 型

求方程(7.1)的一个特解 y^* 就是求一个满足方程(7.1) 的函数，在 $f(x)=P_m(x)e^{\lambda x}$ 的情况下，方程 (7.1) 的右端是多项式 $P_m(x)$ 与指数函数 $e^{\lambda x}$ 的乘积，而多项式与指数函数乘积的导数仍是同类型的函数，因此，我们可以推测方程 (7.1) 具有如下形式的特解：

$$y^*=Q(x)e^{\lambda x}\quad (\text{其中 } Q(x) \text{ 为某个多项式}).$$

再进一步考虑如何选取多项式 $Q(x)$，使 $y^*=Q(x)e^{\lambda x}$ 满足方程 (7.1). 为此，将

$$y^*=Q(x)e^{\lambda x},\qquad y^{*\prime}=[\lambda Q(x)+Q'(x)]e^{\lambda x},$$

$$y^{*\prime\prime}=[\lambda^2Q(x)+2\lambda Q'(x)+Q''(x)]e^{\lambda x}$$

代入方程 (7.1)，并消去因子 $e^{\lambda x}$，得

$$Q''(x)+(2\lambda+p)Q'(x)+(\lambda^2+p\lambda+q)Q(x)=P_m(x). \tag{7.2}$$

于是，根据 λ 是否为方程 (7.1) 的特征方程

$$r^2+pr+q=0 \tag{7.3}$$

的特征根，有下列三种情况：

(1) 如果 λ 不是特征方程 (7.3) 的根，则 $\lambda^2+p\lambda+q\neq0$，由于 $P_m(x)$ 是 x 的一个 m 次多项式，要使方程 (7.2) 两端恒等，就应设 $Q(x)$ 为另一个 m 次多项式：

$$Q_m(x)=b_0x^m+b_1x^{m-1}+\cdots+b_{m-1}x+b_m,$$

将其代入式 (7.2)，比较等式两端 x 的同次幂的系数，就得到以 $b_0,b_1,\cdots,b_m$ 为未知数的 $m+1$ 个方程的联立方程组. 从而可确定出这些待定系数 $b_i\,(i=0,1,2,\cdots,m)$，并得到所求特解

$$y^*=Q_m(x)e^{\lambda x}.$$

(2) 如果 λ 是特征方程 (7.3) 的单根，则

$$\lambda^2+p\lambda+q=0,\quad 2\lambda+p\neq0,$$

要使方程 (7.2) 两端恒等，则 $Q'(x)$ 必须是 m 次多项式，故可设

$$Q(x)=xQ_m(x),$$

并且可用同样的方法来确定$Q_m(x)$的待定系数$b_i\,(i=0,1,2,\cdots,m)$. 于是，所求特解为

$$y^*=x\,Q_m(x)\,\mathrm{e}^{\lambda x}.$$

(3) 如果 λ 是特征方程 (7.3) 的重根，则

$$\lambda^2+p\lambda+q=0,\quad 2\lambda+p=0,$$

要使方程 (7.2) 两端恒等，则 $Q''(x)$ 必须是 m 次多项式，故可设

$$Q(x)=x^2Q_m(x),$$

并用同样的方法来确定 $Q_m(x)$ 的待定系数. 于是，所求特解为

$$y^*=x^2Q_m(x)\,\mathrm{e}^{\lambda x}.$$

综上所述，当 $f(x)=P_m(x)\,\mathrm{e}^{\lambda x}$ 时，二阶常系数非齐次线性微分方程 (7.1) 具有形如

$$y^*=x^kQ_m(x)\,\mathrm{e}^{\lambda x} \tag{7.4}$$

的特解，其中$Q_m(x)$是与$P_m(x)$同次的多项式，而k按λ不是特征方程的根、是特征方程的单根或是特征方程的重根依次取0、1或2.

上述结论可推广到 n 阶常系数非齐次线性微分方程，但要注意式(7.4)中的k是特征方程的根 λ 的重数(即若 λ 不是特征方程的根，k 取0；若 λ 是特征方程的 s 重根，k 取 s).

例1 下列方程具有什么形式的特解？

(1) $y''+5y'+6y=\mathrm{e}^{3x}$；　　(2) $y''+5y'+6y=3x\mathrm{e}^{-2x}$；

(3) $y''+2y'+y=-(3x^2+1)\,\mathrm{e}^{-x}$.

解 (1) 因 $\lambda=3$ 不是特征方程 $r^2+5r+6=0$ 的根，故方程具有形如 $y^*=b_0\mathrm{e}^{3x}$ 的特解；

(2) 因 $\lambda=-2$ 是特征方程 $r^2+5r+6=0$ 的单根，故方程具有形如 $y^*=x(b_0x+b_1)\,\mathrm{e}^{-2x}$ 的特解；

(3) 因 $\lambda=-1$ 是特征方程 $r^2+2r+1=0$ 的二重根，所以方程具有形如 $y^*=x^2(b_0x^2+b_1x+b_2)\,\mathrm{e}^{-x}$ 的特解. ■

例2 求方程 $y''-2y'-3y=3x+1$ 的一个特解.

解 题设方程右端的自由项为 $f(x)=P_m(x)\,\mathrm{e}^{\lambda x}$ 型，其中

$$P_m(x)=3x+1,\quad \lambda=0.$$

与题设方程对应的齐次方程的特征方程为

$$r^2-2r-3=0,$$

特征根为 $r_1=-1$，$r_2=3$.

由于这里 $\lambda=0$ 不是特征方程的根，所以应设特解为

$$y^*=b_0x+b_1,$$

把它代入题设方程，得

$$-3b_0x-2b_0-3b_1=3x+1,$$

比较系数，得

$$\begin{cases}-3b_0=3\\-2b_0-3b_1=1\end{cases}, \quad 即 \quad \begin{cases}b_0=-1\\b_1=1/3\end{cases}.$$

于是，所求特解为 $y^*=-x+\dfrac{1}{3}$. ■

例 3 求方程 $y''-3y'+2y=xe^{2x}$ 的通解.

解 题设方程右端的自由项为 $f(x)=P_m(x)e^{\lambda x}$ 型，其中

$$P_m(x)=x, \quad \lambda=2,$$

与题设方程对应的齐次方程的特征方程为

$$r^2-3r+2=0,$$

特征根为 $r_1=1$, $r_2=2$，于是，该齐次方程的通解为

$$Y=C_1e^x+C_2e^{2x},$$

因为 $\lambda=2$ 是特征方程的单根，故可设题设方程有下列形式的特解

$$y^*=x(b_0x+b_1)e^{2x},$$

代入题设方程，得

$$2b_0x+b_1+2b_0=x,$$

比较等式两端同次幂的系数，得

$$b_0=\frac{1}{2}, \quad b_1=-1,$$

于是，求得题设方程的一个特解

$$y^*=x\left(\frac{1}{2}x-1\right)e^{2x}.$$

从而，所求题设方程的通解为

$$y=C_1e^x+C_2e^{2x}+x\left(\frac{1}{2}x-1\right)e^{2x}.$$ ■

以上求二阶常系数非齐次方程的特解的方法，可以用于一阶微分方程，也可以推广到更高阶的情况.

例 4 求方程 $y'''+3y''+3y'+y=e^x$ 的通解.

解 对应的齐次方程的特征方程为$r^3+3r^2+3r+1=0$，特征根 $r_1=r_2=r_3=-1$. 所求齐次方程的通解为

$$Y=(C_1+C_2x+C_3x^2)e^{-x}.$$

由于$\lambda=1$不是特征方程的根，因此方程的特解形式可设为 $y^*=b_0e^x$，代入题设

方程易解得 $b_0=\frac{1}{8}$，故所求方程的通解为

$$y=Y+y^*=(C_1+C_2x+C_3x^2)\mathrm{e}^{-x}+\frac{1}{8}\mathrm{e}^x. \qquad \blacksquare$$

二、$f(x)=P_m(x)\mathrm{e}^{\lambda x}\cos\omega x$ 或 $P_m(x)\mathrm{e}^{\lambda x}\sin\omega x$ 型

本部分介绍如何求得形如

$$y''+py'+qy=P_m(x)\mathrm{e}^{\lambda x}\cos\omega x \tag{7.5}$$

或

$$y''+py'+qy=P_m(x)\mathrm{e}^{\lambda x}\sin\omega x \tag{7.6}$$

的二阶常系数非齐次线性微分方程的特解.

由欧拉公式可知，$P_m(x)\mathrm{e}^{\lambda x}\cos\omega x$ 和 $P_m(x)\mathrm{e}^{\lambda x}\sin\omega x$ 分别是

$$P_m(x)\mathrm{e}^{(\lambda+\mathrm{i}\omega)x}=P_m(x)\mathrm{e}^{\lambda x}(\cos\omega x+\mathrm{i}\sin\omega x)$$

的实部和虚部.

我们先考虑方程

$$y''+py'+qy=P_m(x)\,\mathrm{e}^{(\lambda+\mathrm{i}\omega)x}. \tag{7.7}$$

这个方程的特解的求法在前面已经讨论过. 假定已经求出方程(7.7)的一个特解，则由§8.5 中的定理5 可知，方程(7.7)的特解的实部就是方程(7.5)的特解，而方程(7.7)的特解的虚部就是方程 (7.6) 的特解.

方程 (7.7)的指数函数 $\mathrm{e}^{(\lambda+\mathrm{i}\omega)x}$ 中的 $\lambda+\mathrm{i}\omega$ $(\omega\neq 0)$是复数，特征方程是实系数的二次方程，所以 $\lambda+\mathrm{i}\omega$ 只有两种可能的情形：或者不是特征根，或者是特征方程的单根. 因此，方程(7.7)具有形如

$$y^*=x^kQ_m(x)\mathrm{e}^{(\lambda+\mathrm{i}\omega)x} \tag{7.8}$$

的特解，其中 $Q_m(x)$ 是与 $P_m(x)$ 同次(m 次)的多项式，而 k 按 $\lambda+\mathrm{i}\omega$ 不是特征方程的根或是特征方程的单根依次取 0 或 1.

上述结论可推广到 n 阶常系数非齐次线性微分方程，但要注意式 (7.8) 中的 k 是特征方程含根 $\lambda+\mathrm{i}\omega$ 的重复次数.

例 5 求方程 $y''+y=x\cos 2x$ 的通解.

解 题设方程的自由项为 $f(x)=P_m(x)\mathrm{e}^{\lambda x}\cos\omega x$ 型，其中

$$P_m(x)=x,\ \lambda=0,\ \omega=2,$$

与题设方程对应的齐次方程的特征方程为

$$r^2+1=0,$$

特征根为

$$r_1=\mathrm{i},\ r_2=-\mathrm{i},$$

故对应的齐次方程的通解为

$$Y=C_1\cos x+C_2\sin x,$$

其中 C_1, C_2 为任意常数. 为求得题设方程的一个特解, 先求方程

$$y''+y=xe^{2ix} \tag{7.9}$$

的一个特解, 因为 $\lambda+i\omega=2i$ 不是特征方程的根, 故设方程 (7.9) 的一个特解为

$$y^*=(b_0x+b_1)e^{2ix},$$

将其代入方程 (7.9), 并消去因子 e^{2ix}, 得

$$4b_0i-3b_0x-3b_1=x,$$

即 $4b_0i-3b_1=0$, $-3b_0=1$, 解得 $b_0=-\dfrac{1}{3}$, $b_1=-\dfrac{4}{9}i$, 这样就得到方程 (7.9) 的一个特解为

$$y^*=\left(-\frac{1}{3}x-\frac{4}{9}i\right)e^{2ix}=\left(-\frac{1}{3}x-\frac{4}{9}i\right)(\cos 2x+i\sin 2x)$$
$$=-\frac{1}{3}x\cos 2x+\frac{4}{9}\sin 2x-i\left(\frac{4}{9}\cos 2x+\frac{1}{3}x\sin 2x\right),$$

取其实部就得到题设方程的一个特解为

$$\tilde{y}=-\frac{1}{3}x\cos 2x+\frac{4}{9}\sin 2x.$$

从而所求题设方程的通解为

$$y=C_1\cos x+C_2\sin x-\frac{1}{3}x\cos 2x+\frac{4}{9}\sin 2x.$$

■

例 6　求以 $y=(C_1+C_2x+x^2)e^{-2x}$ (其中 C_1, C_2 为任意常数) 为通解的线性微分方程.

解 方法一　通过对 $y=(C_1+C_2x+x^2)e^{-2x}$ 求导并消去 C_1, C_2 来确定函数 y 满足的线性微分方程. 求导得

$$y'=-2y+(C_2+2x)e^{-2x}, \tag{7.10}$$

$$y''=-2y'+2e^{-2x}-2(C_2+2x)e^{-2x}. \tag{7.11}$$

由式 (7.10), 得

$$(C_2+2x)e^{-2x}=y'+2y,$$

将其代入式 (7.11), 得

$$y''=-2y'+2e^{-2x}-2y'-4y,$$

故所求的线性微分方程为

$$y''+4y'+4y=2e^{-2x}.$$

方法二　因 $y=(C_1+C_2x+x^2)e^{-2x}$, 由解的结构定理知, 所求方程为二阶常系数非齐次线性微分方程, 其对应的齐次线性方程有两个特解 e^{-2x}, xe^{-2x}, 故其特征方程有二重特征根 $r_1=r_2=-2$, 于是, 特征方程为 $(r+2)^2=0$, 即

$$r^2+4r+4=0,$$

从而对应的齐次线性方程为

$$y''+4y'+4y=0.$$

设所求的非齐次方程为

$$y''+4y'+4y=f(x),$$

因为 $x^2\mathrm{e}^{-2x}$ 为它的一个特解，故

$$f(x)=(x^2\mathrm{e}^{-2x})''+4(x^2\mathrm{e}^{-2x})'+4x^2\mathrm{e}^{-2x}=2\mathrm{e}^{-2x},$$

从而所求的非齐次线性微分方程为

$$y''+4y'+4y=2\mathrm{e}^{-2x}.$$ ■

*数学实验

实验 8.7 试用计算软件求解下列微分方程，并作出积分曲线:

(1) $y''+y-\mathrm{e}^x=0$;

(2) $y''-2y'+y=\dfrac{\mathrm{e}^x}{x}$;

(3) $y''+3y'+2y=\mathrm{e}^x+1$;

(4) 求范德波尔 (Van der Pel) 方程

$$y''+(y^2-1)y'+y=0,\ y|_{x=0}=0,\ y'|_{x=0}=-0.5$$

在区间 [0, 20] 上的近似解.

计算实验

微信扫描右侧二维码，即可进行重复实验或修改实验 (详见教材配套的网络学习空间).

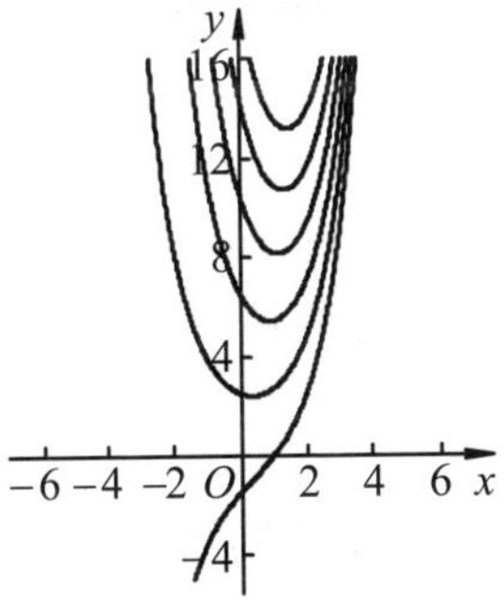

(1) 参考图

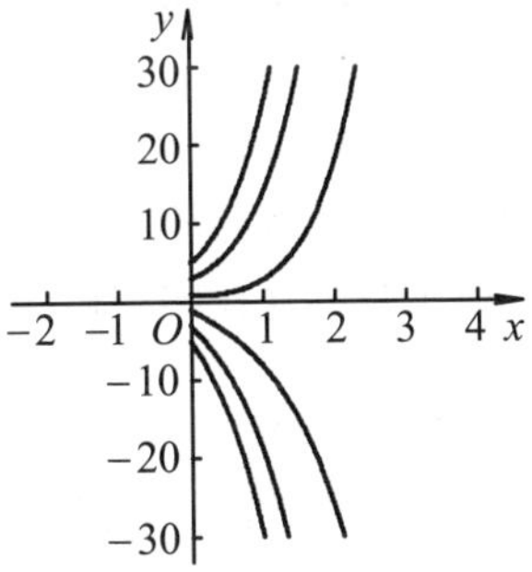

(2) 参考图

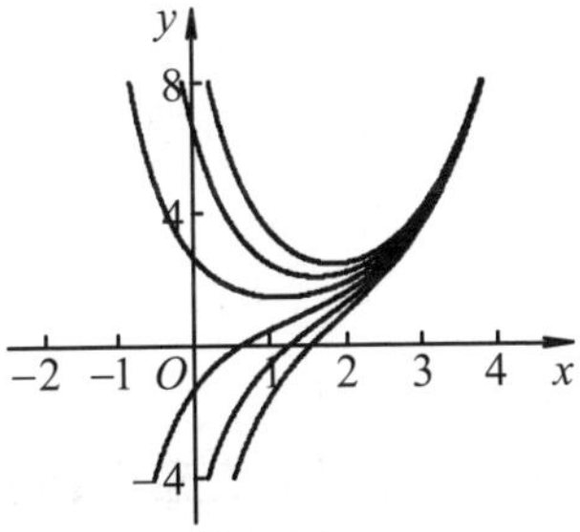

(3) 参考图

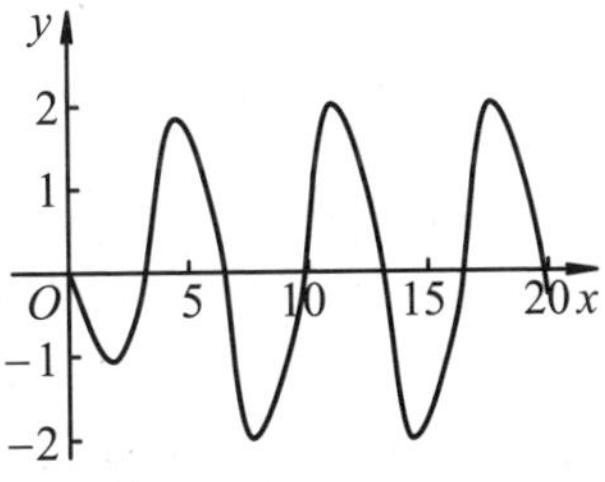

(4) 参考图

习题 8-7

1. 下列微分方程具有何种形式的特解？

(1) $y''+4y'-5y=x$； (2) $y''+4y'=x$； (3) $y''+y=2e^x$；

(4) $y''+y=x^2e^x$； (5) $y''+y=\sin 2x$； (6) $y''+y=3\sin x$.

2. 求下列各题所给微分方程的通解：

(1) $y''+y'+2y=x^2-3$； (2) $y''+a^2y=e^x$；

(3) $y''+y'=2x^2e^x$； (4) $y''+y=(x-2)e^{3x}$；

(5) $y''-6y'+9y=e^x\cos x$； (6) $y''+y'=e^x+\cos x$.

3. 求下列微分方程满足所给初始条件的特解：

(1) $y''-3y'+2y=5,\ y\big|_{x=0}=1,\ y'\big|_{x=0}=2$；

(2) $y''-y=4xe^x,\ y\big|_{x=0}=0,\ y'\big|_{x=0}=1$.

4. 设二阶常系数线性微分方程 $y''+\alpha y'+\beta y=\gamma e^x$ 的一个特解为

$$y=e^{2x}+(1+x)e^x,$$

试确定 α，β，γ，并求该方程的通解.

§8.8 数学建模——微分方程的应用举例

微分方程在物理学、力学、经济学和管理科学等实际问题中具有广泛的应用，本节我们将集中讨论微分方程的实际应用，尤其是微分方程在经济学中的应用．读者可从中感受到应用数学建模的理论和方法解决实际问题的魅力.

一、衰变问题

镭、铀等放射性元素因不断放射出各种射线而逐渐减少其质量，这种现象称为放射性物质的衰变．根据实验得知，衰变速度与现存物质的质量成正比，求放射性元素在时刻 t 的质量.

用 x 表示该放射性物质在时刻 t 的质量，则 $\frac{dx}{dt}$ 表示 x 在时刻 t 的衰变速度，于是“衰变速度与现存物质的质量成正比”可表示为

$$\frac{dx}{dt}=-kx. \tag{8.1}$$

这是一个以 x 为未知函数的一阶方程，它就是放射性元素**衰变的数学模型**，其中 $k>0$ 是比例常数，称为衰变常数，因元素的不同而异．方程右端的负号表示当时

间 t 增加时，质量 x 减少.

解方程 (8.1) 得通解 $x=Ce^{-kt}$. 若已知当 $t=t_0$ 时，$x=x_0$，代入通解 $x=Ce^{-kt}$ 中可得 $C=x_0e^{kt_0}$，则可得到方程 (8.1) 的一个特解为

$$x=x_0e^{-k(t-t_0)},$$

它反映了某种放射性元素衰变的规律.

特殊地，当 $t_0=0$ 时，得到了放射性元素的衰变规律

$$x=x_0e^{-kt}.$$

例 1 碳 14(^{14}C) 是放射性物质，随时间而衰减，碳 12 是非放射性物质. 活性人体因吸纳食物和空气，恰好补偿碳 14 衰减损失量而保持碳 14 和碳 12 含量不变，因而所含碳 14 与碳 12 之比为常数. 通过测试，已知一古墓中(见图 8－8－1) 遗体所含碳 14 的数量为原有碳 14 数量的 80%，试确定遗体的死亡年代.

图 8－8－1

解 放射性物质的衰减速度与该物质的含量成比例，它符合指数函数的变化规律. 设遗体当初死亡时 ^{14}C 的含量为 p_0，t 时的含量为 $p=f(t)$，于是，^{14}C 含量的函数模型为

$$p=f(t)=p_0e^{kt},$$

其中 $p_0=f(0)$，k 是一常数.

常数 k 可以这样确定：由化学知识可知，^{14}C 的半衰期为 5 730 年，即 ^{14}C 经过 5 730 年后其含量衰减一半，故有

$$\frac{p_0}{2}=p_0e^{5\,730k}，\ 即\ \frac{1}{2}=e^{5\,730k}.$$

两边取自然对数，得

$$5\,730k=\ln\frac{1}{2}\approx-0.693\,15，\ 即\ k\approx-0.000\,120\,97.$$

于是，^{14}C 含量的函数模型为

$$p=f(t)=p_0e^{-0.000\,120\,97t}.$$

由题设条件可知，遗体中 ^{14}C 的含量为原含量 p_0 的 80%，故有

$$0.8p_0=p_0e^{-0.000\,120\,97t}，\ 即\ 0.8=e^{-0.000\,120\,97t}.$$

两边取自然对数，得

$$\ln 0.8=-0.000\,120\,97t,$$

于是

$$t=\frac{\ln 0.8}{-0.000\,120\,97}\approx\frac{-0.223\,14}{-0.000\,120\,97}\approx 1\,845.$$

由此可知，遗体的活性人体大约死亡于1 845 年前. ■

二、逻辑斯蒂方程

逻辑斯蒂方程是一种在许多领域中有着广泛应用的数学模型，下面我们通过树的生长过程的例子来说明该模型的建立过程.

一棵小树刚栽下去的时候长得比较慢，渐渐地，小树长高了，而且长得越来越快，几年不见，绿荫底下已经可以乘凉了，但长到某一高度后，它的生长速度趋于稳定，然后再慢慢降下来. 这一现象具有普遍性. 现在我们来建立这种现象的数学模型.

如果假设树的生长速度与它目前的高度成正比，则显然不符合两头尤其是后期的生长情形，因为树不可能越长越快；但如果假设树的生长速度正比于最大高度与目前高度的差，则又明显不符合中间一段的生长过程. 折中一下，我们假定它的生长速度既与目前的高度成正比，又与最大高度和目前高度之差成正比.

设树生长的最大高度为 H(m)，在 t(年) 时的高度为 $h(t)$，则有

$$\frac{\mathrm{d}h(t)}{\mathrm{d}t}=kh(t)[H-h(t)], \tag{8.2}$$

其中 $k>0$ 是比例常数，称此方程为**逻辑斯蒂(Logistic)方程**. 它是可分离变量的一阶常系数微分方程.

下面来求解方程 (8.2). 分离变量得

$$\frac{\mathrm{d}h}{h(H-h)}=k\mathrm{d}t,$$

两边积分

$$\int\frac{\mathrm{d}h}{h(H-h)}=\int k\mathrm{d}t,$$

得

$$\frac{1}{H}[\ln h-\ln(H-h)]=kt+C_1,$$

或

$$\frac{h}{H-h}=\mathrm{e}^{kHt+C_1H}=C_2\mathrm{e}^{kHt},$$

故所求通解为

$$h(t)=\frac{C_2H\mathrm{e}^{kHt}}{1+C_2\mathrm{e}^{kHt}}=\frac{H}{1+C\mathrm{e}^{-kHt}},$$

其中 $C\left(C=\frac{1}{C_2}=\mathrm{e}^{-C_1H}>0\right)$ 是正常数.

函数 $h(t)$ 的图形称为**逻辑斯蒂曲线**. 图 8－8－2 所示的是一条典型的逻辑斯蒂曲线，由于它的形状像 S，一般也称为S 曲线. 可以看到，它基本符合我们描述的树的生长情形.

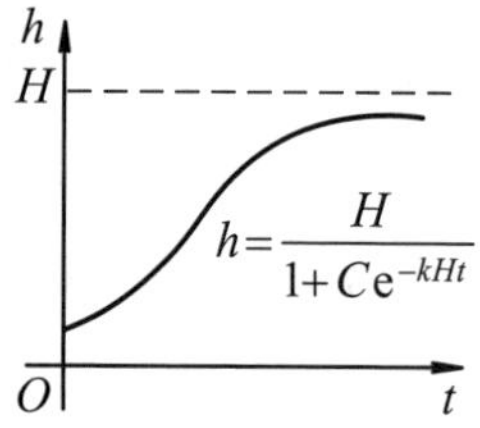

图 8－8－2

另外还可以算得

$$\lim_{t\to+\infty} h(t)=H.$$

这说明树的生长有一个限制，因此也称为**限制性增长模式**.

注: Logistic 的中文音译名是“逻辑斯蒂”．“逻辑”在字典中的解释是“客观事物发展的规律性”，因此许多现象本质上都符合这种 S 规律．除了生物种群的繁殖外，还有信息的传播、新技术的推广、传染病的扩散以及某些商品的销售等．例如流感的传染，在任其自然发展 (例如初期未引起人们注意) 的阶段，可以设想它的速度既正比于得病的人数又正比于未传染到的人数．开始时患病的人少，因而传染速度较慢；但随着健康人与患者接触，被传染的人越来越多，传染的速度也越来越快；最后，传染速度自然而然地渐渐降低，因为已经没有多少人可被传染了．

下面举两个例子说明逻辑斯蒂方程的应用.

人口阻滞增长模型 1837 年，荷兰生物学家弗尔哈斯特 (Verhulst) 提出一个人口模型

$$\frac{\mathrm{d}y}{\mathrm{d}t}=y(k-by),\quad y(t_0)=y_0, \tag{8.3}$$

其中 k, b 称为生命系数.

我们不详细讨论这个模型，只介绍应用它预测世界人口数的两个有趣的结果.

有生态学家估计 k 的自然值是 0.029. 利用 20 世纪 60 年代世界人口年平均增长率 2% 以及 1965 年人口总数 33.4 亿这两个数据，计算得 $b=2$，从而估计得:

(1) 世界人口总数将趋于极限 107.6 亿.

(2) 到 2014 年时世界人口总数为 70.03 亿.

事实上，2014 年世界总人口是 72.08 亿，与模型估计得到的数据很接近.

新产品的推广模型 设有某种新产品要推向市场，t 时刻的销量为 $x(t)$，由于产品性能良好，每个产品都是一个宣传品，因此，t 时刻产品销售的增长率 $\frac{\mathrm{d}x}{\mathrm{d}t}$ 与 $x(t)$ 成正比，同时，考虑到产品销售存在一定的市场容量 N，统计表明 $\frac{\mathrm{d}x}{\mathrm{d}t}$ 与尚未购买该产品的潜在顾客的数量 $N-x(t)$ 也成正比，于是有

$$\frac{\mathrm{d}x}{\mathrm{d}t}=kx(N-x), \tag{8.4}$$

其中 k 为比例系数. 利用分离变量法，可解得

$$x(t)=\frac{N}{1+C\mathrm{e}^{-kNt}}. \tag{8.5}$$

由

$$\frac{\mathrm{d}x}{\mathrm{d}t}=\frac{CN^2k\mathrm{e}^{-kNt}}{(1+C\mathrm{e}^{-kNt})^2},\quad \frac{\mathrm{d}^2x}{\mathrm{d}t^2}=\frac{Ck^2N^3\mathrm{e}^{-kNt}(C\mathrm{e}^{-kNt}-1)}{(1+C\mathrm{e}^{-kNt})^2},$$

当 $x(t^*)<N$ 时，有 $\frac{\mathrm{d}x}{\mathrm{d}t}>0$，表明销量 $x(t)$ 单调增加. 当 $x(t^*)=\frac{N}{2}$ 时，$\frac{\mathrm{d}^2x}{\mathrm{d}t^2}=0$；当

$x(t^*)>\dfrac{N}{2}$ 时，$\dfrac{d^2x}{dt^2}<0$；当 $x(t^*)<\dfrac{N}{2}$ 时，$\dfrac{d^2x}{dt^2}>0$. 即当销量达到最大需求量 N 的一半时，产品最畅销；当销量不足 N 的一半时，销售速度不断增大；当销量超过 N 的一半时，销售速度逐渐减少.

研究与调查表明：许多产品的销售曲线与公式 (8.5) 的曲线 (逻辑斯蒂曲线) 十分接近. 根据对曲线形状的分析，许多分析家认为，在新产品推出的初期，应采用小批量生产并加强广告宣传；而在产品用户达到 20% 到 80% 期间，产品应大批量生产；在产品用户超过 80% 时应适时转产，可以实现最大的经济效益.

三、价格调整问题

在 § 8.1 的例 3 中已经假设，某种商品的价格变化主要服从市场供求关系. 一般情况下，商品供给量 S 是价格 P 的单调递增函数，商品需求量 Q 是价格 P 的单调递减函数，为简单起见，设该商品的供给函数与需求函数分别为

$$S(P)=a+bP,\qquad Q(P)=\alpha-\beta P, \tag{8.6}$$

其中 a, b, α, β 均为常数，且 $b>0$, $\beta>0$.

当供给量与需求量相等时，由式 (8.6) 可得供求平衡时的价格

$$P_e=\frac{\alpha-a}{\beta+b},$$

并称 P_e 为均衡价格.

一般情况下，当某种商品供不应求，即 $S<Q$ 时，该商品价格要上升；当供大于求，即 $S>Q$ 时，该商品价格要下降. 因此，假定 t 时刻的价格 $P(t)$ 的变化率与超额需求量 $Q-S$ 成正比，则有方程

$$\frac{dP}{dt}=k[Q(P)-S(P)],$$

其中 $k>0$，用来反映价格的调整速度.

将式 (8.6) 代入方程，可得

$$\frac{dP}{dt}=\lambda(P_e-P), \tag{8.7}$$

其中常数 $\lambda=(b+\beta)k>0$，方程 (8.7) 的通解为

$$P(t)=P_e+Ce^{-\lambda t}.$$

假设初始价格 $P(0)=P_0$，代入上式，得 $C=P_0-P_e$，于是上述价格调整模型的解为

$$P(t)=P_e+(P_0-P_e)e^{-\lambda t},$$

由 $\lambda>0$ 知，$t\to+\infty$ 时，$P(t)\to P_e$. 说明随着时间不断推延，实际价格 $P(t)$ 将逐渐趋近均衡价格 P_e.

四、人才分配问题

每年大学毕业生中都要有一定比例的人员分配到教育部门去充实教师队伍，其余人员将分配到国民经济其他部门从事科技和经济管理工作．设 t 年教师人数为 $x_1(t)$，科技和经济管理人员人数为 $x_2(t)$，又设 1 个教员每年平均培养 α 个毕业生，每年从教育、科技和经济管理岗位退休、死亡或调出人员的比率为 $\delta(0<\delta<1)$，β 表示每年大学毕业生中从事教师职业的人员所占的比率 $(0<\beta<1)$，于是得到方程

$$\frac{\mathrm{d}x_1}{\mathrm{d}t}=\alpha\beta x_1-\delta x_1, \tag{8.8}$$

$$\frac{\mathrm{d}x_2}{\mathrm{d}t}=\alpha(1-\beta)x_1-\delta x_2. \tag{8.9}$$

方程 (8.8) 的通解为

$$x_1=C_1\mathrm{e}^{(\alpha\beta-\delta)t}. \tag{8.10}$$

若设 $x_1(0)=x_0^1$，则 $C_1=x_0^1$，于是，得到方程 (8.8) 的一个特解

$$x_1=x_0^1\mathrm{e}^{(\alpha\beta-\delta)t}. \tag{8.11}$$

将上式代入方程 (8.9)，得

$$\frac{\mathrm{d}x_2}{\mathrm{d}t}+\delta x_2=\alpha(1-\beta)x_0^1\mathrm{e}^{(\alpha\beta-\delta)t}. \tag{8.12}$$

方程 (8.12) 的通解为

$$x_2=C_2\mathrm{e}^{-\delta t}+\frac{(1-\beta)x_0^1}{\beta}\mathrm{e}^{(\alpha\beta-\delta)t}. \tag{8.13}$$

若设 $x_2(0)=x_0^2$，则 $C_2=x_0^2-\left(\frac{1-\beta}{\beta}\right)x_0^1$，从而得到上述方程的特解

$$x_2=\left[x_0^2-\left(\frac{1-\beta}{\beta}\right)x_0^1\right]\mathrm{e}^{-\delta t}+\left(\frac{1-\beta}{\beta}\right)x_0^1\mathrm{e}^{(\alpha\beta-\delta)t}. \tag{8.14}$$

式 (8.11) 和式 (8.14) 分别表示初始人数为 $x_1(0)$ 和 $x_2(0)$ 的情形下对应于 β 的取值，第 t 年教师队伍的人数以及科技和经济管理人员的人数．从结果易见，如果 $\beta=1$，即毕业生全部留在教育界，则当 $t\to\infty$ 时，由于 $\alpha>\delta$，必有 $x_1(t)\to+\infty$ 而 $x_2(t)\to 0$，说明教师队伍将迅速增加，而科技和经济管理队伍不断萎缩，势必要影响经济的发展，反之也会影响教育的发展．如果 β 接近于零，则 $x_1(t)\to 0$，同时也导致 $x_2(t)\to 0$，说明如果不保证适当比例的毕业生充实教师队伍，将影响人才的培养，最终会导致两支队伍的全面萎缩．因此，选择好比率 β，将关系到两支队伍的建设，以及整个国民经济建设的大局．

五、追迹问题

设开始时甲、乙的水平距离为 1 单位，乙从 A 点沿垂直于 OA 的直线以等速 v_0 向正北行走；甲从乙的左侧 O 点出发，始终对准乙以 $nv_0\ (n>1)$ 的速度追赶．求追

迹曲线方程，并问乙行多远时，被甲追到．

建立如图 8–8–3 所示的坐标系，设所求追迹曲线方程为 $y=y(x)$. 经过时刻 t，甲在追迹曲线上的点为$P(x,y)$，乙在点 $B(1,v_0t)$. 于是有

$$\tan\theta=y'=\frac{v_0t-y}{1-x}.\qquad(8.15)$$

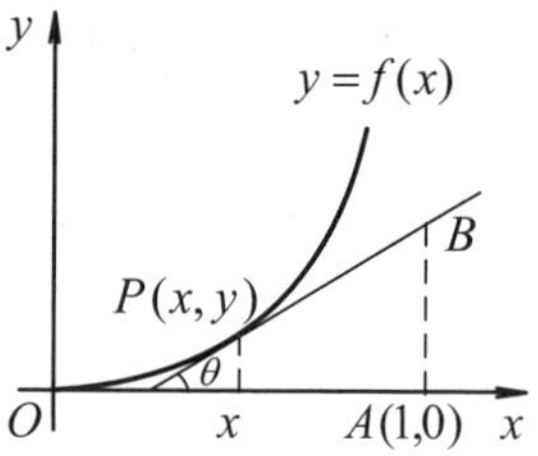

图 8–8–3

由题设，曲线的弧长 OP 为

$$\int_0^x\sqrt{1+y'^2}\,\mathrm{d}x=nv_0t,$$

解出 v_0t，代入式 (8.15)，得

$$(1-x)y'+y=\frac{1}{n}\int_0^x\sqrt{1+y'^2}\,\mathrm{d}x.$$

两边对 x 求导，整理得

$$(1-x)y''=\frac{1}{n}\sqrt{1+y'^2}.$$

这就是**追迹问题的数学模型**.

这是一个不显含 y 的可降阶的方程，设 $y'=p(x)$, $y''=p''$，代入方程得

$$(1-x)p'=\frac{1}{n}\sqrt{1+p^2}\qquad\text{或}\qquad\frac{\mathrm{d}p}{\sqrt{1+p^2}}=\frac{\mathrm{d}x}{n(1-x)}.$$

两边积分，得

$$\ln(p+\sqrt{1+p^2})=-\frac{1}{n}\ln|1-x|+\ln|C_1|,$$

即

$$p+\sqrt{1+p^2}=\frac{C_1}{\sqrt[n]{1-x}}.$$

将初始条件 $y'|_{x=0}=p|_{x=0}=0$ 代入上式，得 $C_1=1$. 于是

$$y'+\sqrt{1+y'^2}=\frac{1}{\sqrt[n]{1-x}},\qquad(8.16)$$

两边同乘 $y'-\sqrt{1+y'^2}$，并化简得

$$y'-\sqrt{1+y'^2}=-\sqrt[n]{1-x},\qquad(8.17)$$

式 (8.16) 与式 (8.17) 相加，得

$$y'=\frac{1}{2}\left(\frac{1}{\sqrt[n]{1-x}}-\sqrt[n]{1-x}\right),$$

两边积分，得

$$y=\frac{1}{2}\left[-\frac{n}{n-1}(1-x)^{\frac{n-1}{n}}+\frac{n}{n+1}(1-x)^{\frac{n+1}{n}}\right]+C_2.$$

代入初始条件 $y|_{x=0}=0$，得 $C_2=\dfrac{n}{n^2-1}$，故所求追迹曲线方程为

$$y=\frac{n}{2}\left[\frac{(1-x)^{\frac{n+1}{n}}}{n+1}-\frac{(1-x)^{\frac{n-1}{n}}}{n-1}\right]+\frac{n}{n^2-1}\quad(n>1).$$

甲追到乙时，即曲线上点P的横坐标$x=1$，此时$y=\dfrac{n}{n^2-1}$. 即乙行走至离A点$\dfrac{n}{n^2-1}$个单位的距离时被甲追到.

*数学实验

实验8.8 (蹦极运动)　蹦极是近年来新兴的一项非常刺激的户外休闲活动. 跳跃者从40米以上(相当于10层楼以上)的高度跳下，把一端固定的一根长长的橡皮绳绑在踝关节处，然后两臂伸开，双腿并拢，头朝下跳下去. 绑在跳跃者踝部的橡皮绳很长，足以使跳跃者在空中享受几秒钟的“自由落体”. 当人体落到离地面一定距离时，橡皮绳被拉开、绷紧，阻止人体继续下落，当到达最低点时，橡皮绳再次弹起，人被拉起，随后又落下，这样反复多次直到橡皮绳的弹性消失为止，这就是蹦极的全过程. 迄今为止，美国科罗拉多河上的皇家峡谷大桥仍然是世界上最高的蹦极之地. 每天，这里都会上演一系列惊心动魄的蹦极活动.

问题：在不考虑空气阻力和考虑空气阻力等多种情况下，研究蹦极运动中，蹦极者与蹦极绳设计之间的各种关系.

建模: 蹦极绳是一根相当粗的橡皮筋绳子. 当受到的张力使之超过其自然长度时，绳子会产生一个线性回复力，即绳子会产生一个力使它恢复到自然长度，而这个力的大小与它被拉伸的长度成正比. 下面要分析的是蹦极者从跳出那一瞬间起他的运动规律.

首先建立坐标系. 假设蹦极者的运动轨迹是垂直的，因此我们用一个坐标来确定他在时刻 t 的位置. 设y是垂直坐标轴，单位为英尺(ft)，正向朝上，选择 $y=0$ 为桥平面，时间 t 的单位为秒，蹦极者跳出的瞬间为$t=0$，则 $y(t)$ 表示时刻t 蹦极者的位置. 下面我们要求出$y(t)$的表达式.

由牛顿第二定律，物体的质量乘以加速度等于物体所受的力. 我们假设蹦极者所受的力只有重力、空气阻力和蹦极绳产生的回复力. 当然，直到蹦极者降落的距离大于蹦极绳的自然长度时，蹦极绳才会产生回复力. 为简单起见，假设空气阻力的大小与速度成正比，比例系数为1，蹦极绳回复力的比例系数为0.4. 这些假设是合理的，所得的数学结果与研究所做的蹦极实验非常吻合. 重力加速度 $g=32\ \mathrm{ft/s^2}$.

现在考虑一次具体的蹦极. 假设绳的自然长度为$L=200\,\mathrm{ft}$，蹦极者的体重为 $w=160\,\mathrm{lb}$①，则他的质量为$m=160/32=5$斯②. 在他到达绳的自然长度(即$y=-L=-200$)前，蹦极者的坠落满足下列初值问题:

$$\begin{cases}\dfrac{\mathrm{d}y(t)}{\mathrm{d}t}=v(t), & y(0)=0\\[2mm] \dfrac{\mathrm{d}v(t)}{\mathrm{d}t}=-g-\dfrac{1}{m}v(t), & v(0)=0\end{cases}.$$

① 英制质量单位，1 lb = 0.453 592 37 kg.

② 英制质量单位，1斯 = 32.2 磅.

利用计算软件求解得

$$\begin{cases} y(t)=160(5-t-5\mathrm{e}^{-t/5}) \\ v(t)=160(\mathrm{e}^{-t/5}-1) \end{cases},$$

解方程 $y(t_1)=-L$ 得蹦极者坠落 Lft 所用的时间为

$$t_1=4.006\,\mathrm{s},$$

此时的速度为

$$v_1(t_1)=-88.195\,\mathrm{ft/s}.$$

现在我们需要找到绳产生回复力后的运动条件．当 $t>t_1$ 时，蹦极者的坠落满足下列初值问题：

$$\begin{cases} \dfrac{\mathrm{d}y(t)}{\mathrm{d}t}=v(t), & y(t_1)=-L \\ \dfrac{\mathrm{d}v(t)}{\mathrm{d}t}=-g-\dfrac{1}{m}v(t)-\dfrac{0.4}{m}(L+y(t)), & v(t_1)=v_1(t_1) \end{cases}.$$

同上，可利用计算软件继续研究蹦极者回弹及下落的振动过程（详见本书配套的网络学习空间），作出蹦极者位置—时间图形（见右图）．

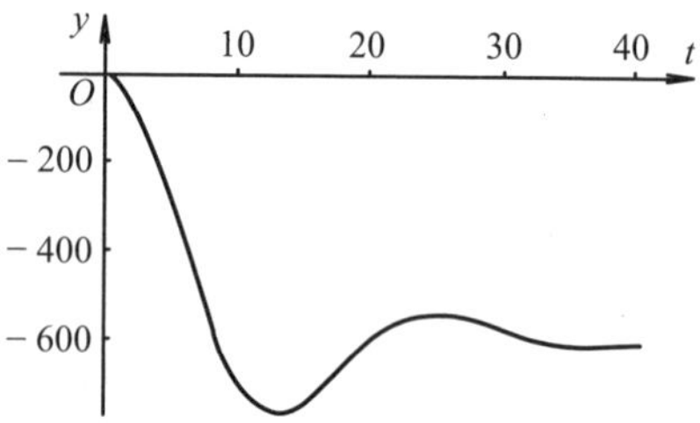

由计算和图形可知，蹦极者在大约 13 s 内由桥面坠落770ft，然后弹回到桥面下 550ft，上下振动几次，最终降落到桥面下大约600ft 处．

详细过程见教材配套的网络学习空间．

实验习题：

1. 在上述问题中（$L=200$，$w=160$），求出需要多长时间蹦极者才能到达他运动轨迹上的最低点．他能下降到桥面下多少英尺？

2. 用图描述一个体重为195lb，用200ft 长的蹦极绳的蹦极者的坠落．在绳子对他产生力之前，他能做多长时间的“自由”降落？

3. 假设你有一根 300ft 长的蹦极绳，在一组坐标轴上画出你所在实验组的全体成员的运动轨迹草图．

4. 一个 55 岁、体重 185lb 的蹦极者用一根 250ft 长的蹦极绳蹦极．在降落过程中，他达到的最大速度是多少？当他最终停止运动时，他被挂在桥面下多少英尺？

5. 用不同的空气阻力系数和蹦极绳常数做实验，确定一组合理的参数，使得在这组参数下，一个 160lb 的蹦极者可以回弹到蹦极绳的自然长度以上．

6. 科罗拉多的皇家峡谷大桥（它跨越皇家峡谷）距谷底 1 053ft，一个 175lb 的蹦极者希望能正好碰到谷底，则他应使用多长的绳子？

7. 假如上题中的蹦极者体重增加10lb，再用同样长的绳子从皇家峡谷大桥上跳下，则当他撞到峡谷谷底时，他的坠落速度是多少？

§ 8.9 差 分 方 程

前面我们所研究的变量基本上是属于连续变化的类型．但在经济管理或其他实际问题中，大多数变量是以定义在整数集上的数列形式变化的，如银行中的定期存款按所设定的时间等间隔计息，国家财政预算按年制定等．通常称这类变量为**离散型变量**．对于这类变量，我们可以得到在不同取值点上的各离散变量之间的关系，如递推关系等．描述各离散变量之间关系的数学模型称为离散型模型．求解这类模型就可以得到各离散型变量的运行规律．本节将介绍在经济学和管理科学中最常见的一种离散型数学模型 —— **差分方程**．

一、差分的概念与性质

一般地，在连续变化的时间范围内，变量 y 关于时间 t 的变化率是用 $\dfrac{\mathrm{d}y}{\mathrm{d}t}$ 来刻画的；对离散型的变量 y，我们常取在规定的时间区间上的差商 $\dfrac{\Delta y}{\Delta t}$ 来刻画变量 y 的变化率．如果选择 $\Delta t=1$，则

$$\Delta y = y(t+1)-y(t) \tag{9.1}$$

可以近似表示变量 y 的变化率．由此我们给出差分的定义．

定义 1 设函数 $y_t=y(t)$. 称改变量 $y_{t+1}-y_t$ 为函数 y_t 的**差分**，也称为函数 y_t 的**一阶差分**，记为 Δy_t，即

$$\Delta y_t = y_{t+1}-y_t，或\ \Delta y(t)=y(t+1)-y(t).$$

一阶差分的差分 $\Delta^2 y_t$ 称为**二阶差分**，即

$$\Delta^2 y_t=\Delta(\Delta y_t)=\Delta y_{t+1}-\Delta y_t=(y_{t+2}-y_{t+1})-(y_{t+1}-y_t)=y_{t+2}-2y_{t+1}+y_t.$$

类似地，可定义三阶差分，四阶差分，……

$$\Delta^3 y_t=\Delta(\Delta^2 y_t),\ \ \Delta^4 y_t=\Delta(\Delta^3 y_t),\ \cdots.$$

一般地，函数 y_t 的 $n-1$ 阶差分的差分称为 ***n* 阶差分**，记为 $\Delta^n y_t$，即

$$\Delta^n y_t=\Delta^{n-1}y_{t+1}-\Delta^{n-1}y_t=\sum_{i=0}^{n}(-1)^i \mathrm{C}_n^i\, y_{t+n-i}. \tag{9.2}$$

二阶及二阶以上的差分统称为**高阶差分**．

例 1 设 $y_t=t^2$，求 $\Delta(y_t)$, $\Delta^2(y_t)$, $\Delta^3(y_t)$.

解 $\Delta y_t=\Delta(t^2)=(t+1)^2-t^2=2t+1.$

$\Delta^2 y_t=\Delta^2(t^2)=\Delta(2t+1)=[2(t+1)+1]-(2t+1)=2.$

$\Delta^3 y_t=\Delta(\Delta^2 y_t)=2-2=0.$ ■

例 2　设 $t^{(n)}=t(t-1)(t-2)\cdots(t-n+1)$, $t^{(0)}=1$. 求 $\Delta t^{(n)}$.

解　设 $y_t=t^{(n)}=t(t-1)\cdots(t-n+1)$, 则

$$\begin{aligned}\Delta y_t&=(t+1)^{(n)}-t^{(n)}\\&=(t+1)t(t-1)\cdots(t+1-n+1)-t(t-1)\cdots(t-n+2)(t-n+1)\\&=[(t+1)-(t-n+1)]t(t-1)\cdots(t-n+2)=nt^{(n-1)}.\end{aligned}$$ ■

注: 若 $f(t)$ 为 n 次多项式, 则 $\Delta^n f(t)$ 为常数, 且

$$\Delta^m f(t)=0\ (m>n).$$

根据定义可知, 差分满足以下性质:

(1) $\Delta(Cy_t)=C\Delta y_t$ (C 为常数);　　(2) $\Delta(y_t\pm z_t)=\Delta y_t\pm\Delta z_t$;

(3) $\Delta(y_t\cdot z_t)=z_t\Delta y_t+y_{t+1}\Delta z_t$;　　(4) $\Delta\left(\dfrac{y_t}{z_t}\right)=\dfrac{z_t\Delta y_t-y_t\Delta z_t}{z_{t+1}\cdot z_t}$　$(z_t\neq 0)$.

证明　在此, 我们只证明性质 (3), 其余的请读者自证.

$$\begin{aligned}\Delta(y_t\cdot z_t)&=y_{t+1}z_{t+1}-y_tz_t=y_{t+1}z_{t+1}-y_{t+1}z_t+y_{t+1}z_t-y_tz_t\\&=z_t\Delta y_t+y_{t+1}\Delta z_t.\end{aligned}$$

注: 差分具有类似于导数的运算性质.

例 3　求 $y_t=t^2\cdot 3^t$ 的差分.

解　由差分的运算性质, 有

$$\begin{aligned}\Delta y_t&=\Delta(t^2\cdot 3^t)=3^t\Delta t^2+(t+1)^2\Delta(3^t)\\&=3^t(2t+1)+(t+1)^2\cdot 2\cdot 3^t=3^t(2t^2+6t+3).\end{aligned}$$ ■

二、差分方程的概念

与常微分方程的定义类似, 下面我们给出差分方程的定义.

定义 2　含有未知函数 y_t 的差分的方程称为**差分方程**.

差分方程的一般形式为

$$F(t,y_t,\Delta y_t,\Delta^2 y_t,\cdots,\Delta^n y_t)=0,$$

或

$$G(t,y_t,y_{t+1},y_{t+2},\cdots,y_{t+n})=0.$$

差分方程中所含未知函数差分的最高阶数称为该**差分方程的阶**. 差分方程的不同形式可以互相转化.

例如, 二阶差分方程 $y_{t+2}-2y_{t+1}-y_t=3^t$ 可化为 $\Delta^2 y_t-2y_t=3^t$.

又如, 对于差分方程 $\Delta^3 y_t+\Delta^2 y_t=0$. 由 $\Delta^n y_t=\sum\limits_{i=0}^{n}(-1)^i\mathrm{C}_n^i y_{t+n-i}$, 得

$$\Delta^2 y_t=y_{t+2}-2y_{t+1}+y_t,\quad \Delta^3 y_t=y_{t+3}-3y_{t+2}+3y_{t+1}-y_t,$$

代入原方程, 得

$$(y_{t+3}-3y_{t+2}+3y_{t+1}-y_t)+(y_{t+2}-2y_{t+1}+y_t)=0,$$

因此原方程可改写为

$$y_{t+3}-2y_{t+2}+y_{t+1}=0.$$

定义 3 满足差分方程的函数称为该**差分方程的解**.

例如，对于差分方程 $y_{t+1}-y_t=2$，将 $y_t=2t$ 代入该方程，有

$$y_{t+1}-y_t=2(t+1)-2t=2,$$

故 $y_t=2t$ 是该方程的解．易见对于任意常数 C,

$$y_t=2t+C$$

都是差分方程 $y_{t+1}-y_t=2$ 的解.

如果差分方程的解中含有相互独立的任意常数的个数恰好等于方程的阶数，则称这个解为该差分方程的**通解**.

在实际应用中，我们往往要根据系统在初始时刻所处的状态对差分方程附加一定的条件，这种附加条件称为**初始条件**，满足初始条件的解称为**特解**.

定义 4 若差分方程中所含未知函数及未知函数的各阶差分均为一次，则称该差分方程为**线性差分方程**.

线性差分方程的一般形式是

$$y_{t+n}+a_1(t)y_{t+n-1}+\cdots+a_{n-1}(t)y_{t+1}+a_n(t)y_t=f(t), \tag{9.3}$$

其特点是 y_{t+n}, y_{t+n-1}, $\cdots$, y_t 都是一次的.

例 4 试确定下列差分方程的阶:

(1) $y_{t+3}-y_{t-2}+y_{t-4}=0$; (2) $5y_{t+5}+3y_{t+1}=7$.

解 (1) 由于方程中未知函数下标的最大差为 7，由阶的定义，此方程的阶为 7.

(2) 由于方程中未知函数下标的最大差为 4，由阶的定义，此方程的阶为 4. ■

例 5 指出下列等式哪一个是差分方程，若是，进一步指出是否为线性方程.

(1) $-3\Delta y_t=3y_t+a^t$; (2) $y_{t+2}-2y_{t+1}+3y_t=4$.

解 (1) 将原方程变形为 $-3y_{t+1}=a^t$，因其只含有自变量 t 的一个函数值，所以这个方程不是差分方程.

(2) 由定义知，这个方程是差分方程，且是线性差分方程. ■

从前面的讨论中可以看到，关于差分方程及其解的概念与微分方程十分相似．事实上，微分与差分都是描述变量变化的状态，只是前者描述的是连续变化过程，后者描述的是离散变化过程．在取单位时间为 1 且单位时间间隔很小的情况下，

$$\Delta y_t=f(t+1)-f(t)\approx \mathrm{d}y=\frac{\mathrm{d}y}{\mathrm{d}t}\Delta t=\frac{\mathrm{d}y}{\mathrm{d}t},$$

即差分方程可看作连续变化的一种近似．因此，差分方程和微分方程无论在方程结构、解的结构还是在求解方法上都有很多相似之处.

三、一阶常系数线性差分方程

一阶常系数线性差分方程的一般形式为

$$y_{t+1}-Py_t=f(t), \tag{9.4}$$

其中, P 为非零常数, $f(t)$为已知函数. 如果 $f(t)=0$, 则方程变为

$$y_{t+1}-Py_t=0. \tag{9.5}$$

方程 (9.5) 称为**一阶常系数齐次线性差分方程**, 相应地, 方程 (9.4) 称为**一阶常系数非齐次线性差分方程**.

1. 一阶常系数齐次线性差分方程的通解

一阶常系数齐次线性差分方程的通解可用**迭代法**求得.

设 y_0 已知, 将 $t=0,1,2,\cdots$ 代入方程 $y_{t+1}=Py_t$ 中, 得

$$y_1=Py_0,\ y_2=Py_1=P^2y_0,\ y_3=Py_2=P^3y_0,\ \cdots,\ y_t=Py_{t-1}=P^ty_0.$$

则 $y_t=y_0P^t$ 为方程 (9.5) 的解.

容易验证, 对于任意常数A, $y=AP^t$ 都是方程(9.5)的解, 故方程(9.5)的通解为

$$y_t=AP^t. \tag{9.6}$$

例 6　求差分方程 $y_{t+1}-3y_t=0$ 的通解.

解　利用公式(9.6)得, 题设方程的通解为 $y_t=A3^t$. ■

2. 一阶常系数非齐次线性差分方程

定理 1　设 $\bar{y}_t$ 为方程 (9.5) 的通解, y_t^* 为方程 (9.4) 的一个特解, 则 $y_t=\bar{y}_t+y_t^*$ 为方程 (9.4) 的通解.

证明　由题设, 有 $y_{t+1}^*-Py_t^*=f(t)$ 及 $\bar{y}_{t+1}-P\bar{y}_t=0$, 将这两式相加得

$$(\bar{y}_{t+1}+y_{t+1}^*)-P(\bar{y}_t+y_t^*)=f(t),$$

即 $y_t=\bar{y}_t+y_t^*$ 为方程 (9.4) 的通解. ■

下面我们对右端项 $f(x)$ 的几种特殊形式给出求其特解 y_t^* 的方法, 进而给出式(9.4)的通解的形式:

(i) $f(t)=C$ (C 为非零常数).

给定 y_0, 由 $y_{t+1}^*=Py_t^*+C$, 可按如下迭代法求得特解 y_t^*:

$$y_1^*=Py_0+C,\quad y_2^*=Py_1+C=P^2y_0+C(1+P),$$

$$y_3^*=Py_2+C=P^3y_0+C(1+P+P^2),$$

$$\cdots\cdots$$

$$y_t^*=P^ty_0+C(1+P+P^2+\cdots+P^{t-1})$$

$$=\begin{cases}\left(y_0-\dfrac{C}{1-P}\right)P^t+\dfrac{C}{1-P}, & P\neq 1\\ y_0+Ct, & P=1\end{cases}. \tag{9.7}$$

由式(9.6)得，方程(9.5)的通解为$\overline{y}_t=A_1P^t$(A_1为任意常数)，于是，方程(9.4)的通解为

$$y_t=\begin{cases}AP^t+\dfrac{C}{1-P}, & P\neq 1\\ A+Ct, & P=1\end{cases}, \tag{9.8}$$

其中，A为任意常数，且当$P\neq 1$时，$A=y_0-\dfrac{C}{1-P}+A_1$，当 $P=1$ 时，$A=y_0+A_1$.

例 7 求差分方程 $y_{t+1}-3y_t=-2$ 的通解.

解 由于$P=3, C=-2$，故原方程的通解为

$$y_t=A3^t+1.$$

■

(ii) $f(t)=Cb^t$ (C, b 为非零常数且 $b\neq 1$).

当 $b\neq P$ 时，设 $y_t^*=kb^t$ 为方程(9.4)的特解，其中k为待定系数. 将其代入方程(9.4)，得

$$kb^{t+1}-Pkb^t=Cb^t，解得\ k=\frac{C}{b-P}.$$

于是，所求特解为$y_t^*=\dfrac{C}{b-P}b^t$. 当$b\neq P$时，方程(9.4)的通解为

$$y_t=AP^t+\frac{C}{b-P}b^t. \tag{9.9}$$

当$b=P$时，设$y_t^*=ktb^t$为方程(9.4)的特解，代入方程(9.4)，得$k=\dfrac{C}{P}$，所以，当$b=P$时，方程(9.4)的通解为

$$y_t=AP^t+Ctb^{t-1}. \tag{9.10}$$

例 8 求差分方程 $y_{t+1}-\dfrac{1}{2}y_t=3\left(\dfrac{3}{2}\right)^t$ 在初始条件 $y_0=5$ 时的特解.

解 这里$P=\dfrac{1}{2}$，$C=3$，$b=\dfrac{3}{2}$，利用公式(9.9)，得所求通解为

$$y_t=3\left(\frac{3}{2}\right)^t+A\left(\frac{1}{2}\right)^t,$$

将初始条件$y_0=5$代入上式，得 $A=2$. 故所求题设方程的特解为

$$y_t=3\left(\frac{3}{2}\right)^t+2\left(\frac{1}{2}\right)^t.$$

■

(iii) $f(t)=Ct^n$ (C为非零常数，n为正整数).

当$P\neq 1$时，设 $y_t^*=B_0+B_1t+\cdots+B_nt^n$为方程(9.4)的特解，其中 $B_0, B_1, \cdots, B_n$ 为待定系数．将其代入方程(9.4)，求出系数$B_0, B_1, \cdots, B_n$，就得到方程(9.4)的特解 y_t^*.

当$P=1$时，设 $y_t^*=t(B_0+B_1t+\cdots+B_nt^n)$为方程(9.4)的特解，其中 $B_0, B_1, \cdots, B_n$为待定系数．将其代入方程(9.4)，求出系数$B_0, B_1, \cdots, B_n$，就得到方程(9.4)的特解 y_t^*.

例 9　求差分方程 $y_{t+1}-4y_t=3t^2$ 的通解．

解　设题设方程的特解为$y_t^*=B_0+B_1t+B_2t^2$，将 y_t^* 代入题设方程，得

$$(-3B_0+B_1+B_2)+(-3B_1+2B_2)t-3B_2t^2=3t^2.$$

比较同次幂系数，得

$$B_0=-\frac{5}{9},\ B_1=-\frac{2}{3},\ B_2=-1.$$

从而所求特解为 $y_t^*=-\left(\frac{5}{9}+\frac{2}{3}t+t^2\right)$. 而题设方程的通解为

$$y_t=-\left(\frac{5}{9}+\frac{2}{3}t+t^2\right)+A4^t.$$

■

四、二阶常系数线性差分方程

二阶常系数线性差分方程的一般形式为

$$y_{t+2}+ay_{t+1}+by_t=f(t), \tag{9.11}$$

其中a, b 均为常数，且 $b\neq 0$，$f(x)$是已知函数．当 $f(x)=0$时，方程(9.11)变为

$$y_{t+2}+ay_{t+1}+by_t=0. \tag{9.12}$$

方程(9.12)称为**二阶常系数齐次线性差分方程**，相应地，方程(9.11)称为**二阶常系数非齐次线性差分方程**．

仿照二阶线性微分方程解的结构定理，可写出关于二阶线性差分方程的解的结构定理．例如，我们有

定理 2　设 $\overline{y}_t$ 为方程(9.12)的通解，y_t^* 为方程(9.11)的一个特解，则 $y_t=\overline{y}_t+y_t^*$ 为方程(9.11)的通解．

1. 二阶常系数齐次线性差分方程的通解

与二阶常系数齐次线性微分方程的解法类似，考虑到方程 (9.12) 的系数均为常数，于是，只要找到一类函数，使得y_{t+2}，y_{t+1} 均为y_t 的常数倍即可解决求方程(9.12)的特解的问题．显然，幂函数λ^t符合这类函数的特征．因此，不妨设$Y_t=\lambda^t(\lambda\neq 0)$为方程(9.12)的一个特解，代入该方程，得

$$\lambda^{t+2}+a\lambda^{t+1}+b\lambda^t=\lambda^t(\lambda^2+a\lambda+b)=0,$$

即
$$\lambda^2+a\lambda+b=0, \tag{9.13}$$
称此方程为方程(9.11)或方程(9.12)的**特征方程**，称特征方程的解为**特征根**. 仿照二阶常系数齐次线性微分方程,根据特征根的三种情况,分别给出方程(9.12)的通解.

(1) 特征方程有两个相异实特征根 λ_1, λ_2, 则通解的形式为
$$Y_t=A_1\lambda_1^t+A_2\lambda_2^t \quad (A_1, A_2 \text{为任意常数});$$

(2) 特征方程有二重根 $\lambda_1=\lambda_2=-\dfrac{a}{2}$, 则通解的形式为
$$Y_t=(A_1+A_2 t)\left(-\frac{a}{2}\right)^t \quad (A_1, A_2 \text{为任意常数});$$

(3) 特征方程有两个共轭复特征根: $\lambda_{1,2}=\alpha\pm \mathrm{i}\beta$, 此时通解的形式为
$$\overline{Y}_t=A_1(\alpha+\mathrm{i}\beta)^t+A_2(\alpha-\mathrm{i}\beta)^t \quad (A_1, A_2 \text{为任意常数}).$$

为求得实数形式的通解，利用欧拉公式，记
$$\alpha\pm\mathrm{i}\beta=r(\cos\theta\pm\mathrm{i}\sin\theta),$$
其中 $r=\sqrt{\alpha^2+\beta^2}$, $\tan\theta=\dfrac{\beta}{\alpha}$, 则
$$y_t^{(1)}=\lambda_1^t=r^t(\cos\theta t+\mathrm{i}\sin\theta t),\quad y_t^{(2)}=\lambda_2^t=r^t(\cos\theta t-\mathrm{i}\sin\theta t)$$
都是方程(9.12)的特解. 易证
$$\frac{1}{2}(y_t^{(1)}+y_t^{(2)}) \text{ 及 } \frac{1}{2\mathrm{i}}(y_t^{(1)}-y_t^{(2)})$$
也都是方程(9.12)的特解, 即 $r^t\cos\theta t$ 及 $r^t\sin\theta t$ 都是方程(9.12)的特解. 从而方程(9.12)的实数形式的通解为
$$Y_t=r^t(A_1\cos\theta t+A_2\sin\theta t) \quad (A_1, A_2 \text{是任意常数}).$$

例10 求差分方程 $y_{t+2}-3y_{t+1}-4y_t=0$ 的通解.

解 题设方程的特征方程为 $\lambda^2-3\lambda-4=0$, 即
$$(\lambda-4)(\lambda+1)=0,$$
因而特征根为 $\lambda_1=-1, \lambda_2=4$，所以题设方程的通解为
$$y_t=A_1(-1)^t+A_2 4^t.$$
■

例11 求差分方程 $y_{t+2}+4y_{t+1}+4y_t=0$ 的通解.

解 题设方程的特征方程为 $\lambda^2+4\lambda+4=0$, 即
$$(\lambda+2)^2=0,$$
因而特征根为 $\lambda_1=\lambda_2=-2$，所以题设方程的通解为
$$y_t=(A_1+A_2 t)(-2)^t.$$
■

例12 求差分方程 $y_{t+2}-2y_{t+1}+4y_t=0$ 的通解.

解 题设方程的特征方程为

$$\lambda^2-2\lambda+4=0,$$

解之得一对共轭复根

$$\lambda_1=1+\mathrm{i}\sqrt{3},\ \lambda_2=1-\mathrm{i}\sqrt{3},\ 即\ \alpha=1,\ \beta=\sqrt{3},$$

故有
$$r=\sqrt{\alpha^2+\beta^2}=2;\ \tan\theta=\frac{\beta}{\alpha}=\sqrt{3},\ 即\ \theta=\frac{\pi}{3}.$$

于是, 题设方程的通解为

$$y_t=2^t\left(A_1\cos\frac{\pi}{3}t+A_2\sin\frac{\pi}{3}t\right).$$

■

2. 二阶常系数非齐次线性差分方程的特解

仅考虑方程 (9.11) 中 $f(t)$ 取某些特殊形式的函数时的情形.

(1) $f(t)=P_m(t)$ (其中 $P_m(t)$ 是 t 的 m 次多项式), 方程 (9.11) 具有形如 $y_t^*=t^kR_m(t)$的特解, 其中 $R_m(t)$ 为 t 的 m 次待定多项式.

当 $1+a+b\neq 0$ 时, 取 $k=0$. 设 $y_t^*=R_m(t)=B_0+B_1t+\cdots+B_mt^m$;

当 $1+a+b=0$, 但 $a\neq -2$ 时, 取 $k=1$. 设 $y_t^*=t(B_0+B_1t+\cdots+B_mt^m)$;

当 $1+a+b=0$, 且 $a=-2$ 时, 取 $k=2$. 设 $y_t^*=t^2(B_0+B_1t+\cdots+B_mt^m)$.

根据上述情形, 分别把所设特解 y_t^* 代入方程 (9.11), 比较两端同次项的系数, 确定系数 $B_0, B_1,\cdots,B_m$, 即可得方程(9.11)的特解.

例 13　求差分方程 $y_{t+2}+3y_{t+1}-4y_t=t$ 的通解.

解　对应的齐次差分方程的特征方程为

$$\lambda^2+3\lambda-4=0,\ 解得\ \lambda_1=1,\ \lambda_2=-4.$$

于是, 对应的齐次差分方程的通解为

$$Y_t=A_1+A_2(-4)^t,$$

而 $1+a+b=1+3-4=0$, 但 $a=3\neq -2$, 故设 $y_t^*=t(B_0+B_1t)$, 代入题设方程, 得

$$B_0(t+2)+B_1(t+2)^2+3B_0(t+1)+3B_1(t+1)^2-4B_0t-4B_1t^2=t.$$

比较两边同次项的系数, 得

$$\begin{cases}10B_1=1\\5B_0+7B_1=0\end{cases},\quad 解得\ \begin{cases}B_0=-7/50\\B_1=1/10\end{cases}.$$

从而所求题设方程的通解为

$$y_t=t\left(-\frac{7}{50}+\frac{1}{10}t\right)+A_1+A_2(-4)^t.$$

■

(2) $f(t)=P_m(t)C^t$ 时 (其中 $P_m(t)$的意义同(1), C为常数), 则方程 (9.11) 具有形如 $y_t^*=t^kR_m(t)C^t$ 的特解, 其中$R_m(t)$的意义同 (1).

当 $C^2+Ca+b\neq 0$时, 取$k=0$. 设 $y_t^*=R_m(t)C^t=(B_0+B_1t+\cdots+B_mt^m)C^t$;

当 $C^2+Ca+b=0$，但 $2C+a\neq 0$ 时，取 $k=1$. 设

$$y_t^*=tR_m(t)C^t=t(B_0+B_1t+\cdots+B_mt^m)C^t;$$

当 $C^2+Ca+b=0$，且 $2C+a=0$ 时，取 $k=2$. 设

$$y_t^*=t^2R_m(t)C^t=t^2(B_0+B_1t+\cdots+B_mt^m)C^t.$$

分别就上面各种情形，把所设特解 y_t^* 代入方程(9.11)，比较两端同次项的系数，确定系数 $B_0, B_1, \cdots, B_m$，即可得方程(9.11)的特解.

例14 求差分方程 $y_{t+2}+2y_{t+1}+y_t=3\cdot 2^t$ 的通解.

解 对应的齐次方程的特征方程为

$$\lambda^2+2\lambda+1=0,\quad 解得\ \lambda_1=\lambda_2=-1.$$

则对应的齐次方程的通解为

$$Y_t=(A_1+A_2t)(-1)^t.$$

又 $C^2+Ca+b=4+4+1=9\neq 0$，设特解 $y_t^*=B_0 2^t$，代入方程，得

$$B_0 2^{t+2}+2B_0 2^{t+1}+B_0 2^t=3\cdot 2^t,$$

消去 2^t，得 $4B_0+4B_0+B_0=3$，于是 $B_0=\dfrac{1}{3}$. 得特解 $y_t^*=\dfrac{2^t}{3}$. 故所求方程的通解为

$$y_t=\frac{2^t}{3}+(A_1+A_2t)(-1)^t.$$

■

五、差分方程在经济学中的应用

采用与微分方程完全类似的方法，可以建立经济学中的差分方程模型，下面举例说明其应用.

1. “筹措教育经费”模型

某家庭从现在开始，从每月工资中拿出一部分资金存入银行，用于投资子女的教育，计划 20 年后开始从投资账户中每月支取 1 000 元，直到 10 年后子女大学毕业并用完全部资金. 要实现这个投资目标，20 年内要总共筹措多少资金? 每月要在银行存入多少钱? 假设投资的月利率为0.5%，为此，设第 t 个月投资账户资金为 a_t 元，每月存入资金 b 元，于是 20 年后，关于 a_t 的差分方程模型为

$$a_{t+1}=1.005a_t-1\,000, \tag{9.14}$$

且 $a_{120}=0,\ a_0=x.$

解方程(9.14)，得其通解为

$$a_t=1.005^tA-\frac{1\,000}{1-1.005}=1.005^tA+200\,000,$$

其中 A 为任意常数. 因为

$$a_{120}=1.005^{120}A+200\,000=0,\quad a_0=A+200\,000=x,$$

从而有

$$x = 200\,000 - \frac{200\,000}{1.005^{120}} = 90\,073.45.$$

从现在到20年内，a_t 满足方程

$$a_{t+1} = 1.005 a_t + b, \tag{9.15}$$

且 $a_0 = 0$，$a_{240} = 90\,073.45$.

解方程 (9.15)，得通解

$$a_t = 1.005^t A + \frac{b}{1 - 1.005} = 1.005^t A - 200b,$$

以及 $a_{240} = 1.005^{240} A - 200b = 90\,073.45$，$a_0 = A - 200b = 0$，从而有 $b = 194.95$.

即要达到投资目标，20 年内要筹措资金 90 073.45元，平均每月要存入194. 95元.

2. 价格与库存模型

本模型考虑库存与价格之间的关系.

设 $P(t)$ 为第 t 个时段某类产品的价格，$L(t)$ 为第 t 个时段的库存量. $\overline{L}$ 为该产品的合理库存量. 一般情况下，如果库存量超过合理库存，则该产品的售价要下跌，如果库存量低于合理库存，则该产品售价要上涨，于是有方程

$$P_{t+1} - P_t = k(\overline{L} - L_t), \tag{9.16}$$

其中 k 为比例常数. 由方程 (9.16) 变形可得

$$P_{t+2} - 2P_{t+1} + P_t = -k(L_{t+1} - L_t). \tag{9.17}$$

又设库存量 $L(t)$ 的改变与产品的生产销售状态有关，且在第 $t+1$ 个时段库存增加量等于该时段的供求之差，即

$$L_{t+1} - L_t = S_{t+1} - D_{t+1}. \tag{9.18}$$

如果设供给函数和需求函数分别为

$$S_t = a(P_t - \alpha) + \beta,\ D_t = -b(P_t - \alpha) + \beta,$$

代入方程 (9.18) 后，得

$$L_{t+1} - L_t = (a+b)P_{t+1} - a\alpha - b\alpha,$$

再由方程 (9.17)，得方程

$$P_{t+2} + [k(a+b) - 2]P_{t+1} + P_t = k(a+b)\alpha. \tag{9.19}$$

设方程 (9.19) 具有形如 $P_n^* = A$ 的特解，代入方程易得 $A = \alpha$.

方程 (9.19) 对应的齐次方程的特征方程为

$$\lambda^2 + [k(a+b) - 2]\lambda + 1 = 0,$$

解得 $\lambda_{1,2} = -r \pm \sqrt{r^2 - 1}$，$r = \frac{1}{2}[k(a+b) - 2]$.

如果 $|r| < 1$，设 $r = \cos\theta$，则方程 (9.18) 的通解为

$$P_t = B_1 \cos(t\theta) + B_2 \sin(t\theta) + \alpha,$$

即第 t 个时段价格将围绕稳定值 α 循环变化.

如果 $|r| > 1$, 则 λ_1, λ_2 为两个实根, 方程 (9.19) 的通解为

$$P_t = A_1 \lambda_1^t + A_2 \lambda_2^t + \alpha.$$

这时由于 $\lambda_2 = -r - \sqrt{r^2 - 1} < -r < -1$, 则当 $t \to +\infty$ 时, λ_2^t 将迅速变化, 方程无稳定解.

因此, 当 $1 > r > -1$, 即 $0 < r + 1 < 2$, 也即 $0 < k < \dfrac{4}{a+b}$ 时, 价格相对稳定, 其中 a, b, c 为正常数.

3. 国民收入的稳定分析模型

本模型主要讨论国民收入与消费和积累之间的关系问题.

设第 t 期内的国民收入 y_t 主要用于该期内的消费 G_t、再生产投资 I_t 和政府用于公共设施的开支 G (设为常数), 即有

$$y_t = C_t + I_t + G. \tag{9.20}$$

又设第 t 期的消费水平与前一期的国民收入水平有关, 即

$$C_t = Ay_{t-1} \quad (0 < A < 1). \tag{9.21}$$

第 t 期的生产投资应取决于消费水平的变化, 即有

$$I_t = B(C_t - C_{t-1}). \tag{9.22}$$

将方程 (9.20), (9.21), (9.22) 合并, 整理得

$$y_t - A(1+B)y_{t-1} + BAy_{t-2} = G. \tag{9.23}$$

于是, 对应 A, B, G 以及 y_0, y, 可求解上述方程, 并讨论国民收入的变化趋势和稳定性.

例如, 若 $A = \dfrac{1}{2}$, $B = 1$, $G = 1$, $y_0 = 2$, $y_1 = 3$, 则方程 (9.23) 满足所给条件的特解为

$$y_t = 2^{1-\frac{t}{2}} \sin\frac{\pi}{4}t + 2.$$

结果表明, 在上述条件下, 国民收入将在 2 个单位上下波动, 且波动幅度为 $\sqrt{2}$.

习题 8-9

1. 求下列函数的一阶差分和二阶差分:

(1) $y = 1 - 2t^2$; (2) $y = \dfrac{1}{t^2}$; (3) $y = 3t^2 - t + 2$;

(4) $y = t^2(2t-1)$; (5) $y = e^{2t}$.

2. 确定下列方程的阶:

(1) $y_{x+3}-x^2y_{x+1}+3y_x=2$；　(2) $y_{x-2}-y_{x-4}=y_{x+2}$.

3. 设 Y_x, Z_x, U_x 分别是下列差分方程的解：

$$y_{x+1}+ay_x=f_1(x),\ \ y_{x+1}+ay_x=f_2(x),\ \ y_{x+1}+ay_x=f_3(x).$$

求证：$X_x=Y_x+Z_x+U_x$ 是差分方程 $y_{x+1}+ay_x=f_1(x)+f_2(x)+f_3(x)$ 的解.

4. 证明下列各等式：

(1) $\Delta(u_tv_t)=u_{t+1}\Delta v_t+v_t\Delta u_{t+1}$；　(2) $\Delta\left(\dfrac{u_t}{v_t}\right)=\dfrac{v_t\Delta u_t-u_t\Delta v_t}{v_tv_{t+1}}$.

5. 求下列差分方程的通解：

(1) $y_{t+1}-2y_t=0$；　(2) $y_{t+1}+y_t=0$；

(3) $y_{t+1}-2y_t=6t^2$；　(4) $y_{t+1}+y_t=2^t$；

(5) $y_{t+1}-y_t=t$；　(6) $y_{t+1}-\alpha y_t=\mathrm{e}^{\beta t}$($\alpha,\beta$为非零常数).

6. 求下列差分方程在给定初始条件下的特解：

(1) $4y_{t+1}+2y_t=1$, $y_0=1$；　(2) $y_{t+1}-y_t=3$, $y_0=2$；

(3) $2y_{t+1}+y_t=0$, $y_0=3$；　(4) $y_t=-7y_{t-1}+16$, $y_0=5$.

7. 设某产品在时期 t 的价格、总供给与总需求分别为P_t, S_t 与 D_t, 并设对于$t=0,1,2,\cdots$, 有 (1) $S_t=2P_t+1$;　(2) $D_t=-4P_{t-1}+5$;　(3) $S_t=D_t$.

(I) 求证：由 (1)、(2)、(3) 能推出差分方程 $P_{t+1}+2P_t=2$；

(II) 已知 P_0 时，求上述方程的解.

8. 求下列二阶差分方程的通解及特解：

(1) $y_{t+2}+3y_{t+1}-\dfrac{7}{4}y_t=9$ ($y_0=6$, $y_1=3$)；

(2) $y_{t+2}-2y_{t+1}+2y_t=0$ ($y_0=2$, $y_1=2$)；

(3) $y_{t+2}+y_{t+1}-2y_t=12$ ($y_0=0$, $y_1=0$)；

(4) $y_{t+2}+5y_{t+1}+4y_t=t$.

总 习 题 八

1. 求下列微分方程的通解：

(1) $(xy^2+x)\mathrm{d}x+(y-x^2y)\mathrm{d}y=0$；　(2) $(\mathrm{e}^{x+y}-\mathrm{e}^x)\mathrm{d}x+(\mathrm{e}^{x+y}+\mathrm{e}^y)\mathrm{d}y=0$；

(3) $\dfrac{\mathrm{d}y}{\mathrm{d}x}=-\dfrac{4x+3y}{x+y}$；　(4) $(1+2\mathrm{e}^{\frac{x}{y}})\mathrm{d}x+2\mathrm{e}^{\frac{x}{y}}\left(1-\dfrac{x}{y}\right)\mathrm{d}y=0$；

(5) $y'=\dfrac{y}{2x}+\dfrac{1}{2y}\tan\dfrac{y^2}{x}$；　(6) $\dfrac{\mathrm{d}y}{\mathrm{d}x}=\dfrac{1}{x^2+y^2+2xy}$.

2. 求下列初值问题的解：

(1) $\cos y\mathrm{d}x+(1+\mathrm{e}^{-x})\sin y\mathrm{d}y=0$, $y\big|_{x=0}=\dfrac{\pi}{4}$.

(2) $(x^2+2xy-y^2)\mathrm{d}x+(y^2+2xy-x^2)\mathrm{d}y=0$, $y|_{x=1}=1$.

3. 已知函数 $y(x)$ 满足微分方程 $xy'=y\ln\frac{y}{x}$, 且在 $x=1$时, $y=\mathrm{e}^2$, 则当 $x=-1$时, $y=($ $)$.

(A) -1; (B) 0; (C) 1; (D) e^{-1}.

4. 求方程 $y'=2\left(\frac{y+2}{x+y-1}\right)^2$ 的通解.

5. 求方程 $2x^4y\frac{\mathrm{d}y}{\mathrm{d}x}+y^4=4x^6$ 的通解.

6. 若曲线 $y=f(x)(f(x)\geq 0)$ 以 $[0,x]$ 为底围成曲边梯形, 其面积与纵坐标 y 的 4 次幂成正比, 已知 $f(0)=0$, $f(1)=1$, 求此曲线方程.

7. 设某商品的需求量为 D 和供给量为 s, 各自对价格 p 的函数为$D(p)=\frac{a}{p^2}$, $s(p)=bp$, 且 p 是时间 t 的函数并满足方程 $\frac{\mathrm{d}p}{\mathrm{d}t}=k[D(p)-s(p)]$ (a, b, k 为正常数), 求: (1) 需求量与供给量相等时的均衡价格 p_e; (2) 当 $t=0$, $p=1$ 时的价格函数 $p(t)$; (3) $\lim\limits_{t\to+\infty}p(t)$.

8. 求下列微分方程的通解:

(1) $xy'\ln x+y=ax(\ln x+1)$; (2) $x\mathrm{d}y-[y+xy^3(1+\ln x)]\mathrm{d}x=0$;

(3) $(1+x)y'-ny=(x+1)^{n+1}x\sin(x^2)$; (4) $\frac{\mathrm{d}y}{\mathrm{d}x}=\frac{x}{2(\ln y-x)}$;

(5) $xy'+2y=3x^3y^{4/3}$.

9. 求下列微分方程满足初始条件的特解:

(1) $\frac{\mathrm{d}y}{\mathrm{d}x}+y\cot x=5\mathrm{e}^{\cos x}$, $y\big|_{x=\frac{\pi}{2}}=-4$;

(2) $xy'+(1-x)y=\mathrm{e}^{2x}$ $(0<x<+\infty)$, $\lim\limits_{x\to 0^+}y(x)=1$.

10. 已知一曲线通过点 $(\mathrm{e},1)$, 且在曲线上任一点 (x, y) 处的法线的斜率等于 $\frac{-x\ln x}{x+y\ln x}$, 求该曲线的方程.

11. 求下列微分方程的通解:

(1) $y''=1+y'^2$; (2) $y''=\frac{1}{\sqrt{y}}$;

(3) $y''=\frac{1+y'^2}{2y}$; (4) $x^2y''=(y')^2+2xy'$.

12. 求下列微分方程满足所给初始条件的特解:

(1) $y''-3y'-4y=0$, $y\big|_{x=0}=0$, $y'\big|_{x=0}=-5$;

(2) $y''-4y'+13y=0$, $y\big|_{x=0}=0$, $y'\big|_{x=0}=3$.

13. 求下列微分方程的通解:

(1) $2y''+5y'=5x^2-2x-1$; (2) $y''+3y'+2y=3x\mathrm{e}^{-x}$;

(3) $y''-2y'+5y=\mathrm{e}^x\sin 2x$; (4) $y''-y=\sin^2 x$;

(5) $y''+4y=\frac{1}{2}(x+\cos 2x)$.

14. 求微分方程 $y''-2y'+y=xe^x-e^x$ 满足初始条件 $y(1)=y'(1)=1$ 的特解.

15. 求以 $(x+C)^2+y^2=1$ (C 为任意常数) 为通解的微分方程.

16. 设方程 $y''+p(x)y'+q(x)y=f(x)$ 的三个解为

$$y_1=x,\quad y_2=e^x,\quad y_3=e^{2x},$$

求此方程满足初始条件 $y(0)=1$, $y'(0)=3$ 的解.

17. 当 $\Delta x\to 0$ 时, α 是比 Δx 高阶的无穷小, 函数 $y(x)$ 在任意点处的增量

$$\Delta y=\frac{y\Delta x}{x^2+x+1}+\alpha,\ 且\ y(0)=\pi,$$

则 $y(1)=$__________.

18. 设在同一水域中生存着食草鱼与食鱼之鱼(或同一环境中的两种生物), 它们的数量分别为 $x(t)$ 与 $y(t)$, 不妨设 x 与 y 是连续变化的. 其中鱼数 x 受 y 的影响而减少(大鱼吃了小鱼), 减少的速率与 $y(t)$ 成正比; 而鱼数 y 也受 x 的影响而减少(小鱼吃了大鱼卵), 减少的速率与 $x(t)$ 成正比. 如果 $x(0)=x_0$, $y(0)=y_0$, 试建立这一问题的数学模型, 并求这两种鱼数量的变化规律.

19. 下列等式中不是差分方程的是(　　).

(A) $2\Delta y_t-y_t=2$;　　(B) $3\Delta y_t+3y_t=t$;　　(C) $\Delta^2 y_t=0$;　　(D) $y_t+y_{t-2}=r^2$.

20. 已知 $y_1=-2^{t-1}t\cos\pi t$, $y_2=(-2)^t-2^{t-1}t\cos\pi t$ 均为差分方程

$$y_{t+1}+2y_t=2^t\cos\pi t$$

的解, 试求其通解.

21. 求解差分方程: $y_{t+1}+3y_t=t\cdot 2^t$.

22. 求二阶齐次线性差分方程 $y_{t+2}+2y_{t+1}-3y_t=0$ 的通解.

23. 求二阶非齐次线性差分方程 $y_{t+2}-y_{t+1}-6y_t=3^t(2t+1)$ 的通解.

24. 求方程 $y_{n+2}-10y_{n+1}+25y_n=3^n$ 满足条件 $y_0=1$, $y_1=0$ 的特解.

25. 设 $x>-1$ 时, 可微函数 $f(x)$ 满足条件

$$f'(x)+f(x)-\frac{1}{x+1}\int_0^x f(x)\mathrm{d}x=0,$$

且 $f(0)=1$, 试证当 $x\geq 0$ 时, 有 $e^{-x}\leq f(x)\leq 1$.

26. 设 $f(x)$ 可微, 对于任意实数 a,b 满足 $f(a+b)=e^a f(b)+e^b f(a)$, 又 $f'(0)=e$, 试求 $f(x)$.

数学家简介 [8]

高　斯

——数学王子

高斯(Gauss,1777−1855), 德国数学家、物理学家、天文学家. 高斯是 18、19 世纪之交最

伟大的德国数学家，他的贡献遍及纯数学和应用数学的各个领域，成为世界数学界的光辉旗帜，他的形象已经成为数学告别过去、走向现代数学的象征. 高斯被后人誉为“数学王子”.

高　斯

历史上间或出现神童，高斯就是其中之一. 高斯出生于德国不伦瑞克的一个普通工人家庭，童年时期就显示出数学才华. 据说他 3 岁时就发现父亲记账时的一个错误. 高斯 7 岁入学，在小学期间学习就十分刻苦，常点自制小油灯演算到深夜. 10 岁时就展露出超群的数学思维能力，据记载，有一次他的数学老师比特纳让学生把 1 到 100 之间的自然数加起来，题目刚布置完，高斯几乎不假思索就算出了其和为 5 050. 11 岁时，他发现了二项式定理.

1792 年，在当地公爵的资助下，不满 15 岁的高斯进入卡罗琳学院学习. 在校三年间，高斯很快掌握了微积分理论，并在最小二乘法和数论中的二次互反律的研究上取得了重要成果，这是高斯一生数学研究的开始.

1795 年，高斯选择到哥廷根大学继续学习. 据说，高斯选中这所大学有两个重要原因. 一是它有藏书极为丰富的图书馆；二是它有注重改革、侧重学科的好名声. 当时的哥廷根大学对学生而言可谓是个“四无世界”：无必修科目，无指导教师，无考试和课堂约束，无学生社团. 高斯完全在学术自由的环境中成长. 1796 年对 19 岁的高斯而言是其学术生涯中的第一个转折点：他敲开了自古希腊欧几里得时代起就困扰着数学家的尺规作图这一难题的大门，证明了正十七边形可用欧几里得型的圆规和直尺作图. 这一难题的解决轰动了当时整个数学界. 之后，22 岁的高斯证明了当时许多数学家想证明而不会证明的代数基本定理. 为此，他获得了博士学位. 1807 年，高斯开始在哥廷根大学任数学和天文学教授，并任该校天文台台长.

高斯在许多领域都有卓越的建树. 如果说微分几何是他将数学应用于实际的产物，那么非欧几何则是他的纯粹数学思维的结晶. 他在数论、超几何级数、复变函数论、椭圆函数论、统计数学、向量分析等方面也都取得了辉煌的成就. 高斯关于数论的研究贡献殊多. 他认为“数学是科学之王，数论是数学之王”. 他的工作对后世影响深远. 19 世纪德国代数数论有着突飞猛进的发展与高斯是分不开的.

有人说，“在数学世界里，高斯处处流芳”. 除了纯数学研究之外，高斯亦十分重视数学的应用，其大量著作都与天文学、大地测量学、物理学有关. 特别值得一提的是谷神星的发现. 19 世纪的第一个凌晨，天文学家皮亚齐似乎发现了一颗“没有尾巴的彗星”，他一连追踪观察 41 天，终因疲劳过度而累倒了. 当他把测量结果告诉其他天文学家时，这颗星却已消逝了. 24 岁的高斯得知后，经过几个星期苦心钻研，创立了行星椭圆法. 根据这种方法计算，终于重新找到了这颗小行星. 这一事实充分显示了数学科学的威力. 高斯在电磁学和光学方面亦有杰出的贡献. 磁通量密度单位就是以“高斯”命名的. 高斯还与韦伯共享电磁波发现者的殊荣.

高斯是一位严肃的科学家，工作刻苦踏实，精益求精. 他思维敏捷，立论极端谨慎. 他遵循三条原则：“宁肯少些，但要好些”“不留下进一步要做的事情”“极度严格的要求”. 他的著作都是精心构思、反复推敲过的，以最精炼的形式发表出来. 高斯生前只公开发表过 155 篇论文，还有大量著作没有发表. 直到后来，人们发现许多数学成果早在半个世纪以前高斯就已经知道了. 也许正是由于高斯过分谨慎和许多成果没有公开发表，他对当时一些青年数学家的影响并不是很大. 他称赞阿贝尔、狄利克雷等人的工作，却对他们的信件和文章表现冷淡. 和青年数学家缺少接触, 缺乏思想交流, 因此在高斯周围没能形成一个人才济济、思想活跃的学派. 德国数学到了魏尔斯特拉斯和希尔伯特时代才形成了柏林学派和哥廷根学派, 成为世界数学的中心. 但德国传统数学的奠基人仍被认为是高斯.

高斯一生勤奋好学, 多才多艺, 喜爱音乐和诗歌. 他懂得多国文字, 擅长欧洲语言. 62 岁开始学习俄语, 并达到能用俄文写作的程度, 晚年还一度学习梵文.

高斯的一生是不平凡的一生, 几乎在数学的每个领域都有他的足迹. 无怪后人常用他的事迹和格言鞭策自己. 100 多年来, 不少有才华的青年在高斯的影响下成长为杰出的数学家, 并为人类的文化作出了巨大的贡献. 高斯于 1855 年 2 月 23 日逝世, 终年 78 岁. 他的墓碑朴实无华, 仅镌刻"高斯"二字. 为纪念高斯, 其故乡不伦瑞克改名为高斯堡. 哥廷根大学为他建立了一个以正十七棱柱为底座的纪念像. 在慕尼黑博物馆悬挂的高斯画像上有这样一首题诗:

他的思想深入数学、空间、大自然的奥秘,
他测量了星星的路径、地球的形状和自然力.
他推动了数学的进展,
直到下个世纪.

习题答案

第6章　答案

习题 6-1

1. A, B, C, D 依次在第 Ⅳ,Ⅴ,Ⅷ,Ⅲ 卦限.

2. A, B, C, D 依次在 xOy 面上，yOz 面上，x 轴，y 轴.

3. (1) $(a, b, -c)$, $(-a, b, c)$, $(a, -b, c)$;　　(2) $(a, -b, -c)$, $(-a, b, -c)$, $(-a, -b, c)$;
(3) $(-a, -b, -c)$.

4. 垂直于 xOy 面, yOz 面, zOx 面的垂线的垂足依次为 $(x_0, y_0, 0)$, $(0, y_0, z_0)$, $(x_0, 0, z_0)$;
垂直于 x 轴、y 轴、z 轴的垂线的垂足依次为 $(x_0, 0, 0)$, $(0, y_0, 0)$, $(0, 0, z_0)$.

5. x 轴: $\sqrt{34}$;　y 轴: $\sqrt{41}$;　z 轴: 5.　　6. $4x+4y+10z-63=0$.

7. $x^2+y^2+z^2-2x-6y+4z=0$.

8.

方程	平面解析几何中	空间解析几何中
$x=2$	平行于 y 轴的直线	平行于 yOz 面的平面
$y=x+1$	斜率为1的直线	平行于 z 轴的平面
$x^2+y^2=4$	圆心在原点、半径为2的圆	以 z 轴为中心轴、半径为2的圆柱面
$x^2-y^2=1$	两半轴均为1的双曲线	母线平行于 z 轴的双曲柱面

9. (1) 球面;　(2) 旋转抛物面;　(3) 两相交平面;　(4) z 轴;
(5) 三坐标平面;　(6) 过 x 轴的平面;　(7) 两平行平面;　(8) 椭圆柱面;
(9) 双曲柱面;　(10) 抛物柱面;　(11) 圆锥面.

10. 在平面解析几何中，表示两直线的交点；在空间解析几何中，表示两平面的交线.

11. $\begin{cases} y^2=10z/9 \\ x=0 \end{cases}$.

12. (1) 两平面的交线: $\begin{cases} x=-2 \\ y=3 \end{cases}$;　　(2) 球面与平面的交线: $\begin{cases} x^2+y^2=16 \\ z=2 \end{cases}$ (圆);

(3) 单叶双曲面与平面的交线: $\begin{cases} x^2+9z^2=40 \\ y=1 \end{cases}$ (椭圆);

(4) 双曲抛物面与平面的交线: $\begin{cases} x^2-16=4z \\ y=-2 \end{cases}$ (抛物线).

13. (1) yOz 平面.　　(2) 平行于 xOz 面的平面.
(3) 在 xOy 平面上，它是直线；在空间，它是过该直线且平行于 z 轴的平面.
(4) 在 xOy 平面上，它是过原点的直线；在空间，它是过 z 轴的平面.
(5) 在 yOz 平面上，它是直线; 在空间，它是平行于 x 轴的平面.
(6) 在 xOz 平面上，它是过原点的直线；在空间，它是过 y 轴的平面.
(7) 过原点的平面.

14. (1) $z-3=0$;　(2) $x+3y=0$;　(3) $9y-z-2=0$.　　15. (1) $k=2$;　(2) $k=-3$.

习题 6-2

1. $\dfrac{2xy}{x^2+y^2}$.　　2. x^2-x.

3. (1) $\{(x,\ y)\mid y^2-2x+1>0\}$;　　(2) $\{(x,\ y)\mid x\ge 0,\ x^2\ge y\ge 0\}$;

(3) $D=\{(x,\ y)\mid x>0,\ -x\le y\le x\}\cup\{(x,\ y)\mid x<0,\ x\le y\le -x\}$;

(4) $D=\{(x,\ y)\mid y^2\le 4x,\ 0<x^2+y^2<1\}$;　　(5) $\{(x,\ y)\mid y>x\ge 0,\ x^2+y^2<1\}$.

4. (1) $\ln 2$;　(2) $-1/4$;　(3) 0;　(4) 0;　(5) 1/6.

6. (1) 间断点集: $\{(x,\ y)\mid y^2-2x=0\}$;　　(2) 点 $(0,0)$ 为 $f(x,\ y)$ 的可去间断点.

7. 不连续.

习题 6-3

1. (1) $\dfrac{\partial z}{\partial x}=2x-2y$, $\dfrac{\partial z}{\partial y}=-2x+3y^2$;

(2) $\dfrac{\partial z}{\partial x}=\sin y\cdot x^{\sin y-1}$, $\dfrac{\partial z}{\partial y}=x^{\sin y}\cdot\ln x\cdot\cos y$;

(3) $\dfrac{\partial z}{\partial x}=-\dfrac{y}{x^2+y^2}$, $\dfrac{\partial z}{\partial y}=\dfrac{x}{x^2+y^2}$;

(4) $\dfrac{\partial z}{\partial x}=\dfrac{1}{y}-\dfrac{y}{x^2}$, $\dfrac{\partial z}{\partial y}=\dfrac{1}{x}-\dfrac{x}{y^2}$;

(5) $\dfrac{\partial z}{\partial x}=\dfrac{1}{2x\sqrt{\ln(xy)}}$, $\dfrac{\partial z}{\partial y}=\dfrac{1}{2y\sqrt{\ln(xy)}}$;

(6) $\dfrac{\partial z}{\partial x}=y\,[\cos(xy)-\sin(2xy)]$, $\dfrac{\partial z}{\partial y}=x\,[\cos(xy)-\sin(2xy)]$;

(7) $\dfrac{\partial z}{\partial x}=\dfrac{2}{y}\csc\dfrac{2x}{y}$, $\dfrac{\partial z}{\partial y}=-\dfrac{2x}{y^2}\csc\dfrac{2x}{y}$;

(8) $\dfrac{\partial u}{\partial x}=\dfrac{z}{y}\left(\dfrac{x}{y}\right)^{z-1}$, $\dfrac{\partial u}{\partial y}=-\dfrac{z}{y}\left(\dfrac{x}{y}\right)^{z}$, $\dfrac{\partial u}{\partial z}=\left(\dfrac{x}{y}\right)^{z}\ln\dfrac{x}{y}$;

(9) $\dfrac{\partial z}{\partial x}=\dfrac{y^2}{(x^2+y^2)^{3/2}}$, $\dfrac{\partial z}{\partial y}=\dfrac{-xy}{(x^2+y^2)^{3/2}}$.

3. $f_x(x,1)=1$.　　4. $f_x'(0,0)=0$, $f_y'(0,0)$ 不存在.

5. (1) 5 000;　　(2) $\dfrac{\partial p}{\partial x}=\dfrac{100}{3}\left(\dfrac{y}{x}\right)^{1/3}$, $\dfrac{\partial p}{\partial y}=\dfrac{50}{3}\left(\dfrac{x}{y}\right)^{2/3}$;

(3) $\left.\dfrac{\partial p}{\partial x}\right|_{(125,\,64)}=26\dfrac{2}{3}$, $\left.\dfrac{\partial p}{\partial y}\right|_{(125,\,64)}=26\dfrac{1}{24}$.

6. (1) $\dfrac{\partial^2 z}{\partial x^2}=2y\mathrm{e}^y$, $\dfrac{\partial^2 z}{\partial y^2}=x^2(2+y)\mathrm{e}^y$, $\dfrac{\partial^2 z}{\partial x\partial y}=2x(1+y)\mathrm{e}^y$;

(2) $\dfrac{\partial^2 z}{\partial x^2}=\dfrac{2xy}{(x^2+y^2)^2}$, $\dfrac{\partial^2 z}{\partial y^2}=-\dfrac{2xy}{(x^2+y^2)^2}$, $\dfrac{\partial^2 z}{\partial x\partial y}=\dfrac{y^2-x^2}{(x^2+y^2)^2}$;

(3) $\dfrac{\partial^2 z}{\partial x^2}=-\dfrac{2}{y}(\sin x^2+2x^2\cos x^2)$, $\dfrac{\partial^2 z}{\partial y^2}=\dfrac{2\cos x^2}{y^3}$, $\dfrac{\partial^2 z}{\partial x\partial y}=\dfrac{2x}{y^2}\sin x^2$.

7. $f_{xx}(0,0,1)=2$，$f_{xz}(1,0,2)=2$，$f_{yz}(0,-1,0)=0$，$f_{zzx}(2,0,1)=0$.

8. $\dfrac{\partial^3 z}{\partial x^2\partial y}=0$，$\dfrac{\partial^3 z}{\partial x\partial y^2}=-\dfrac{1}{y^2}$.

习题 6-4

1. (1) $\left(6xy+\dfrac{1}{y}\right)\mathrm{d}x+\left(3x^2-\dfrac{x}{y^2}\right)\mathrm{d}y$；　(2) $\cos(x\cos y)\cos y\mathrm{d}x-x\sin y\cos(x\cos y)\mathrm{d}y$；

(3) $yzx^{yz-1}\mathrm{d}x+zx^{yz}\cdot\ln x\mathrm{d}y+yx^{yz}\cdot\ln x\mathrm{d}z$.

2. $\dfrac{4}{7}\mathrm{d}x+\dfrac{2}{7}\mathrm{d}y$.　3. $\mathrm{d}x-\mathrm{d}y$.　4. $\Delta z=-0.119$，$\mathrm{d}z=-0.125$.

5. (1) $L(x,y)=2x+2y-1$；　(2) $L(x,y)=-y+\pi/2$.

6. 2.95.　7. 1.021.　8. 约减少 2.8 cm.　9. 约 $14.8\,\mathrm{m}^3$, $13.632\,\mathrm{m}^3$.

习题 6-5

1. $\dfrac{\mathrm{d}z}{\mathrm{d}t}=-(\mathrm{e}^t+\mathrm{e}^{-t})$.　2. $\dfrac{\mathrm{d}z}{\mathrm{d}t}=\mathrm{e}^{\sin t-2t^3}(\cos t-6t^2)$.　3. $\dfrac{\mathrm{d}z}{\mathrm{d}x}=\dfrac{\mathrm{e}^x(1+x)}{1+x^2\mathrm{e}^{2x}}$.

4. $\dfrac{\partial z}{\partial x}=\dfrac{2x}{y^2}\ln(3x-2y)+\dfrac{3x^2}{(3x-2y)y^2}$，$\dfrac{\partial z}{\partial y}=-\dfrac{2x^2}{y^3}\ln(3x-2y)-\dfrac{2x^2}{(3x-2y)y^2}$.

5. $\dfrac{\partial z}{\partial x}=2(2x+y)^{2x+y}[1+\ln(2x+y)]$，$\dfrac{\partial z}{\partial y}=(2x+y)^{2x+y}[1+\ln(2x+y)]$.

7. (1) $\dfrac{\partial u}{\partial x}=2xf_1'+yf_2'$，$\dfrac{\partial u}{\partial y}=-2yf_1'+xf_2'$；

(2) $\dfrac{\partial u}{\partial x}=\dfrac{1}{y}f_1'$，$\dfrac{\partial u}{\partial y}=-\dfrac{x}{y^2}f_1'+\dfrac{1}{z}f_2'$，$\dfrac{\partial u}{\partial z}=-\dfrac{y}{z^2}f_2'$；

(3) $\dfrac{\partial u}{\partial x}=f_1'+yf_2'+yzf_3'$，$\dfrac{\partial u}{\partial y}=xf_2'+xzf_3'$，$\dfrac{\partial u}{\partial z}=xyf_3'$.

8. $\Delta u=3f_{11}''+4(x+y+z)f_{12}''+4(x^2+y^2+z^2)f_{22}''+6f_2'$.

9. (1) $\dfrac{\partial^2 z}{\partial x^2}=y^2f_{11}''$，$\dfrac{\partial^2 z}{\partial x\partial y}=f_1'+y(xf_{11}''+f_{12}'')$，$\dfrac{\partial^2 z}{\partial y^2}=x^2f_{11}''+2xf_{12}''+f_{22}''$；

(2) $\dfrac{\partial^2 z}{\partial x^2}=\dfrac{y^2}{x^4}f_{11}''-\dfrac{4y^2}{x}f_{12}''+4x^2y^2f_{22}''+\dfrac{2y}{x^3}f_1'+2f_2'y$,

$\dfrac{\partial^2 z}{\partial x\partial y}=-\dfrac{y}{x^3}f_{11}''+yf_{12}''+2x^3yf_{22}''-\dfrac{1}{x^2}f_1'+2xf_2'$,

$\dfrac{\partial^2 z}{\partial y^2}=\dfrac{1}{x^2}f_{11}''+2xf_{12}''+x^4f_{22}''$.

11. $\dfrac{\mathrm{d}y}{\mathrm{d}x}=-\dfrac{x+y}{y-x}$.　12. $\dfrac{\partial z}{\partial x}=\dfrac{yz-\sqrt{xyz}}{\sqrt{xyz}-xy}$，$\dfrac{\partial z}{\partial y}=\dfrac{xz-2\sqrt{xyz}}{\sqrt{xyz}-xy}$.

14. $\dfrac{\partial z}{\partial x}=-\dfrac{2x}{2z-f'(u)}$，$\dfrac{\partial z}{\partial y}=-\dfrac{2y^2-yf(u)+zf'(u)}{y[2z-f'(u)]}$，$u=\dfrac{z}{y}$.

16. 设 $u=x+y+z$，$v=x^2+y^2+z^2$，$\dfrac{\partial z}{\partial x}=-\dfrac{F'_u+2xF'_v}{F'_u+2zF'_v}$，$\dfrac{\partial z}{\partial y}=-\dfrac{F'_u+2yF'_v}{F'_u+2zF'_v}$.

17. $\dfrac{\partial^2 z}{\partial x^2}=\dfrac{2y^2z\mathrm{e}^z-y^2z^2\mathrm{e}^z-2xy^3z}{(\mathrm{e}^z-xy)^3}$.

18. $\dfrac{\partial^2 z}{\partial x^2}=-\dfrac{16xz}{(3z^2-2x)^3}$ ($3z^2-2x\neq 0$ 时); $\dfrac{\partial^2 z}{\partial y^2}=-\dfrac{6z}{(3z^2-2x)^3}$ ($3z^2-2x\neq 0$ 时).

习题 6-6

1. (1) 极小值：$f(1,1)=-1$；　(2) 极小值：$f(\pm1,0)=-1$；　(3) 极小值：$f\left(\dfrac{1}{2},-1\right)=-\dfrac{\mathrm{e}}{2}$.

2. 极大值：$f\left(\dfrac{\pi}{3},\dfrac{\pi}{6}\right)=\dfrac{3\sqrt{3}}{2}$.　　3. 极大值：6，极小值：$-2$.

4. 长为 $2\sqrt{10}$ 米、宽为 $3\sqrt{10}$ 米时，所用材料费最省.

5. 生产 120 件产品 A、80 件产品 B 时所得利润最大.

6. 最大收入额：$R(6,3)=40$(千元)，产生该收入的储存投资为6千元，广告开支为3千元.

7. A、B分别为100, 25.　　8. $\theta=2.234p+95.35$.　　9. 甲：2 单位，乙：3 单位.

10. 当劳动力为225单位、原料为37.5单位时产量最大.

习题 6-7

2. 题设积分小于 0.　　3. C.　　4. (1) $0\le I\le 2$；　(2) $36\pi\le I\le 100\pi$.

习题 6-8

1. (1) $\pi^2/4$；　(2) $20/3$；　(3) 1；　(4) $\pi^2-40/9$.

2. (1) $\mathrm{e}-\mathrm{e}^{-1}$；　(2) $\dfrac{1}{2}(1-\cos 2)$；　(3) $\dfrac{1}{6}\left(1-\dfrac{2}{\mathrm{e}}\right)$；　(4) $\dfrac{9}{8}\ln 3-\ln 2-\dfrac{1}{2}$.

3. (1) $\int_0^1\mathrm{d}x\int_x^1 f(x,y)\,\mathrm{d}y$；　(2) $\int_0^1\mathrm{d}y\int_{\mathrm{e}^y}^{\mathrm{e}} f(x,y)\,\mathrm{d}x$；

(3) $\int_0^1\mathrm{d}y\int_{-\sqrt{1-y^2}}^{y-1} f(x,y)\,\mathrm{d}x$；　(4) $\int_0^1\mathrm{d}x\int_{1-x}^1 f(x,y)\,\mathrm{d}y+\int_1^2\mathrm{d}x\int_{\sqrt{x-1}}^1 f(x,y)\,\mathrm{d}y$；

(5) $\int_0^1\mathrm{d}y\int_y^{2-y} f(x,y)\,\mathrm{d}x$.

4. 2/3.　　7. πa^2.　　8. (1) $\dfrac{9}{2}$；　(2) $\dfrac{4}{3}$.　　9. $V=\iint\limits_{x^2+y^2\le 1}|1-x-y|\,\mathrm{d}x\mathrm{d}y$.

10. 7/2.　　11. 6π.

习题 6-9

1. (1) $\int_0^{2\pi}\mathrm{d}\theta\int_0^3 f(r\cos\theta,\ r\sin\theta)r\,\mathrm{d}r$；　(2) $\int_0^{2\pi}\mathrm{d}\theta\int_1^2 f(r\cos\theta,\ r\sin\theta)r\,\mathrm{d}r$；

(3) $\int_{-\frac{\pi}{2}}^{\frac{\pi}{2}}\mathrm{d}\theta\int_0^{2\cos\theta} f(r\cos\theta,\ r\sin\theta)r\,\mathrm{d}r$.

2. (1) $\int_0^{\frac{\pi}{2}}\mathrm{d}\theta\int_0^{a}f(r\cos\theta,r\sin\theta)r\mathrm{d}r$;　(2) $\int_{\frac{\pi}{4}}^{\frac{\pi}{3}}\mathrm{d}\theta\int_0^{2\sec\theta}f(r\cos\theta,\ r\sin\theta)r\mathrm{d}r$;

(3) $\int_0^{\frac{\pi}{2}}\mathrm{d}\theta\int_{(\cos\theta+\sin\theta)^{-1}}^{1}f(r\cos\theta,r\sin\theta)r\mathrm{d}r$.

3. (1) $\pi(\mathrm{e}^9-1)$;　(2) $\frac{3}{4}\pi a^4$;　(3) $\frac{\pi}{4}(5\ln 5-4)$;　(4) $-3\pi(\arctan 2-\pi/4)$.

4. (1) $\sqrt{2}-1$;　(2) $\frac{9}{4}$;　(3) $2-\frac{\pi}{2}$;　(4) $\frac{\pi}{8}(\pi-2)$;　(5) $\frac{\pi}{6a}$.

5. $\frac{1}{3}R^3\arctan k$.　6. $\frac{5}{12}\pi R^3$.

总习题六

1. $D=\{(x,y)\,|\,a^2\le x^2+y^2\le 2a^2\}$.　2. (1) e；(2) 0.　3. 极限不存在.

4. $f(x,y)$ 在 $(0,0)$ 点处连续.

5. (1) $\frac{\partial z}{\partial x}=y\mathrm{e}^{-x^2y^2}$, $\frac{\partial z}{\partial y}=x\mathrm{e}^{-x^2y^2}$;

(2) $\frac{\partial u}{\partial x}=\frac{z(x-y)^{z-1}}{1+(x-y)^{2z}}$, $\frac{\partial u}{\partial y}=-\frac{z(x-y)^{z-1}}{1+(x-y)^{2z}}$, $\frac{\partial u}{\partial z}=\frac{(x-y)^z\ln|x-y|}{1+(x-y)^{2z}}$.

7. $x^yy^zz^x\left[\left(\frac{y}{x}+\ln z\right)\mathrm{d}x+\left(\frac{z}{y}+\ln x\right)\mathrm{d}y+\left(\frac{x}{z}+\ln y\right)\mathrm{d}z\right]$.

8. $\mathrm{d}z=\mathrm{e}^{-\arctan\frac{y}{x}}[(2x+y)\mathrm{d}x+(2y-x)\mathrm{d}y]$, $\frac{\partial^2 z}{\partial x\partial y}=\mathrm{e}^{-\arctan\frac{y}{x}}\frac{y^2-x^2-xy}{x^2+y^2}$.

9. $f_x(x,y)=\begin{cases}\frac{2xy^3}{(x^2+y^2)^2}, & x^2+y^2\ne 0\\ 0, & x^2+y^2=0\end{cases}$, $f_y(x,y)=\begin{cases}\frac{x^2(x^2-y^2)}{(x^2+y^2)^2}, & x^2+y^2\ne 0\\ 0, & x^2+y^2=0\end{cases}$.

10. 不可微.　11. (1) 两个偏导数存在；(2) 不连续；(3) 可微.

12. $\mathrm{e}^{ax}\sin x$.　14. $-2f_{11}''+(2\sin x-y\cos x)f_{12}''+y\sin x\cos x f_{22}''+\cos x f_2'$.

15. $x\mathrm{e}^{2y}f_{uu}''+\mathrm{e}^yf_{uy}''+x\mathrm{e}^yf_{xu}''+f_{xy}''+\mathrm{e}^yf_u'$.　16. $\frac{2(-1)^m(m+n-1)!(my+nx)}{(x-y)^{m+n+1}}$.

17. $\frac{\partial z}{\partial x}=-\frac{x+yz\sqrt{x^2+y^2+z^2}}{z+xy\sqrt{x^2+y^2+z^2}}$, $\frac{\partial z}{\partial y}=-\frac{y+zx\sqrt{x^2+y^2+z^2}}{z+xy\sqrt{x^2+y^2+z^2}}$.

18. $\frac{\partial z}{\partial x}=\frac{z\frac{\partial F}{\partial u}}{x\frac{\partial F}{\partial u}+y\frac{\partial F}{\partial v}}$, $\frac{\partial z}{\partial y}=\frac{z\frac{\partial F}{\partial v}}{x\frac{\partial F}{\partial u}+y\frac{\partial F}{\partial v}}$, $u=\frac{x}{z}$, $v=\frac{y}{z}$.

19. $\mathrm{d}z=-\frac{1}{f_2'}[f_1'\mathrm{d}x+(f_1'+f_2')\mathrm{d}y]$; $\frac{\partial^2 z}{\partial x^2}=\frac{f_{12}''f_1'-f_2'f_{11}''}{f_2'^2}+\frac{f_{21}''f_1'f_2'-f_{22}''f_1'^2}{f_2'^3}$.

20. $\frac{z(z^4-2xyz^2-x^2y^2)}{(z^2-xy)^3}$.

21. 在 $(0,0)$ 处，极小值 $f(0,0)=1$；在 $(2,0)$ 处，极大值 $f(2,0)=\ln 5+\frac{7}{15}$.

22. $f(x,y)$ 在点 $O(0,0)$ 处有极大值.

23. $x=\frac{ma}{m+n+p}$，$y=\frac{na}{m+n+p}$，$z=\frac{pa}{m+n+p}$.

24. 当 $p_1=80$，$p_2=120$ 时，厂家所获得的总利润最大，最大总利润为 $L_{\max}=605$(单位).

25. (1) $x_1=0.75$(万元)，$x_2=1.25$(万元)；　(2) $x_1=0$，$x_2=1.5$(万元).

26. (1) $\frac{7}{8}+\arctan 2-\frac{\pi}{4}$；　(2) $\frac{1\,066}{315}$；　(3) $\frac{1}{4}\ln 2-\frac{15}{256}$；　(4) $\left(2\sqrt{2}-\frac{8}{3}\right)a^{\frac{3}{2}}$.

27. (1) $\int_{-1}^{0}\mathrm{d}y\int_{\pi-\arcsin y}^{2\pi+\arcsin y}f(x,y)\mathrm{d}x+\int_{0}^{1}\mathrm{d}y\int_{\arcsin y}^{\pi-\arcsin y}f(x,y)\mathrm{d}x$.

(2) $\int_{0}^{a}\mathrm{d}y\int_{\frac{y^2}{2a}}^{a-\sqrt{a^2-y^2}}f(x,y)\mathrm{d}x+\int_{a}^{2a}\mathrm{d}y\int_{\frac{y^2}{2a}}^{2a}f(x,y)\mathrm{d}x+\int_{0}^{a}\mathrm{d}y\int_{a+\sqrt{a^2-y^2}}^{2a}f(x,y)\mathrm{d}x$.

28. (1) $1-\sin 1$；　(2) $\frac{1}{2}\left(\frac{3}{4}\mathrm{e}-\mathrm{e}^{\frac{1}{2}}\right)$.　29. $A^2/2$.　32. $\frac{\pi}{4}a^4+4\pi a^2$.

33. $\frac{1}{6}a^3[\sqrt{2}+\ln(1+\sqrt{2})]$.　34. $\frac{9}{16}$.　35. (1) $14a^4$；(2) πR^3；(3) $\frac{1}{2}(\mathrm{e}-1)$.

36. $a\mathrm{e}^{-a}-b\mathrm{e}^{-b}+\mathrm{e}^{-a}-\mathrm{e}^{-b}$.　37. 9π.　38. $\frac{\pi}{2}-1$.

40. (1) $\sqrt{2}-1$；　(2) $\frac{8}{3}$.

第 7 章　答案

习题 7-1

1. (1) $\frac{1+1}{1+1^2}+\frac{1+2}{1+2^2}+\frac{1+3}{1+3^2}+\frac{1+4}{1+4^2}+\frac{1+5}{1+5^2}+\cdots$；

(2) $\frac{1}{2}+\frac{1\cdot 3}{2\cdot 4}+\frac{1\cdot 3\cdot 5}{2\cdot 4\cdot 6}+\frac{1\cdot 3\cdot 5\cdot 7}{2\cdot 4\cdot 6\cdot 8}+\frac{1\cdot 3\cdot 5\cdot 7\cdot 9}{2\cdot 4\cdot 6\cdot 8\cdot 10}+\cdots$；

(3) $\frac{1}{3}-\frac{1}{3^2}+\frac{1}{3^3}-\frac{1}{3^4}+\frac{1}{3^5}-\cdots$；

(4) $\frac{1!}{1^1}+\frac{2!}{2^2}+\frac{3!}{3^3}+\frac{4!}{4^4}+\frac{5!}{5^5}+\cdots$.

2. (1) $(-1)^{n-1}\frac{n+1}{n}$；　(2) $(-1)^n\frac{n+2}{n^2}$；　(3) $\frac{x^{n/2}}{2\cdot 4\cdot 6\cdot\cdots\cdot(2n)}$；

(4) $(-1)^{n-1}\frac{a^{n+1}}{2n+1}$；　(5) $n^{(-1)^{n+1}}$；　(6) $\frac{(2x)^n}{n^2+1}$.

3. (1) 收敛；　(2) 收敛.

4. (1) 收敛；　(2) 发散；　(3) 发散；　(4) 发散；　(5) 收敛；　(6) 发散.

5. $\frac{aq^n}{1-q}$.　6. $1/4$.　7. $3/4$.　8. $a_n=\frac{1}{2n-1}-\frac{1}{2n}$，$s=\ln 2$.

习题 7-2

1. (1) 发散； (2) 收敛； (3) 收敛； (4) 收敛； (5) 收敛；
   (6) 发散； (7) 发散； (8) $a>1$时收敛，$a\le 1$时发散.
2. (1) 发散； (2) 收敛； (3) 收敛； (4) 收敛； (5) 发散；
   (6) $0<a<1$时收敛，$a>1$时发散，$a=1$且$k>1$时收敛，$a=1$且$k\le 1$时发散；
   (7) 收敛； (8) 收敛.
3. (1) 收敛； (2) 收敛； (3) 收敛； (4) 发散； (5) 发散； (6) 发散.
4. (1) 收敛； (2) 发散； (3) 发散.
6. 当$b<\alpha$时收敛；当$b>\alpha$时发散；当$b=\alpha$时不能确定.
8. $\lambda>2$ 时收敛；$0<\lambda\le 2$时发散.

习题 7-3

1. (1) 条件收敛； (2) 绝对收敛； (3) 绝对收敛；
   (4) $a>1$时绝对收敛，$0<a<1$时发散，$a=1$时条件收敛；
   (5) 绝对收敛； (6) 绝对收敛.
2. 条件收敛. 3. 条件收敛. 4. 条件收敛.

习题 7-4

1. (1) $[-1,1]$； (2) $[-3,3)$； (3) $(-\infty,+\infty)$； (4) $\left[-\dfrac{1}{2},\dfrac{1}{2}\right]$； (5) $(-5,5]$；
   (6) $[-1,1)$； (7) $[1,3]$； (8) $[4,6)$； (9) $[-1,1]$.
2. (1) $1/\mathrm{e}$； (2) 1.
3. (1) $1+x+\dfrac{x^2}{2!}+\dfrac{x^3}{3!}+\dfrac{x^4}{4!}+\cdots$； (2) $c+x+\dfrac{x^2}{2!}+\dfrac{x^3}{3!}+\dfrac{x^4}{4!}+\cdots$.
4. (1) $\dfrac{1}{(1-x)^2}\ (-1<x<1)$； (2) $\dfrac{1}{x}[x+(1-x)\ln(1-x)]\ (0<|x|<1),\ 0\ (x=0)$；
   (3) $\dfrac{1}{2}\ln\dfrac{1+x}{1-x}\ (-1<x<1)$.
5. $x\mathrm{e}^{x^2}$, $3\mathrm{e}$. 6. $\dfrac{a}{(1-a)^2}$.

习题 7-5

1. (1) $\ln a+\sum\limits_{n=0}^{\infty}(-1)^n\dfrac{1}{n+1}\left(\dfrac{x}{a}\right)^{n+1}$, $(-a,a]$； (2) $\sum\limits_{n=0}^{\infty}\dfrac{(x\ln a)^n}{n!}$, $(-\infty,+\infty)$；
   (3) $\sum\limits_{n=0}^{\infty}\dfrac{(-1)^n}{n!}x^{2n}$, $-\infty<x<+\infty$； (4) $\dfrac{1}{2}+\sum\limits_{n=0}^{\infty}(-1)^n\dfrac{(2x)^{2n}}{2(2n)!}$, $(-\infty,+\infty)$；
   (5) $x+\sum\limits_{n=1}^{\infty}(-1)^n\dfrac{2(2n)!}{(n!)^2}\left(\dfrac{x}{2}\right)^{2n+1}$, $(-1,1)$； (6) $-\dfrac{1}{4}\sum\limits_{n=0}^{\infty}\left[\dfrac{1}{3^n}+(-1)^{n-1}\right]x^n$, $-1<x<1$.
2. $\sqrt[3]{x}=-1+\dfrac{x+1}{3}+\sum\limits_{n=2}^{\infty}\dfrac{2\cdot5\cdot8\cdot\cdots\cdot(3n-4)}{3^n n!}(x+1)^n$, $[-2,0]$.

3. $\sum_{n=0}^{\infty}\frac{(-1)^n}{4^{n+1}}(x-3)^n$, $-1<x<7$.

4. $\ln 2+\sum_{n=1}^{\infty}\left[(-1)^{n-1}-\frac{1}{2^n}\right]\frac{(x-1)^n}{n}$, $0<x\leq 2$.

5. $1-x+x^{16}-x^{17}+x^{32}-x^{33}+\cdots$, $|x|<1$.

6. $\frac{\pi}{4}+\sum_{n=0}^{\infty}\frac{(-1)^n}{2n+1}x^{2n+1}$, $-1\leq x<1$.

*8. (1) 2.004 30; (2) 0.999 4. *9. 0.494 0. *10. 0.097 5.

总习题七

1. 1. 2. 1.

4. (1) 发散； (2) 收敛； (3) 收敛； (4) 发散； (5) 收敛； (6) 收敛.

6. 0. 7. $a>\frac{1}{2}$ 时收敛，$a\leq\frac{1}{2}$ 时发散.

9. (1) 条件收敛； (2) 发散； (3) 条件收敛.

12. (1) $(-e, e)$； (2) $(-\sqrt{2}, \sqrt{2})$； (3) $[1, 3]$.

13. (1) $\frac{1}{2}\arctan x-x+\frac{1}{4}\ln\frac{1+x}{1-x}$ $(|x|<1)$； (2) $\left(\frac{x^2}{4}+\frac{x}{2}+1\right)e^{\frac{x}{2}}$, $-\infty<x<+\infty$.

14. $\sum_{n=0}^{\infty}(-1)^n\frac{x^{2n+2}}{(2n+1)(2n+2)}$, $-1\leq x\leq 1$.

15. $\sum_{n=1}^{\infty}\frac{nx^{n-1}}{2^{n+1}}$, $|x|<2$.

16. $\sum_{n=0}^{\infty}\left(\frac{1}{2^{n+1}}-\frac{1}{3^{n+1}}\right)(x+4)^n$, $x\in(-6,-2)$.

17. $-\sum_{n=1}^{\infty}\frac{x^{4n}}{n}+\sum_{n=1}^{\infty}\frac{x^n}{n}$, $-1<x\leq 1$.

18. (1) $-\frac{1}{2}$； (2) 0.

19. 收敛域为 $0<x<2$；$s(x)=-\frac{(x-1)(x-3)}{(2-x)^2}$.

20. $2e^{\frac{1}{2}}$. *21. 1.648. *22. 0.487 4. *23. $-\frac{\pi^2}{12}$.

26. 0.

27. $f^{(n)}(0)=\begin{cases}0, & n=2m-1\\ \frac{(-1)^m}{2m+1}, & n=2m\end{cases}$, $m=1, 2, \cdots$.

28. (1) $\frac{\sqrt{3}}{4}b^2\sum_{n=0}^{\infty}\left(\frac{3}{4}\right)^n$； (2) $\sqrt{3}b^2$； (3) 否.

第 8 章 答案

习题 8-1

1. (1) 一阶； (2) 二阶； (3) 三阶； (4) 一阶.

2. (1) 是； (2) 是； (3) 是； (4) 是.

4. $y=\frac{1}{2}x+2$. 5. $y=(4+2x)e^{-x}$. 6. $\frac{x^2}{2}+x+C$.

7. $yy'+2x=0$. 8. $\cos x-x\sin x+C$.

习题 8-2

1. (1) $y=e^{Cx}$; (2) $(y^2-1)(x^2-1)=C$; (3) $y=Ce^{\sqrt{1-x^2}}$; (4) $e^{-y}=1-Cx$;

(5) $y=C\sin x-1$; (6) $10^x+10^{-y}=C$; (7) $\ln y^2-y^2=2x-2\arctan x+C$;

(8) 当 $\sin\frac{y}{2}\neq 0$ 时，通解为 $\ln\left|\tan\frac{y}{4}\right|=C-2\sin\frac{x}{2}$，

当 $\sin\frac{y}{2}=0$ 时，特解为 $y=2k\pi$（$k=0, \pm1, \pm2, \cdots$）.

2. (1) $y+\sqrt{y^2-x^2}=Cx^2$; (2) $y=xe^{Cx+1}$; (3) $\sin\frac{y}{x}=\ln|x|+C$;

(4) $y=-x\ln|C-\ln x|$; (5) $xy=Ce^{-\arctan(y/x)}$.

3. (1) $\frac{y^2}{2}+\frac{y^3}{3}=\frac{x^2}{2}+\frac{x^3}{3}$; (2) $y^2=2x^2(\ln x+2)$.

4. (1) $y-x+3=C(y+x+1)^3$; (2) $\ln[4y^2+(x-1)^2]+\arctan\frac{2y}{x-1}=C$.

5. $x+3y+2\ln|x+y-2|=C$. 6. $x^2+y^2=1$.

7. $p=10\times 2^{t/10}$(万米^3). 8. 还需8分钟使鸡蛋达到20°C.

9. $x=e^{-p^3}$. 10. $y(t)=\frac{1\,000\times 3^{t/3}}{9+3^{t/3}}$.

习题 8-3

1. (1) $y=2+Ce^{-x^2}$; (2) $y=x^3+Cx$; (3) $y=(x-2)^3+C(x-2)$;

(4) $\frac{1}{x^2+1}\left(\frac{4}{3}x^3+C\right)$; (5) $x=Cy^3+y^2/2$; (6) $x=\frac{Ce^{-y}}{y}+\frac{e^y}{2y}$;

(7) $x=Ce^{\sin y}-2(\sin y+1)$; (8) $x=y^2+Cy^2e^{1/y}$, $y=0$; (9) $y=f(x)-1+Ce^{-f(x)}$.

2. (1) $y=\frac{2}{3}(4-e^{-3x})$; (2) $y=x\sec x$.

3. (1) $\frac{3}{2}x^2+\ln\left|1+\frac{3}{y}\right|=C$; (2) $xy^{-3}+\frac{3}{4}x^2(2\ln x-1)=C$;

(3) $y^3=(Ce^x-1-2x)^{-1}$; (4) $y=\frac{1}{\ln x+Cx+1}$;

(5) $7y^{-1/3}=Cx^{2/3}-x^3$.

4. $y=2(e^x-x-1)$. 5. $y(x)=e^x(x+1)$.

6. (1) $\csc(x+y)-\cot(x+y)=C/x$; (2) $(x-y)^2=-2x+C$; (3) $x=Cye^{1/xy}$.

习题 8-4

1. (1) $y=\frac{1}{9}e^{3x}-\sin x+C_1x+C_2$; (2) $y=C_1e^x-x^2/2-x+C_2$;

(3) $y=1+C_2e^{C_1x}$ $(C_2\neq 0)$;

(4) $y=x^2\arctan(C_1x)-\dfrac{x}{C_1}+\dfrac{1}{C_1^2}\arctan(C_1x)+C_2\ (C_1\neq 0)$, $y=C_2\ (C_1=0)$;

(5) $y=\arcsin(C_2\mathrm{e}^x)+C_1$.

2. $y=\dfrac{4}{(x-2)^2}$.　　3. $y=\dfrac{x^3}{6}+\dfrac{x}{2}+1$.

习题 8-5

1. (1) 线性无关；　(2) 线性无关；　(3) 线性无关；　(4) 线性无关.

2. $y=C_1\cos\omega x+C_2\sin\omega x$.　　3. $y=(C_1+C_2x)\mathrm{e}^{x^2}$.　　4. $y=C_1\mathrm{e}^x+C_2x^2+3$.

习题 8-6

1. (1) $y=C_1\mathrm{e}^{-2x}+C_2\mathrm{e}^{-3x}$;　(2) $y=(C_1+C_2x)\mathrm{e}^{3x/4}$;

(3) $y=C_1\cos x+C_2\sin x$;　(4) $y=\mathrm{e}^{-4x}(C_1\cos 3x+C_2\sin 3x)$;

(5) $x=(C_1+C_2t)\mathrm{e}^{2.5t}$;　(6) $y=\mathrm{e}^{2x}(C_1\cos x+C_2\sin x)$;

(7) $y=C_1\mathrm{e}^{2x}+C_2\mathrm{e}^{-2x}+C_3\cos 3x+C_4\sin 3x$;　(8) $y=C_1\mathrm{e}^{-x}+C_2\mathrm{e}^{2x}+C_3\mathrm{e}^{3x}$;

(9) $y=C_1+(C_2+C_3x)\cos x+(C_4+C_5x)\sin x$.

2. (1) $y=(2+x)\mathrm{e}^{-x/2}$;　(2) $y=3\mathrm{e}^{-2x}\sin 5x$.　　3. $\ln y=C_1\mathrm{e}^x+C_2\mathrm{e}^{-x}$.

习题 8-7

1. (1) $y^*=b_0x+b_1$;　(2) $y^*=b_0x^2+b_1x$;

(3) $y^*=b_0\mathrm{e}^x$;　(4) $y^*=(b_0x^2+b_1x+b_2)\mathrm{e}^x$;

(5) $y^*=b_0\cos 2x+b_1\sin 2x$;　(6) $y^*=x(b_0\cos x+b_1\sin x)$.

2. (1) $y=\mathrm{e}^{-\frac{x}{2}}\left(C_1\cos\dfrac{\sqrt{7}}{2}x+C_2\sin\dfrac{\sqrt{7}}{2}x\right)+\dfrac{1}{2}x^2-\dfrac{1}{2}x-\dfrac{7}{4}$;

(2) $y=C_1\cos ax+C_2\sin ax+\dfrac{\mathrm{e}^x}{1+a^2}$;

(3) $y=C_1+C_2\mathrm{e}^{-x}+\mathrm{e}^x(x^2-3x+7/2)$;

(4) $y=C_1\cos x+C_2\sin x+\left(\dfrac{1}{10}x-\dfrac{13}{50}\right)\mathrm{e}^{3x}$;

(5) $y=\mathrm{e}^{3x}(C_1+C_2x)+\mathrm{e}^x\left(\dfrac{3}{25}\cos x-\dfrac{4}{25}\sin x\right)$;

(6) $y=C_1+C_2\mathrm{e}^{-x}+\dfrac{1}{2}\mathrm{e}^x-\dfrac{1}{2}\cos x+\dfrac{1}{2}\sin x$.

3. (1) $\tilde{y}=-5\mathrm{e}^x+\dfrac{7}{2}\mathrm{e}^{2x}+\dfrac{5}{2}$;　(2) $\tilde{y}=\mathrm{e}^x-\mathrm{e}^{-x}+\mathrm{e}^x(x^2-x)$.

4. $\alpha=-3$, $\beta=2$, $\gamma=-1$, $y=C_1\mathrm{e}^x+C_2\mathrm{e}^{2x}+x\mathrm{e}^x$.

习题 8-9

1. (1) $-4t-2$, -4;　(2) $\dfrac{-2t-1}{t^2(t+1)^2}$, $\dfrac{6t^2+12t+4}{t^2(t+1)^2(t+2)^2}$;　(3) $6t+2$, 6;

(4) $6t^2+4t+1$, $12t+10$;　(5) $e^{2t}(e^2-1)$, $e^{2t}(e^2-1)^2$.

2. (1) 3阶；　(2) 6阶.

5. (1) $y_t=C2^t$;　(2) $y_t=C(-1)^t$;　(3) $y_t=C2^t-6(3+2t+t^2)$;

(4) $y_t=C(-1)^t+\frac{1}{3}\cdot 2^t$;　(5) $y_t=C+\frac{1}{2}t^2-\frac{1}{2}t$;

(6) 当$\alpha\neq e^\beta$时，$y_t=C\alpha^t+\frac{1}{e^\beta-\alpha}e^{\beta t}$，当$\alpha=e^\beta$时，$y_t=C\alpha^t+te^{\beta(t-1)}$.

6. (1) $y_t=\frac{5}{6}\left(-\frac{1}{2}\right)^t+\frac{1}{6}$;　(2) $y_t=2+3t$;　(3) $y_t=3\left(-\frac{1}{2}\right)^t$;　(4) $y_t=3(-7)^t+2$.

7. (Ⅱ) $P_t=\left(P_0-\frac{2}{3}\right)(-2)^t+\frac{2}{3}$.

8. (1) $y_t=4+C_1\left(\frac{1}{2}\right)^t+C_2\left(-\frac{7}{2}\right)^t$，$y_t=4+\frac{3}{2}\left(\frac{1}{2}\right)^t+\frac{1}{2}\left(-\frac{7}{2}\right)^t$;

(2) $y_t=(\sqrt{2})^t\left(C_1\cos\frac{\pi}{4}t+C_2\sin\frac{\pi}{4}t\right)$，$y_t=(\sqrt{2})^t\cdot 2\cos\frac{\pi}{4}t$;

(3) $y_t=4t+A_1(-2)^t+A_2$，$y_t=4t+\frac{4}{3}(-2)^t-\frac{4}{3}$;

(4) $y_t=-\frac{7}{100}+\frac{1}{10}t+A_1(-1)^t+A_2(-4)^t$.

总习题八

1. (1) $1+y^2=C(x^2-1)$;　(2) $(e^x+1)(1-e^y)=C$;

(3) $\ln[C(y+2x)]+\frac{x}{y+2x}=0$;　(4) $x+2ye^{x/y}=C$;

(5) $\sin\frac{y^2}{x}=Cx$;　(6) $y=\arctan(x+y)+C$.

2. (1) $(1+e^x)\sec y=2\sqrt{2}$;　(2) $x^2+y^2=x+y$.

3. A.　4. $y=Ce^{-2\arctan\frac{y+2}{x-3}}-2$.　5. $y^2=(4+Cx^5)x^3/(Cx^5-1)$, $y^2=x^3$.

6. $y^3=x$.　7. (1) $\sqrt[3]{\frac{a}{b}}$;　(2) $\left[\frac{a}{b}+\left(1-\frac{a}{b}\right)e^{-3bkt}\right]^{1/3}$;　(3) $\left(\frac{a}{b}\right)^{1/3}$.

8. (1) $y=ax+\frac{C}{\ln x}$;　(2) $\frac{x^2}{y^2}=C-\frac{2}{3}x^3\left(\ln x+\frac{2}{3}\right)$.

(3) $y=\left(-\frac{1}{2}\cos x^2+\widetilde{C}\right)(x+1)^n$;　(4) $x=\ln y+Cy^{-2}-\frac{1}{2}$;　(5) $y^{-\frac{1}{3}}=-\frac{3}{7}x^3+C_1x^{\frac{2}{3}}$.

9. (1) $y\sin x+5e^{\cos x}=1$;　(2) $y=\frac{e^x}{x}(e^x-1)$.　10. $y=x(\ln\ln x+e^{-1})$.

11. (1) $y=-\ln|\cos(x+C_1)|+C_2$;　(2) $x=C_2\pm\left[\frac{2}{3}(\sqrt{y}+C_1)^{3/2}-2C_1\sqrt{\sqrt{y}+C_1}\right]$;

(3) $\frac{2}{C_1}\sqrt{C_1y-1}=\pm x+C_2$;　(4) $y=-\frac{1}{2}(x+\widetilde{C}_1)^2-\widetilde{C}_1^2\ln|x-\widetilde{C}_1|+C_2$.

12. (1) $y=e^{-x}-e^{4x}$;　(2) $y=e^{2x}\sin 3x$.

13. (1) $y=C_1+C_2\mathrm{e}^{-\frac{5}{2}x}+\frac{1}{3}x^3-\frac{3}{5}x^2+\frac{7}{25}x$;

(2) $y=C_1\mathrm{e}^{-x}+C_2\mathrm{e}^{-2x}+\left(\frac{3}{2}x^2-3x\right)\mathrm{e}^{-x}$;

(3) $y=\mathrm{e}^x(C_1\cos 2x+C_2\sin 2x)-\frac{1}{4}x\mathrm{e}^x\cos 2x$;

(4) $y=C_1\mathrm{e}^x+C_2\mathrm{e}^{-x}-\frac{1}{2}+\frac{1}{10}\cos 2x$;

(5) $y=C_1\cos 2x+C_2\sin 2x+\frac{1}{8}x+\frac{1}{8}x\sin 2x$.

14. $y=\left[\left(\frac{1}{\mathrm{e}}-\frac{1}{6}\right)+\frac{1}{2}x\right]\mathrm{e}^x+\frac{x^3}{6}\mathrm{e}^x-\frac{x^2}{2}\mathrm{e}^x$.

15. $y^2(1+y'^2)=1$.

16. $y=2\mathrm{e}^{2x}-\mathrm{e}^x$.

17. $\pi\mathrm{e}^{\frac{\pi}{3\sqrt{3}}}$.

18. (1) 当 $\Delta\overset{\Delta}{=}x_0-\sqrt{\frac{k_1}{k_2}}y_0>0$ 时，鱼数 $x(t)$ 虽然减少，但最终不会消失；而 $y(t)$ 在足够长时间后，最终将趋向于零(消失).

(2) 当 $\Delta<0$ 时，$x(t)$ 在足够长时间后，最终将趋向于零，而 $y(t)$ 虽然减少，但不消失.

(3) 当 $\Delta=0$ 时，即 $x_0^2:y_0^2=k_1:k_2$ 时，在足够长时间以后，两种鱼最终都将消失.

19. B.

20. $y=C(-2)^t-2^{t-1}t\cos\pi t$.

21. $y=C(-3)^t+\left(-\frac{2}{25}+\frac{1}{5}t\right)2^t$.

22. $y=C_1(-3)^t+C_2$，其中 C_1, C_2 为任意常数.

23. $y=C_1 3^t+C_2(-2)^t+\left(-\frac{2}{25}+\frac{1}{15}t\right)t\cdot 3^t$.

24. $y=\left(\frac{3}{4}-\frac{9}{10}n\right)5^n+\frac{1}{4}3^n$.

26. $f(x)=x\mathrm{e}^{x+1}$.

图书在版编目（CIP）数据

微积分：经管类．下册/吴赣昌主编．—5版．—北京：中国人民大学出版社，2017.7
21世纪数学教育信息化精品教材　大学数学立体化教材
ISBN 978-7-300-24384-9

Ⅰ.①微…　Ⅱ.①吴…　Ⅲ.①微积分-高等学校-教材　Ⅳ.①O172

中国版本图书馆CIP数据核字（2017）第109626号

21世纪数学教育信息化精品教材
大学数学立体化教材
微积分（经管类·第五版）下册
吴赣昌　主编
Weijifen

出版发行	中国人民大学出版社		
社　　址	北京中关村大街31号	**邮政编码**	100080
电　　话	010－62511242（总编室）		010－62511770（质管部）
	010－82501766（邮购部）		010－62514148（门市部）
	010－62515195（发行公司）		010－62515275（盗版举报）
网　　址	http://www.crup.com.cn		
经　　销	新华书店		
印　　刷	北京昌联印刷有限公司	**版　　次**	2006年4月第1版
规　　格	170 mm×228 mm　16开本		2017年7月第5版
印　　张	12.75 插页1	**印　　次**	2025年6月第20次印刷
字　　数	259 000	**定　　价**	26.80元